CONTENTS

JN109097

1. 生物の進化
1 生物の起源と生物界の変遷 …………… 2
2 遺伝子の変化と
　遺伝子の組み合わせの変化 …………… 3
3 進化のしくみ …………………………… 9

2. 生物の系統と進化
1 生物の系統 ……………………………… 24
2 生物の系統関係 ………………………… 25
3 人類の進化 ……………………………… 29

3. 細胞と分子
1 生体物質と細胞 ………………………… 38
2 タンパク質の構造と性質 ……………… 40
3 生命現象とタンパク質 ………………… 41

4. 代謝
1 代謝 ……………………………………… 56
2 炭酸同化 ………………………………… 56
3 異化 ……………………………………… 60

5. 遺伝情報とその発現
1 DNA の構造と複製 …………………… 78
2 遺伝子の発現 …………………………… 79

6. 遺伝子の発現調節と発生
1 遺伝子の発現調節 ……………………… 90
2 発生と遺伝子発現 ……………………… 93

7. 遺伝子を扱う技術とその応用
1 遺伝子を扱う技術 ……………………… 112
2 遺伝子を扱う技術の応用 ……………… 115

8. 動物の反応と行動
1 刺激の受容と反応 ……………………… 124
2 動物の行動 ……………………………… 132

9. 植物の成長と環境応答
1 植物の環境応答 ………………………… 148
2 植物の配偶子形成と発生 ……………… 148
3 種子の発芽 ……………………………… 149
4 植物ホルモンと環境応答 ……………… 150
5 花芽形成 ………………………………… 153
6 果実の成長と成熟，落葉・落果 ……… 155

10. 生態系のしくみと人間の関わり
1 個体群 …………………………………… 168
2 生物群集 ………………………………… 171
3 生態系の物質生産と消費 ……………… 174
4 生態系と人間生活 ……………………… 177

■学習支援サイト「プラスウェブ」のご案内
スマートフォンやタブレット端末機などを使って，以下のコンテンツにアクセスすることができます。

https://dg-w.jp/b/e080001

❶基本例題の解説動画
❷大学入試問題の分析と対策

[注意] コンテンツの利用に際しては，一般に，通信料が発生します。

1 生物の進化

1 生物の起源と生物界の変遷

❶生命の誕生

(a) **原始地球とその環境**　大気の成分…二酸化炭素，一酸化炭素，窒素，水蒸気など。
環境などの特徴…原始海洋の形成，激しい地殻変動，強い紫外線・宇宙線

(b) (¹　　　　　　　)　無機物から分子量の小さな有機物を経て生体を構成する有機物が生じる過程を(¹　　　　　　)という。(²　　　　　　)らは，当時考えられていた還元型の原始大気中で放電をくり返すと，数種類のアミノ酸が生じることを発見した。その後，酸化型大気でも有機物の生成が確認された。

(c) (³　　　　　　　)　海底にある高温・高圧の熱水が吹き出す孔。メタン・アンモニア・水素・硫化水素などの濃度が高く，化学進化が生じて生命が誕生した場である可能性がある。

(d) **遺伝物質と進化**　始原生物は，遺伝物質としての働きと，触媒作用ももつ(⁴　　　　　　)をもっていたと考えられている。その後，触媒作用はタンパク質(酵素)が担い，遺伝物質は(⁴　　　　　　)から DNA に変わっていったと考えられている。

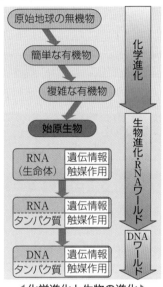

◀化学進化と生物の進化▶

❷細胞の進化

(a) **始原生物**　始原生物は，酸素を用いずに有機物を分解する従属栄養の細菌や，独立栄養の化学合成細菌(→p.59)のような原核生物であったと考えられている。

(b) **光合成生物の出現**　光合成細菌は，酸素を放出せずに光合成で有機物を合成する。やがて，水を利用し酸素を放出する光合成を行う(⁵　　　　　　　)が出現した。世界各地の約27億～25億年前以降の地層から，(⁵　　　　　　　)の働きで形成された(⁶　　　　　　　)と呼ばれる岩石が発見されている。

(c) **真核生物の誕生**　原核生物のなかでも，系統的に真核生物に近い生物群であるアーキア(→p.25)が，細胞壁を失い核膜をもつことで誕生したと考えられている。

- (⁷　　　　　　　)　細胞内に別の生物が共生する現象。原始的な真核細胞に好気性細菌が共生してミトコンドリアの，原始的なシアノバクテリアが共生して葉緑体の起源になったと考えられている。

  [(⁷　　　　　　)の根拠]
  - ミトコンドリアや葉緑体の内部に核の DNA とは異なる独自の DNA が存在する。
  - 独自の DNA は原核生物と同じように環状の構造をしている。
  - 細胞分裂とは別に分裂・増殖する。

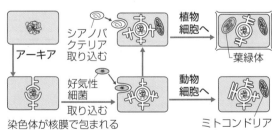

◀真核生物の起源(細胞内共生)▶

(d) 生物の進化と地球環境の変化

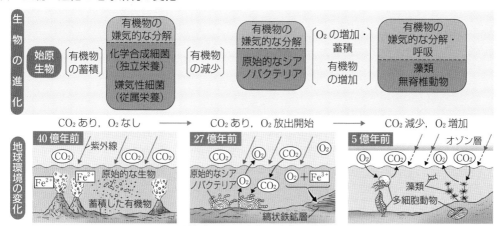

◀地球環境の変化と生物の進化▶

2 遺伝子の変化と遺伝子の組み合わせの変化

❶遺伝子とその変化

(a) (^{8}　　　　) 色や形，酵素が作用する強さなど，同種の個体間にみられる形質の違い。

(b) (^{9}　　　　　) DNA 複製時の誤りや，紫外線やX線，化学物質などの要因によって，DNA の塩基配列や染色体の構造，数が変化すること。生殖細胞に生じた場合は，子に遺伝する。

(c) DNA の塩基配列の変化

	もとの塩基配列	G C A	C A G	T A C	G T A	T	指定されるアミノ酸
置換	同義置換	G C G	C A G	T A C	G T A	T	A－Q－Y－V…
	非同義置換	G C A	C G G	T A C	G T A	T	A－R－Y－V…
		G C A	C A G	T A G			A－Q
欠　失		G C A	C A T	A C G	T A T	G	A－H－T－Y…
挿　入		G C A	C T A	G T A	C G T	A	A－L－V－R…

（T A G＝(終止コドン)）

アミノ酸の表記
A：アラニン　Q：グルタミン　Y：チロシン　V：バリン　R：アルギニン　H：ヒスチジン　T：トレオニン　L：ロイシン

アミノ酸配列に変化をもたらさない塩基の置換を同義置換，もたらす置換を非同義置換という。欠失・挿入では読み枠がずれ（フレームシフト），アミノ酸配列が大きく変化する。

◀遺伝子に起こる突然変異▶

ⅰ) (^{10}　　　　　) 塩基の置換によってアミノ酸が１つ置き換わり，合成されるヘモグロビンの立体構造が変化し，赤血球の変形やそれに伴う貧血が起こる。

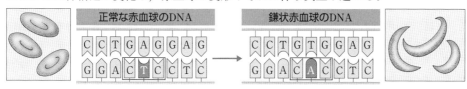

(d) **一塩基多型** 同種の個体間において，DNA の一連の塩基配列中で１つの塩基だけが異なる場合が多数存在する。このような個体間でみられる１塩基の違いを，(^{11}　　　　　)(SNP，スニップ)という。鎌状赤血球症の場合のように健康に影響するものもあるが，その多くは直接形質に影響しないと考えられている。

Answer

1…化学進化　2…ミラー　3…熱水噴出孔　4…RNA　5…シアノバクテリア　6…ストロマトライト
7…細胞内共生　8…変異　9…突然変異　10…鎌状赤血球症　11…一塩基多型

❷遺伝子の組み合わせの変化

有性生殖では，卵や精子などの配偶子の合体によって新しい個体が生じる。

(a) 遺伝子と染色体

ⅰ）(^{1}　　　　　　　　）形や大きさが同じで，対になっている染色体。

ⅱ）(^{2}　　　　　　　　）染色体の組に関する核内の状態のことをいう。配偶子のように1組の染色体を
もつ核の状態を単相，体細胞のように2組の染色体をもつ状態を複相という。単相は n，複相は
$2n$ で表す。ヒトの体細胞の核相と染色体数は，$2n=46$ と表される。

(b) 遺伝子座 染色体に占める遺伝子の位置を(^{3}　　　　　　　）という。

(^{4}　　　　　　　）（対立遺伝子）…同じ遺伝子座に占める複数の異
なる遺伝子。各個体の相同染色体における(^{4}　　　　　）の
組み合わせを(^{5}　　　　　　）といい，遺伝子型にもとづい
て表れる形質を(^{6}　　　　　　）という。

(^{7}　　　　　　）…同じアレルが対になっている状態。

(^{8}　　　　　　）…異なるアレルが対になっている状態。

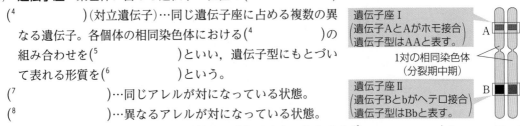

遺伝子座Ⅰ
（遺伝子AとAがホモ接合
遺伝子型はAAと表す。）

1対の相同染色体
（分裂期中期）

遺伝子座Ⅱ
（遺伝子Bとbがヘテロ接合
遺伝子型はBbと表す。）

(c) 性決定と性染色体 性の決定に関係する遺伝子をもつ染色体を(^{9}　　　　　　）といい，X，Y
などの記号で表す。(^{9}　　　　　　）以外の染色体を(^{10}　　　　　　）という。

＜ヒトの体細胞の染色体構成＞

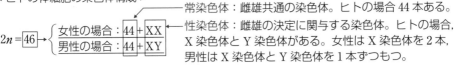

常染色体：雌雄共通の染色体。ヒトの場合44本ある。

$2n=\boxed{46}$ $\begin{cases}\text{女性の場合}：\boxed{44}+\boxed{XX}\\ \text{男性の場合}：44+XY\end{cases}$

性染色体：雌雄の決定に関与する染色体。ヒトの場合，
X染色体とY染色体がある。女性はX染色体を2本，
男性はX染色体とY染色体を1本ずつもつ。

＜ヒトの性染色体による性決定＞

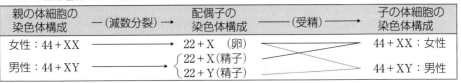

親の体細胞の 染色体構成	─（減数分裂）→	配偶子の 染色体構成	──（受精）── →	子の体細胞の 染色体構成
女性：44+XX		22+X （卵）		44+XX：女性
男性：44+XY		22+X（精子） 22+Y（精子）		44+XY：男性

(d) 伴性遺伝 性染色体には，性決定に関与しな
い遺伝子も存在し，これらによって表れる形質
は，性と関連をもって遺伝する。このような遺
伝現象を伴性遺伝という。

〔伴性遺伝の例〕
　ショウジョウバエの眼の色，
　ヒトの赤緑色覚多様性，血友病

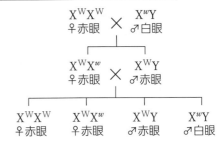

$X^W X^W$　　　$X^w Y$
♀赤眼　×　♂白眼

$X^W X^w$　　　$X^W Y$
♀赤眼　×　♂赤眼

$X^W X^W$　　$X^W X^w$　　$X^W Y$　　$X^w Y$
♀赤眼　　♀赤眼　　♂赤眼　　♂白眼

◀キイロショウジョウバエにおける伴性遺伝の例▶

❸減数分裂と生殖細胞の形成

(a) 減数分裂 動物の配偶子や植物の胞子などの(^{11}　　　　　　）がつくられるときの細胞分裂を
(^{12}　　　　　　）という。連続して起こる2回の分裂（**第一分裂，第二分裂**）で，1個の母細胞から
4個の娘細胞ができる。ふつう，第一分裂で核相が変化する。

〔第一分裂〕

前期…分散していた染色体はひも状になる。同形・同大の相同染色体が対合し，
　（^{13}　　　　　　）となる。このとき相同染色体間でみられる部分的な交換は（^{14}　　　　）と
呼ばれる。

中期…二価染色体が赤道面に並ぶ。紡錘糸は染色体の動原体に付着し紡錘体をつくる。

後期…二価染色体は対合面で分離し，それぞれ両極に移動する。

終期…凝縮していた染色体は，形が崩れて間期の状態に戻る。その後，細胞質分裂が起こる。

〔第二分裂〕

　体細胞分裂と同じ過程を経て起こる。中期に各染色体が赤道面に並び，後期になると各染色体は接着面で分離し，それぞれ両極に移動する。

　減数分裂の結果，1個の母細胞($2n$)から4個の娘細胞(n)ができ，これらの娘細胞から生殖細胞が形成される。

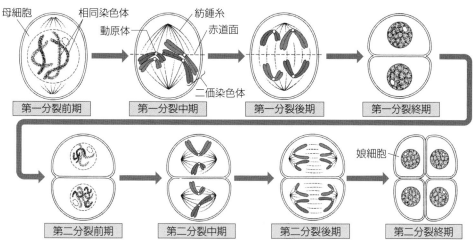

◀花粉母細胞の減数分裂▶

(b)　減数分裂とDNA量の変化

　間期のS期にDNAが複製され，基準量(体細胞分裂直後のDNA量)の2倍のDNA量になる。第一分裂の終期には，DNA量は半減して基準量と同じになる。第一分裂と第二分裂の間ではDNAが複製されないので，第二分裂終期にはDNA量はさらに半減して基準量の半分になる。

◀減数分裂におけるDNA量の変化▶

◀体細胞分裂と減数分裂の比較▶

	体細胞分裂		減数分裂	
核相の変化	$2n \rightarrow 2n$, $2n$ 母細胞　　　　娘細胞		$2n \rightarrow n \rightarrow n, n$; $n \rightarrow n, n$ 母細胞　　　　　　娘細胞	
赤道面への染色体の並び方	(中期のようす)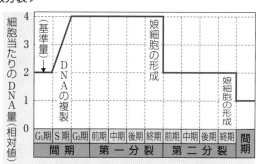		(第一分裂中期のようす)	
相同染色体の対合	対合は起こらない		第一分裂前期に対合して，二価染色体を形成する	
乗換え	乗換えは起こらない		相同染色体どうしの間で起こる	

Answer

1…相同染色体　2…核相　3…遺伝子座　4…アレル　5…遺伝子型　6…表現型　7…ホモ接合　8…ヘテロ接合
9…性染色体　10…常染色体　11…生殖細胞　12…減数分裂　13…二価染色体　14…乗換え

(c) **染色体の組み合わせと遺伝子**　母細胞に含まれる相同染色体は，減数分裂によってそれぞれ独立して配偶子に入る。これによって，配偶子がもつ染色体には多様な組み合わせが生じる。また，遺伝子は染色体に存在するため，染色体の組み合わせが多様化することは，遺伝子の組み合わせも多様化することを意味する。これらの配偶子が受精によって自由に組み合わさることで，遺伝的に多様な子が生じる。たとえばヒトは，配偶子の染色体数は $n=23$ である。したがって，父親または母親からつくられる配偶子の染色体の組み合わせは，$2^{23}=$ 約840万通りとなる。さらに，受精によって生じる染色体の組み合わせは $2^{23}×2^{23}=2^{46}$ 通りある。これは，子がもつ可能性のある遺伝子の組み合わせの種類は70兆を超えることを意味する。

(d) **異なる染色体に存在する遺伝子の伝わり方**　着目する複数種類の遺伝子が，それぞれ異なる染色体に存在するとき，各遺伝子は独立して配偶子に入るため，配偶子の遺伝子は，任意の組み合わせが等しい割合でできる。二遺伝子雑種の F_1 では，遺伝子の組み合わせからみると，4種類の配偶子が等しい割合で生じることになる。

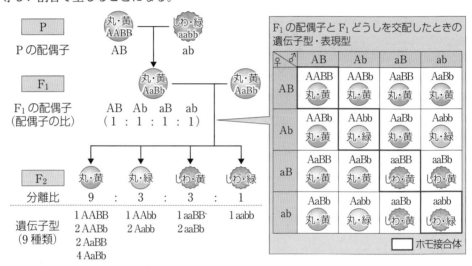

(e) **連鎖と組換え**

連鎖　同じ染色体にある複数の遺伝子は，染色体の挙動に合わせて一緒に遺伝する。この現象を，(^{1}　　　　　)という。

組換え　連鎖している遺伝子の組み合わせが変わることがある。この現象を，(^{2}　　　　　　)という。(^{2}　　　　　)は，減数分裂時に相同染色体が対合して分かれるとき，(^{3}　　　　　)（染色体の部分的な交換）が起こるために生じる。染色体が交差した部分はキアズマと呼ばれる。

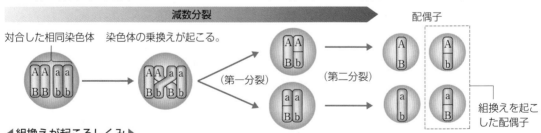

◀組換えが起こるしくみ▶

(f) **遺伝的多様性**　一般に，遺伝子型 AaBb の個体において，遺伝子AとB（aとb）が連鎖している場合，配偶子 AB：Ab：aB：ab$=n:1:1:n(n>1)$ から生じる子の遺伝子型は次のようになる。

	nAB	1Ab	1aB	$n$ab
nAB	n^2AABB	nAABb	nAaBB	n^2AaBb
1Ab	nAABb	1AAbb	1AaBb	nAabb
1aB	nAaBB	1AaBb	1aaBB	$n$aaBb
$n$ab	n^2AaBb	nAabb	$n$aaBb	n^2aabb

(g) **組換え価と染色体地図**

ⅰ) **組換え価** 組換えは，ふつう，連鎖している遺伝子間では一定の割合で起こり，その割合を(^{4}　　　　)という。

$$組換え価（\%）＝\frac{組換えによって生じた配偶子の数}{配偶子の数}×100$$

- 遺伝子型 AaBb の個体において，遺伝子 A と B（a と b）が連鎖しており，配偶子 AB：Ab：aB：ab＝n：1：1：n の場合の組換え価は次のようになる。

$$組換え価（\%）＝\frac{1＋1}{n＋1＋1＋n}×100$$

組換え価は，顕性形質の純系の個体と潜性形質の純系の個体を交配させて生じた F_1 の個体に，さらに潜性形質の純系の個体を交配させると求めることができる。

ⅱ)(^{5}　　　　　　) 染色体に存在する遺伝子の位置を直線上に表したもの。モーガンは「組換え価は遺伝子間の距離に比例する」という前提にもとづき，キイロショウジョウバエの各遺伝子の相対的位置関係を，三点交雑を用いて求めた。

- **三点交雑** 同じ染色体上にある３つの遺伝子を選び，それぞれの組換え価を求める。このときの組換え価は遺伝子間の相対的距離を表すため，この結果から，遺伝子間の位置関係を決定することができる。この方法を(^{6}　　　　　　)という。

キイロショウジョウバエで，互いに連鎖している黒体色（b），紫眼（pr），痕跡ばね（vg）の３つの遺伝子間の組換え価が，$b〜pr$ が6.0％，$b〜vg$ が18.5％，$pr〜vg$ が12.5％のとき，遺伝子の位置は次のようになる。

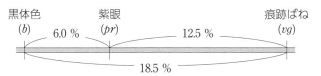

(h) **遺伝子と染色体の関係**

◀染色体と配偶子の形成▶

遺伝子と染色体の関係		形成される配偶子の種類とその割合
・A　　・B ・a　　・b	独立 A(a)とB(b)が別の染色体に存在する	AB：Ab：aB：ab＝1：1：1：1
・A　・B ・a　・b	完全連鎖 連鎖していて組換えが起こらない	AB：Ab：aB：ab＝1：0：0：1
	不完全連鎖 連鎖していて組換えが起こる （組換え価10％）	AB：Ab：aB：ab＝9：1：1：9
・A　・b ・a　・B	完全連鎖 連鎖していて組換えが起こらない	AB：Ab：aB：ab＝0：1：1：0
	不完全連鎖 連鎖していて組換えが起こる （組換え価10％）	AB：Ab：aB：ab＝1：9：9：1

Answer▶ ⋯⋯

1⋯連鎖　2⋯組換え　3⋯乗換え　4⋯組換え価　5⋯染色体地図　6⋯三点交雑

(i) **検定交雑**　顕性形質を示す個体の遺伝子型がホモ接合かヘテロ接合かは，潜性のホモ接合体との間で交雑（(^{1}　　　　　　　）)を行った結果から検定することができる。また，検定される個体から生じる配偶子の遺伝子の組み合わせとその比が明らかになる。

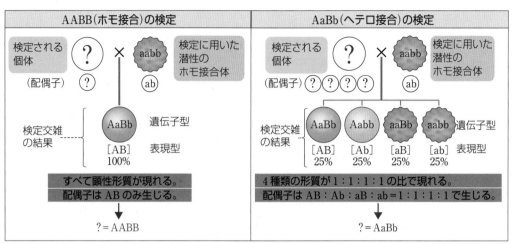

◀検定交雑▶

(j) **染色体レベルの突然変異**　染色体の構造や数が変化して生じる。

・**乗換えによる変化**　減数分裂において，相同染色体がずれて対合して乗換えが起こると，特定の領域が失われたり，同じ領域がくり返されたりした染色体が生じる。

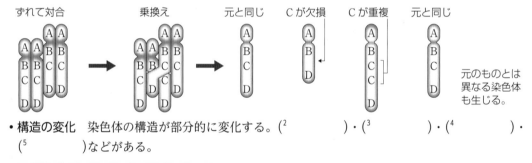

・**構造の変化**　染色体の構造が部分的に変化する。(^{2}　　　　　）・(^{3}　　　　　）・(^{4}　　　　　）・(^{5}　　　　　）などがある。

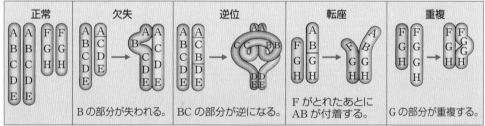

・**数の変化**　生物がもつ染色体の数が変化する。

　　異数性　染色体数が1〜数本増減した場合（染色体数が$2n \pm \alpha$），これを(^{6}　　　　　　）といい，(^{6}　　　　　　）を示す個体を(^{7}　　　　　　）という。

3 進化のしくみ

❶進化のしくみ

(a) 進化と遺伝子頻度

i）**遺伝子プール** 交配可能な集団内に存在する遺伝子全体を(^{8}　　　　　　　)という。

ii）**遺伝子頻度** 遺伝子プールにおいて，1つの遺伝子座におけるアレルの頻度（割合）を（^{9}　　　　　　　　）という。

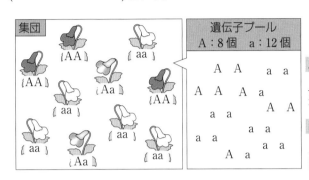

集団｜遺伝子プール A：8個　a：12個

この集団の遺伝子型の比
AA：Aa：aa ＝ 3：2：5

A の遺伝子頻度
$$\frac{遺伝子 A の数}{遺伝子 A と a の総数} = \frac{8}{20} = 0.4$$

a の遺伝子頻度
$$\frac{遺伝子 a の数}{遺伝子 A と a の総数} = \frac{12}{20} = 0.6$$

集団の遺伝子頻度が変化して，別の状態になることも生物の進化の一部とされる。遺伝子頻度を変化させる要因には，遺伝的浮動や自然選択がある。

iii）**ハーディー・ワインベルグの法則** 世代を経ても遺伝子頻度が変化せず，集団の遺伝子型の頻度が遺伝子頻度の積と等しくなる法則を，（^{10}　　　　　　　）という。下のような条件を備えた集団では，遺伝子頻度は変化しない。

> ≪条件≫
> ・集団内の個体数がきわめて大きい。　　・集団内で個体が自由に交配できる。
> ・集団への個体の移入・移出が起こらない。　・集団内では突然変異が起こらない。
> ・個体間で生存率や繁殖能力に差がない。

これらの条件を満たす集団で遺伝子頻度が変化しないことを確かめる。

あるアレルAとaについて，もとの集団におけるそれぞれの遺伝子頻度をpとq($p+q=1$)とすると，次世代の各遺伝子型とその頻度の関係は，

$$\underbrace{(p+q)^2 = \underbrace{p^2}_{\text{AA の頻度}} + \underbrace{2pq}_{\text{Aa の頻度}} + \underbrace{q^2}_{\text{aa の頻度}}}$$

	A(p)	**a**(q)
A(p)	AA(p^2)	Aa(pq)
a(q)	Aa(pq)	aa(q^2)

と表すことができる。このときの子世代の遺伝子A，aについてみると，

遺伝子Aの頻度は，$\dfrac{2p^2+2pq}{2p^2+4pq+2q^2} = \dfrac{2p(p+q)}{2(p+q)^2}$ であり，$p+q$ は 1 なので，p となる。

同様に，遺伝子aの頻度は，$\dfrac{2pq+2q^2}{2p^2+4pq+2q^2} = \dfrac{2q(p+q)}{2(p+q)^2} = q$ となる。

このように，遺伝子A，aのいずれも，もとの集団から遺伝子頻度が変化しないことがわかる。ただし，自然界にはこのような条件をすべて満たす集団は存在しないため，遺伝子頻度は変化し，進化が生じる。

Answer▶ ‥‥

1…検定交雑　2，3，4，5…欠失，逆位，転座，重複(順不同)　6…異数性　7…異数体　8…遺伝子プール
9…遺伝子頻度　10…ハーディー・ワインベルグの法則

(b) **遺伝的浮動と中立進化**

ⅰ) **遺伝的浮動** アレル間で生存に有利・不利の関係がない場合に，次世代に伝えられる遺伝子頻度が偶然によって変化することを(^{1}　　　　　　　)という。(^{1}　　　　　　　)は，集団の大きさが小さいほど強く働く。

ⅱ) **中立進化** DNAの塩基配列やタンパク質のアミノ酸配列に変化が生じても，生存や繁殖に影響がない場合が多い。このような変異が遺伝的浮動によって集団内に広まっていく進化を(^{2}　　　　　　)という。

ⅲ) (^{3}　　　　　　　) 集団の大きさが著しく小さくなることで，残った集団の遺伝子頻度がもとの集団の遺伝子頻度から大きく変化すること。

［起こりやすい状況の例］環境の急激な変化や災害による個体数の減少からの回復
集団から離れた少数の個体による新たな集団の形成

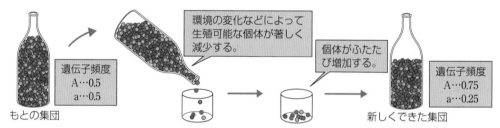

●はAA，●はAa，●はaaの遺伝子をもつ個体を表す（Aとaは生存に有利・不利の関係がないアレル）

(c) **自然選択と適応進化**

ⅰ) **自然選択** 集団内で，生存や生殖に有利な形質をもつ個体が次世代に子を多く残すことを(^{4}　　　　　　　)という。(^{4}　　　　　　)によって，集団内の遺伝子頻度が変化する。

［自然選択の要因の例］非生物的環境要因（温度・降水量・光）
生物間の相互作用（捕食－被食の関係，種内競争，配偶相手や捕食者となる生物の選り好み）

ⅱ) (^{5}　　　　　　) 自然選択の結果，集団が環境に適応した形質をもつものとなること。

ⅲ) (^{6}　　　　　　) 個体が自分の子をどれだけ残せたかを表す尺度。ある個体が一生の間につくる子のうち，繁殖可能な年齢になるまで成長した個体数で表す。

ⅳ) **工業暗化** オオシモフリエダシャクというガには明色型と暗色型があり，19世紀中頃までは明色型がほとんどであった。著しく工業が発展したことで，煤煙が多く排出されるようになると，ガの生息場所である樹皮などが黒ずんだ。その結果，明色型は目立つようになり，鳥に捕食されやすくなって減少し，暗色型が増加した。工業地帯で暗色型の個体が増加したこの現象は(^{7}　　　　　　)と呼ばれる。

ⅴ) **鎌状赤血球症** (^{8}　　　　　　　)の原因遺伝子をホモ接合でもつと，重篤な貧血となり死亡率が高くなるが，ヘテロ接合では，貧血が軽度になるとともに，マラリアに対して抵抗性を示す。マラリアが多発するアフリカ西部などで，(^{8}　　　　　　　)の原因遺伝子の頻度がほかの地域と比べて高くなっているのは，ヘテロ接合でもつと生存率が高まるという自然選択が働いたためと考えられている。

ⅵ）(⁹ 　　　　　)　配偶行動における同性間または異性間での相互作用にもとづく自然選択。

　〔例〕　トドの雄の巨大化，クジャクの雄の飾り羽根

ⅶ）擬態　周囲の風景や他の生物と見分けがつかない色や形になることを擬態という。

ⅷ）(¹⁰ 　　　　　)　異なる種の生物どうしが，生存や繁殖に影響を及ぼし合いながら進化する現象。花とその蜜を吸う昆虫の間には，共進化によって，両者が利益を得られるような，花の形と口器の関係が成立している場合がある。

(d)　**分子進化**　DNA の塩基配列やタンパク質のアミノ酸配列などの分子にみられる変化を(¹¹ 　　　　　)という。分子進化のほとんどは，個体の生存に有利でも不利でもない。

・**コドンに生じた突然変異**　コドンの３番目の塩基に置換が生じても，同義置換となる場合が多く，指定するアミノ酸は変化せず，形質に影響を与えないことが多い。

・**アミノ酸の変化**　突然変異によりアミノ酸が他のアミノ酸に変化しても，タンパク質の機能にとって重要でない部分であれば，その働きにほとんど影響を与えない。

・**翻訳されない領域の突然変異**　ゲノムのなかの，遺伝子と遺伝子の間の領域やイントロン(→p. 80)に突然変異が生じても，多くの場合，形質に影響を及ぼさない。

ⅰ）**分子進化の速度**　一定期間の間に，DNA の塩基配列やタンパク質のアミノ酸配列に蓄積される変化の速度。機能に影響を与えない配列に生じた変化は，中立となり，蓄積しやすく，分子進化の速度は大きくなる。重要な機能を担う配列に，形質に影響する変化が生じた場合，生存に不利なものが自然選択により残りにくくなるため，分子進化の速度は小さくなる。生存に有利に働くような変化では，分子進化の速度が大きくなるものもある。

(e)　**遺伝子重複による進化**

ⅰ）(¹² 　　　　　　)　同じ遺伝子がゲノム内に複数存在する現象。同じ機能をもつ２つの遺伝子が存在する場合，一方が突然変異を起こしてその機能を失ったり，変化したりしても，もう一方が正常に機能していれば生物の生存には支障がない。そのため，重複した遺伝子の一方は自然選択の要因から解放され，単一の遺伝子よりも速く変異が蓄積されやすい。重複した遺伝子の一部が変化することで，新しい形質が生み出され，より複雑な形態や機能の出現が可能となったと考えられている。

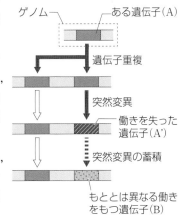

　〔例〕・ハ虫類・鳥類がもつクリスタリン(眼のレンズを構成する，透明性の高いタンパク質の総称)の一種は，アルギニンを合成する酵素の遺伝子が重複し，一方が突然変異を起こして生じたと考えられている。

　　　　・動物の胚発生時に働く *Hox* 遺伝子群(→p. 100)

❷種分化

(a)　**隔離と種分化**　ある個体群が，同種の個体群から隔てられて交配できなくなることを(¹³ 　　　　　)という。生殖的隔離が成立し，新たな種が生じることを(¹⁴ 　　　　　)という。

ⅰ）(¹⁵ 　　　　　　)　地殻変動や海面の上昇などによって山脈・海峡などができ，集団が空間的に分断されて隔離されること。

Answer

1…遺伝的浮動　2…中立進化　3…びん首効果　4…自然選択　5…適応進化　6…適応度　7…工業暗化
8…鎌状赤血球症　9…性選択　10…共進化　11…分子進化　12…遺伝子重複　13…隔離　14…種分化　15…地理的隔離

ⅱ）（¹   ）　地理的隔離によって，それぞれの集団が異なった自然選択を受けたり，
集団が小さくなって遺伝的浮動の影響を受けやすくなったりする。その結果，集団間の差異が拡
大し，開花期や繁殖期のずれなどで交配ができなくなること。

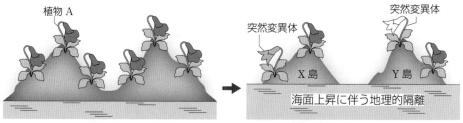

植物 A

ある島の全域で植物 A が自生している。

突然変異体　　突然変異体

X 島　　　　Y 島

海面上昇に伴う地理的隔離

X 島と Y 島の間で，植物 A の交配が起こらず，
それぞれの島で別々の突然変異体が生じる。

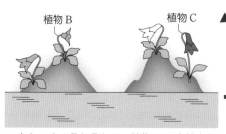

植物 B　　　　植物 C

X 島と Y 島のそれぞれで，植物 A の突然変異
体に，さらに別々の突然変異が起こり，植物 B
と植物 C が生じる。植物 B と植物 C は，それ
ぞれの環境に適応して増殖する。

再び地続きになっても，植物 B と植物 C は交
配できない（生殖的隔離）。

ⅲ）異所的種分化　地理的隔離によって分かれた集団に生殖的隔離が起こり，種分化が生じること。
種分化の多くは，（²   ）によって生じると考えられている。
〔例〕　小笠原諸島固有のカタツムリであるカタマイマイのなかま

ⅳ）隔離によらない種分化

・（³   ）　地理的隔離を伴わない種分化。性選択や，食べ物の選択性などのニッ
チ（→p.172）の違いなどで生じる。

・倍数性　ゲノムを構成する染色体数を基本数（x）と
いう。基本数は生物の種で決まっており，多くの生
物では体細胞に基本数の 2 倍（$2n＝2x$）の染色体を
もつ。染色体数に基本数の倍数関係がみられること
を（⁴   ）といい，倍数性を示す個体を
（⁵   ）という。4 倍体（$2n＝4x$）など。

倍数性の異なる個体どうしが交配すると，子に生
殖能力がなくなることが多い。そのため，倍数化が
起こるとすみやかに生殖的隔離が生じ，同所的種分
化が起こることがある。

（b）**大進化と小進化**　新たに種や，種よりも分類上隔たり
が大きい生物群が生じるような進化を（⁶   ）と
いう。これに対し，種内の形質が変化する程度の進化を
（⁷   ）という。

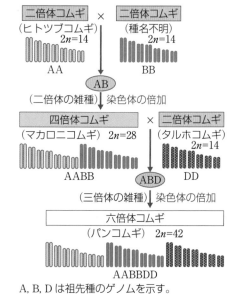

A, B, D は祖先種のゲノムを示す。

プロセス　　　　　　　　　　　　　　　　　　　　　　*Process*

1. 生命を構成する有機物が生じた場として注目されている，深海底にみられる高温・高圧の熱水を噴出している場所を何というか。　　　　　＿＿＿＿＿＿＿＿

2. 原始地球において，無機物から分子量の小さい有機物がつくられ，これらから分子量の大きい有機物が合成された過程を何というか。　　　　　＿＿＿＿＿＿＿＿

3. 水を用いて光合成を行い，酸素を大量に放出して生物の生存や進化に影響を与えた原核生物を何というか。　　　　　＿＿＿＿＿＿＿＿

4. 好気性細菌やシアノバクテリアが原始的な真核生物の細胞内に共生し，ミトコンドリアや葉緑体になったとする説を何というか。　　　　　＿＿＿＿＿＿＿＿

5. DNA の塩基配列や，染色体の構造・数が変化する現象を何というか。　　　　　＿＿＿＿＿＿＿＿

6. 生殖細胞が形成されるときに起こる細胞分裂を何というか。　　　　　＿＿＿＿＿＿＿＿

7. 対合した染色体間でみられる染色体の部分的な交換を何というか。　　　　　＿＿＿＿＿＿＿＿

8. 乗換えにより遺伝子が染色体間で入れ換わる現象を何というか。　　　　　＿＿＿＿＿＿＿＿

9. 集団内の遺伝子頻度が偶然により変化することを何というか。　　　　　＿＿＿＿＿＿＿＿

10. 自然選択に対して中立で，遺伝的浮動によって集団内に広まっていくような進化を何というか。　　　　　＿＿＿＿＿＿＿＿

11. 自然選択の結果，ある生物集団が環境に適応した形質をもつ集団になることを何というか。　　　　　＿＿＿＿＿＿＿＿

12. 生物が世代を経るに従って，DNA の塩基配列などは変化する。このような分子に生じる変化を何というか。　　　　　＿＿＿＿＿＿＿＿

13. 海面上昇などにより集団が地理的に分断されることを何というか。　　　　　＿＿＿＿＿＿＿＿

14. 生殖的隔離が成立して新たな種が生じることを何というか。　　　　　＿＿＿＿＿＿＿＿

15. 種分化のうち，地理的隔離を伴わず，性選択やニッチの違いなどで生じるものを何というか。　　　　　＿＿＿＿＿＿＿＿

Answer
1. 熱水噴出孔　**2.** 化学進化　**3.** シアノバクテリア　**4.** 細胞内共生説　**5.** 突然変異　**6.** 減数分裂　**7.** 乗換え　**8.** 組換え
9. 遺伝的浮動　**10.** 中立進化　**11.** 適応進化　**12.** 分子進化　**13.** 地理的隔離　**14.** 種分化　**15.** 同所的種分化

基本例題1　減数分裂

➡基本問題5, 6

ある動物の減数分裂の過程を模式的に示した図について，下の各問いに答えよ。

A 　B 　C 　D 　E

F 　G 　H 　I

(1) 図の減数分裂は，AからはじまってIで終わるが，その途中の過程は順番に並んでいない。B〜Hを正しい順番に並べ替えよ。ただし，図にはこの細胞分裂の過程とは関係のないものが2つ含まれている。

(2) この動物のG_1期にある体細胞の染色体数$(2n)$はいくつか。

■ **考え方** (1)減数分裂第一分裂前期に相同染色体の対合がはじまり，二価染色体が形成される。第一分裂中期には二価染色体が赤道面に並ぶ(図E)。第一分裂後期には対合面で離れる(図C)が，第二分裂後期は体細胞分裂と同様に各染色体の接着面で離れる(図B)。

(2)第一分裂中期には二価染色体となっている。

■ **解答**
(1)E→C→H→B→D
(2)4本

基本例題2　連鎖と組換え

➡基本問題8, 9, 10

ある植物において，Aとa，Bとbはアレルであり，AとBは顕性，aとbは潜性である。AABBとaabbを両親としてF₁(AaBb)を得た。F₁を潜性のホモ接合体と交配した結果，次世代の表現型とその比は[AB]：[Ab]：[aB]：[ab]＝4：1：1：4となった。次の各問いに答えよ。

(1) 下線部のような交配を何というか。

(2) F₁からできる配偶子の遺伝子の組み合わせとその比を答えよ。

(3) F₁の遺伝子の位置関係を右図に記入せよ。

(4) A(a)とB(b)の組換え価を求めよ。

(5) F₁を自家受精して得た次世代の表現型の分離比を答えよ。

■ **考え方** (2)検定交雑で得られた表現型の分離比が，F₁からできる配偶子の分離比となる。

(3)配偶子の分離比が4：1：1：4なので，AとB，aとbが連鎖。

(4){(1+1)/(4+1+1+4)}×100＝20 （%）

(5)自家受精の結果は，下の表のようになる。

	4AB	1Ab	1aB	4ab
4AB	16[AB]	4[AB]	4[AB]	16[AB]
1Ab	4[AB]	1[AB]	1[AB]	4[AB]
1aB	4[AB]	1[AB]	1[aB]	4[aB]
4ab	16[AB]	4[Ab]	4[aB]	16[ab]

■ **解答**
(1)検定交雑
(2)AB：Ab：aB：ab＝4：1：1：4
(3)右図

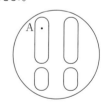

(4)20%
(5)[AB]：[Ab]：[aB]：[ab]＝66：9：9：16

|基|本|問|題|

[知識] **1. 化学進化と始原生物** ●次の文章を読み，下の各問いに答えよ。

地球の誕生は，約（　ア　）前と考えられている。当時の大気は，一酸化炭素，二酸化炭素，（　イ　），水蒸気などを主成分としており，太陽から強い放射線や（　ウ　）が地表に到達し，火山活動を伴う地殻変動が起こるなど，現在とは大きく異なる環境であったと考えられている。こうした環境のもとで，（　エ　）などの簡単な有機物がつくられ，その後，（　オ　）や核酸などの複雑な有機物ができたと考えられている。この過程を（　カ　）という。

1950年代のはじめ，（　A　）らは，その当時に考えられていた組成で原始大気を再現し，放電などをくり返した結果，（　エ　）などの有機物が生成されることを発見した。

地球最古の生物は，約40億年前に（　キ　）で誕生したと考えられている。生命が誕生した場所についてはいくつかの説があるが，現在の深海底にみられる（　B　）が注目されている。

問1．文中の空欄に当てはまる語として最も適切なものを，次の①〜⑩のなかからそれぞれ選べ。

① 36億年　　② 46億年　　③ 紫外線　　④ タンパク質　　⑤ アミノ酸
⑥ 窒素　　⑦ 硫化水素　　⑧ 化学進化　　⑨ 原始大気中　　⑩ 原始海洋中

ア．＿＿＿＿　　イ．＿＿＿＿　　ウ．＿＿＿＿　　エ．＿＿＿＿

オ．＿＿＿＿　　カ．＿＿＿＿　　キ．＿＿＿＿

問2．文中の空欄（　A　）に当てはまる人物名と，（　B　）に当てはまる語を答えよ。

A．＿＿＿＿＿＿＿　　B．＿＿＿＿＿＿＿

[知識] **2. 始原生物の進化** ●次の文章を読み，下の各問いに答えよ。

原始海洋中で誕生した始原生物は嫌気的に有機物を分解してエネルギーを得ていた（　ア　）の原核生物か，化学合成を行っていた（　イ　）の原核生物であったと考えられている。その後，約27億年前に水を用いて（　ウ　）を行う生物が出現したと考えられている。この生物が繁栄することによって，大気中の遊離酸素が増大し，その酸素を利用して（　エ　）を行う生物が出現した。

問1．文中の空欄に最も適する語をそれぞれ選べ。

① 呼吸　　② 光合成　　③ 従属栄養　　④ 独立栄養

ア．＿＿＿＿　　イ．＿＿＿＿　　ウ．＿＿＿＿　　エ．＿＿＿＿

問2．下線部の生物は次の①〜④のうち，どれに近いか。最も適切なものを1つ選べ。

① 乳酸菌　　② インフルエンザウイルス　　③ 緑藻類　　④ シアノバクテリア　＿＿＿＿＿

問3．約27億〜25億年前の世界各地の地層から発見され，約27億年前に下線部の生物が存在していたことを示唆する証拠とされているものは何か。

＿＿＿＿＿＿＿＿＿＿＿＿＿＿＿＿＿＿＿＿＿

問4．真核細胞のミトコンドリアや葉緑体は，かつては独立した生物であったが，進化の過程で細胞内に取り込まれたと考えられている。このような現象を何というか。また，これが起こった根拠とされるミトコンドリアや葉緑体の特徴を2つ答えよ。

現象．＿＿＿＿＿＿＿＿＿＿＿＿

根拠．＿＿＿＿＿＿＿＿＿＿＿＿＿＿＿＿＿＿＿＿＿＿＿＿＿＿＿＿＿＿＿＿＿＿＿＿＿

3. 性の決定 ●性の決定様式について，次の各問いに答えよ。

問1．次の文中の（　　　　）に適する語を，下の①〜⑤のなかからそれぞれ選べ。

　　動物の性は，性染色体の組み合わせによって決まる。ヒトの場合，女性の性染色体は（　1　）接合，男性の性染色体は（　2　）接合となっている。ヒトの体細胞中において，常染色体の1組を記号Aでまとめて表し，染色体の構成を示すと，女性は（　3　），男性は（　4　）と示される。

① ヘテロ　　② ホモ　　③ 2A＋XX　　④ 2A＋YY　　⑤ 2A＋XY

1.＿＿＿＿＿　　2.＿＿＿＿＿　　3.＿＿＿＿＿　　4.＿＿＿＿＿

問2．ヒトの染色体数は46本である。ヒトの男性から生じる配偶子の染色体の構成を，具体的な数字と性染色体を表す記号を使って示せ。

＿＿＿＿＿＿＿＿＿＿＿

問3．ヒトの女性からつくられる配偶子の染色体の組み合わせは何通りとなるか。次から選べ。

① 約84通り　　② 約8400通り　　③ 約8.4万通り　　④ 約840万通り

＿＿＿＿＿＿＿＿＿＿＿

思考

4. 常染色体と性染色体 ●染色体と遺伝に関して，次の各問いに答えよ。

　右図は，ある動物の精巣内に含まれる，減数分裂を行う前の細胞の染色体を模式的に表したものである。図中の1〜6は染色体の番号，AとBの・は遺伝子座を示している。

問1．右図において，常染色体と性染色体はどれか。それぞれ答えよ。

常染色体.＿＿＿＿＿＿＿　　性染色体.＿＿＿＿＿＿＿

問2．上図において，顕性遺伝子A，Bのアレルである潜性遺伝子a，bは，1〜6のどの染色体に存在するか。最も適当なものを選べ。

＿＿＿＿＿＿＿＿＿＿＿

問3．この動物の細胞が減数分裂を行った結果生じた生殖細胞の染色体を模式的に表した図はどれか。適当なものを，次の①〜⑥の図から2つ選べ。

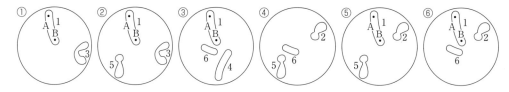

＿＿＿＿＿＿＿＿＿＿＿

知識 計算

5. 減数分裂の過程 ●下図は，ある被子植物の減数分裂を観察したときの各時期の模式図である。次の各問いに答えよ。

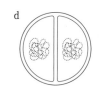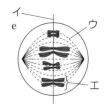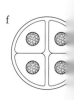

問1．図のa〜fを減数分裂の進行順に並べ替えよ。

＿＿＿＿→＿＿＿＿→＿＿＿＿→＿＿＿＿→＿＿＿＿→

問2．図のa～fの各時期の名称を答えよ。

a.＿＿＿＿＿＿＿＿＿＿＿＿　b.＿＿＿＿＿＿＿＿＿＿＿＿　c.＿＿＿＿＿＿＿＿＿＿＿＿

d.＿＿＿＿＿＿＿＿＿＿＿＿　e.＿＿＿＿＿＿＿＿＿＿＿＿　f.＿＿＿＿＿＿＿＿＿＿＿＿

問3．図中のア～エの名称を答えよ。ただし，アはウが付着する位置を，イはエが並ぶ面をそれぞれ示す。

ア.＿＿＿＿＿＿＿＿＿　イ.＿＿＿＿＿＿＿＿＿　ウ.＿＿＿＿＿＿＿＿＿　エ.＿＿＿＿＿＿＿＿＿

問4．乗換えが起こる時期を図のa～fから選べ。

＿＿＿＿＿＿＿＿＿＿＿

問5．この植物のつくる生殖細胞の染色体の組み合わせは何通りか。ただし，乗換えは起こらないものとする。

＿＿＿＿＿＿＿＿＿＿＿

6. 細胞分裂とDNA量 ●細胞内のDNA量は，細胞が分裂する過程で変化することが知られている。下に示した図1と図2は，細胞分裂に伴う細胞当たりのDNA量の変化を示している。ただし，分裂期の各時期は細かく分けていない。また，図3と図4は，$2n＝4$の細胞の細胞分裂を模式的に示したものである。下の各問いに答えよ。

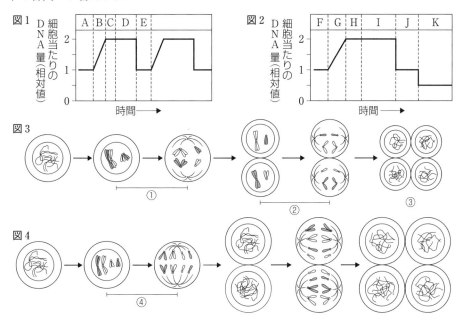

問1．図1のA～Dの時期をそれぞれ何というか。

A.＿＿＿＿＿＿＿＿＿　B.＿＿＿＿＿＿＿＿＿　C.＿＿＿＿＿＿＿＿＿　D.＿＿＿＿＿＿＿＿＿

問2．図2に示したようなDNA量の変化を伴う細胞分裂を何というか。

＿＿＿＿＿＿＿＿＿＿＿

問3．図3と図4の中に①～④の番号で示した細胞は，図1と図2の中に示したA～Kのどの時期に対応するか。

①.＿＿＿＿＿＿＿　②.＿＿＿＿＿＿＿　③.＿＿＿＿＿＿＿　④.＿＿＿＿＿＿＿

7. 二遺伝子雑種

知識 エンドウには，種子の形が丸いものとしわの
ものがあり，子葉の色が黄色のものと緑色のものがある。種子の
形を丸くする遺伝子をA，しわにする遺伝子をa，子葉の色を黄
色にする遺伝子をB，緑にする遺伝子をbとして，丸・黄の個体
と，しわ・緑の個体を交雑した結果を右図に示す。次の各問いに
答えよ。

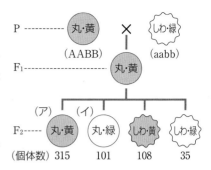

問1．F_1 の遺伝子型を示せ。　　　　　　＿＿＿＿＿＿＿

問2．F_1 がつくる配偶子の遺伝子の組み合わせとその比を示せ。

＿＿＿＿＿＿＿＿＿＿＿＿＿＿＿＿＿＿＿＿＿＿＿＿＿＿＿

問3．F_1 の自家受精で生じた F_2 の表現型の分離比を，最も簡単な整数比で示せ。

＿＿＿＿＿＿＿＿＿＿＿＿＿＿＿＿＿＿＿＿＿＿＿＿＿＿＿

問4．F_2 のうち，（ア）および（イ）の遺伝子型をすべて示せ。

ア．＿＿＿＿＿＿＿＿＿＿＿＿＿＿　　イ．＿＿＿＿＿＿＿＿＿

8. 連鎖

知識 作図 スイートピーには，花の色を紫にする遺伝子Bと赤にする遺伝子b，花粉の形を長くする遺
伝子Lと丸くする遺伝子 l がある。いま，下記の2つの交雑を行い，F_1 を得たのち，さらに F_1 を自家受
精して F_2 を得た。下の各問いに答えよ。ただし，B(b)とL(l)は同一染色体に存在する。また，遺伝子
間の組換えはないものとする。

交雑1
```
     B・
   ◯  ◯◯
      ◯◯
```

交雑2
```
     B・
   ◯  ◯◯
      ◯◯
```

交雑1 P：紫色花・丸花粉の系統×赤色花・長花粉の系統

　　　　F_1：すべて紫色花で長花粉

交雑2 P：紫色花・長花粉の系統×赤色花・丸花粉の系統

　　　　F_1：すべて紫色花で長花粉

問1．交雑1，交雑2について，それぞれのPの遺伝子型を答えよ。

交雑1：紫色花・丸花粉　＿＿＿＿＿＿＿，赤色花・長花粉＿＿＿＿＿＿＿

交雑2：紫色花・長花粉　＿＿＿＿＿＿＿，赤色花・丸花粉＿＿＿＿＿＿＿

問2．F_1 の体細胞で，B以外の遺伝子はどのように配置しているか。交雑
　1，2の F_1 のそれぞれについて，右図に記入せよ。

問3．交雑1，2の F_1 のそれぞれがつくる配偶子の遺伝子の種類とその比は，どのようになるか。

　　　　　　　　　　交雑1．＿＿＿＿＿＿＿　　交雑2．＿＿＿＿＿＿＿

問4．交雑1，2の F_2 の表現型とその分離比を求めよ。

交雑1．＿＿＿＿＿＿＿＿＿＿＿＿＿＿＿＿＿＿＿＿＿＿＿＿＿＿

交雑2．＿＿＿＿＿＿＿＿＿＿＿＿＿＿＿＿＿＿＿＿＿＿＿＿＿＿

9. 二遺伝子間の組換え

知識 計算 ある植物において，子葉の色の遺伝子と種子の形に関する遺伝子は同一染色
体にある。子葉の色を有色にする遺伝子をA，無色にする遺伝子をa，種子を丸くする遺伝子をB，し
わにする遺伝子をbとする。AとBは顕性，aとbは潜性である。子葉が有色で種子が丸いもの（X株）
と潜性のホモ接合体を交雑したところ，（有色・丸）：（有色・しわ）：（無色・丸）：（無色・しわ）＝10：
3：3：10の比で現れた。A，B間の組換え価を，小数第2位を四捨五入して小数第1位まで求めよ。

10. 組換え価と遺伝子の位置関係 ●下記の表は，(1)～(5)の個体と潜性のホモ接合体を両親として交雑した結果である。空欄の(a)～(d)には数値を入れ，(i)～(v)は下の語群から選んで答えよ。ただし，AとBは顕性，aとbは潜性である。

知識 計算

	子の表現型の比				(1)～(5)からできる配偶子の比				組換え価	遺伝子の位置関係
	[AB]	: [Ab]	: [aB]	: [ab]	AB	: Ab	: aB	: ab		
(1)×aabb	1	: 1	: 1	: 1	1	: 1	: 1	: 1	50%	(i)
(2)×aabb	1	: 0	: 0	: 1	1	: 0	: 0	: 1	(a)	(ii)
(3)×aabb	7	: 1	: 1	: 7	7	: 1	: 1	: 7	(b)	(iii)
(4)×aabb	0	: 1	: 1	: 0	0	: 1	: 1	: 0	(c)	(iv)
(5)×aabb	1	: 7	: 7	: 1	1	: 7	: 7	: 1	(d)	(v)

〔語群〕　①　AとB，aとbが連鎖　　　②　Aとb，aとBが連鎖
　　　　　③　Aとa，Bとbが連鎖　　　④　A，a，B，bはそれぞれ独立している

(a). _____　　(b). _____　　(c). _____　　(d). _____

(i). _____　　(ii). _____　　(iii). _____　　(iv). _____　　(v). _____

11. 染色体地図 ●ある生物の3つの形質に関わる遺伝子A(a)，B(b)，C(c)は連鎖している。A－B間の組換え価を求めるため，AABBとaabbの個体を交雑して得られたF₁に対して検定交雑を行ったところ，表現型が[ab]の個体が全体の40%の割合で現れた。同様の実験で，A－C間では[ac]が42%，B－C間では[bc]が48%現れた。下の各問いに答えよ。

知識 計算 作図

問1．A－B間，A－C間，B－C間，それぞれの組換え価を求めよ。

A－B間. _____　　A－C間. _____　　B－C間. _____

問2．染色体地図を作成せよ。

12. ハーディー・ワインベルグの法則と血液型 ●次の文章を読み，下の各問いに答えよ。

知識 計算

　ある集団(3000人)の血液型を調査したところ，Rh⁻型が16%存在することがわかった。Rh⁻型は遺伝子dによるものであり，遺伝子dは潜性である。これに対し，遺伝子DによるRh⁺型は顕性形質である。
　また，この集団は次の条件をすべて満たすものとする。
　・個体数が十分に多く，この集団への移入やこの集団からの移出は起こらない。
　・遺伝子D(d)に関して，突然変異は起こらない。
　・結婚はRh型には無関係になされ，Rh型によって生存率に差は生じない。

問1．この集団に存在する遺伝子D，dの割合を，それぞれ%で答えよ。

D. _____　　d. _____

問2．この集団内で，遺伝子型がDdのヒトの割合は全体の何%か。

_____

問3．この集団内で，遺伝子型がDD，Ddのヒトは，それぞれ何人か。

DD. _____　　Dd. _____

問4．この集団の，次世代の遺伝子の割合はどのようになるか。%で答えよ。

D. _____　　d. _____

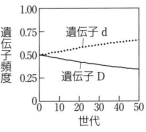

思考
13. 遺伝的浮動 ●次の文章を読み，下の各問いに答えよ。

　ある二倍体生物がもつ，自然選択を受けないアレルDとdの遺伝子頻度がいずれも0.5で，1000個体で遺伝子頻度の変化を50世代後まで調べると右図のようであったとする。同じ実験を1億個体と100個体で行ったときに予測される結果として，適切なものをア～ウからそれぞれ選べ。

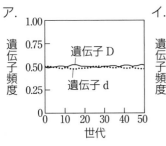

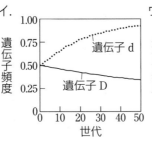

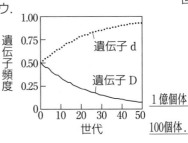

1億個体．_____

100個体．_____

知識
14. 自然選択 ●自然選択に関する次の文章を読み，下の各問いに答えよ。

　自然選択の結果，ある生物集団が環境に適応した形質をもつ集団になることを（　1　）という。個体が自分の子をどれだけ残せたかを表す尺度は（　2　）と呼ばれる。（　1　）の例は，現在の生物にみることができる。生物が，周囲の風景や他の生物と見分けがつかない色や形になることを（　3　）といい，異なる種の生物どうしが，生存や繁殖に影響を及ぼしあいながら進化する現象を（　4　）という。また，配偶行動において，同性間や異性間にみられる相互作用が自然選択の要因となるものを（　5　）という。
問1．文中の空欄に最も適する語をそれぞれ選び，記号で答えよ。
　ア．共進化　　イ．適応進化　　ウ．適応度　　エ．擬態　　オ．性選択

1._____ 2._____ 3._____ 4._____ 5._____

問2．（　3　），（　4　），（　5　）の例として，最も適当なものをそれぞれ選べ。
　ア．キサントパンスズメガ　　イ．トドの雄　　ウ．ワモンダコ

3._____ 4._____ 5._____

知識
15. 進化をもたらす要因 ●次の文章を読み，下の各問いに答えよ。

　生物が世代を経るに従って，DNAの塩基配列やタンパク質のアミノ酸配列に生じる変化は（　A　）と呼ばれる。（　A　）の多くは，個体の生存や繁殖に対して影響を（　1　）。たとえば，コドンの（　2　）番目の塩基に突然変異が生じても，（　B　）置換となって指定するアミノ酸が変化しない場合が多い。また，イントロンのように（　C　）されない領域に生じた突然変異も形質に影響を及ぼさない。
問1．文中の（　1　），（　2　）に当てはまる語を，次のア～オからそれぞれ選べ。
　ア．与える　　イ．与えない　　ウ．1　　エ．2　　オ．3

1._____ 2._____

問2．文中の空欄（　A　）～（　C　）に当てはまる語を答えよ。

A._____ B._____ C._____

知識
16. 染色体レベルの突然変異 ●染色体レベルの突然変異について次の各問いに答えよ。ただし，生物が生命を保つうえで必要最小限の染色体の1組をxと表す。
問1．$2n＝3x$ や $4x$ のように表される染色体数をもつ個体を何というか。　　　_____

問2．$2n=2n\pm\alpha$ のように表される
染色体数をもつ個体を何というか． _____

問3．右図は，染色体の構造の変化を示しており，上下
は相同染色体を，A～Jは遺伝子を表す．(1)～(4)の変
異はそれぞれ何と呼ばれているか．

(1). _____ (2). _____

(3). _____ (4). _____

(1)
| A B C F G | | H I J |
| A B C D E F G | | H I J |

(2)
| A B C D E F G | | H I J I J |
| A B C D E F G | | H I J |

(3)
| A B E D C F G | | H I J |
| A B C D E F G | | H I J |

(4)
| A B C D E | | H I J F G |
| A B C D E F G | | H I J |

思考 論述
17. 変異のまとめ ●変異に関する次の各問いに答えよ．

生物の変異には，遺伝しない環境変異と，生殖細胞に生じた場合には遺伝する（　ア　）がある．さらに，（　ア　）には，（　イ　）の構造や数が変化する（　ウ　）と，遺伝子がもつ情報が変化する（　エ　）がある．環境変異の例として，同一個体での果実や種子の（　オ　）のばらつきなどがある．また，（　ウ　）の例には，パンコムギにみられるような（　カ　）によるものや，ヒトのダウン症のように（　キ　）によるものがあり，（　エ　）では（　ク　）や紫外線，化学物質が変異の原因となる場合がある．

問1．文中の空欄に最も適する語を次の①～⑧から選び，番号で答えよ．
① 遺伝子レベルの突然変異　　② 放射線　　③ 突然変異　　④ 重量
⑤ 異数性　　⑥ 倍数性　　⑦ 染色体レベルの突然変異　　⑧ 染色体

ア. _____　イ. _____　ウ. _____　エ. _____

オ. _____　カ. _____　キ. _____　ク. _____

問2．倍数性の異なる個体どうしが交配すると，子に生殖能力がなくなることが多い．その理由を配偶子形成に関連付けて簡潔に答えよ．

_____

知識
18. 進化のしくみ ●次の各問いに答えよ．
① 集団内の個体のうち，生存や生殖に有利な形質をもつものが次世代の個体を多く残す．
② 1つの生物集団がいくつかの集団に分かれ，地殻変動などによって山脈・海峡などができることで，それぞれの集団に隔離される．
③ もとは1つであった生物集団に開花期や繁殖期のずれなどが生じ，交配ができないいくつかの集団に分かれる．
④ DNAの塩基配列や，染色体の構造・数が変化する．
⑤ アレル間で生存に有利・不利の関係がない場合にも，次世代に伝えられる遺伝子頻度が偶然によって変化する．

問1．①～⑤の説明は，それぞれ何という現象を説明したものか．次から選べ．
　　突然変異　　生殖的隔離　　遺伝的浮動　　自然選択　　地理的隔離

①. _____　②. _____　③. _____

④. _____　⑤. _____

問2．①～⑤で，種分化が生じる過程で最後にみられるものはどれか． _____

思考

19. 減数分裂◆減数分裂に関する下の各問いに答えよ。

問1．母細胞の染色体数が $2n=4$ である生物の減数分裂のようすを示す図を a ～ j のなかから選び，a を最初にして分裂の順に並べよ。なお，a ～ j には減数分裂の過程でない図も含まれる。

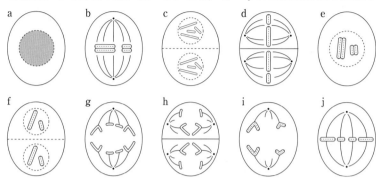

問2．次の文を読み，減数分裂の説明として正しいものには○を，誤っているものには×をつけよ。

(a) 紡錘糸は第一分裂では出現しないが，第二分裂には出現する。

(b) 第一分裂後期に，染色体が両極に移動する。

(c) 第一分裂前期に，対合した染色体間で乗換えが起こることがある。

(a)．＿＿＿＿＿＿ (b)．＿＿＿＿＿＿ (c)．＿＿＿＿＿＿

問3．下図は減数分裂における細胞当たりの DNA 量の変化を示している。次のア～ウの時期にあたるものを図中の A ～ F からそれぞれ選べ。

ア．DNA が複製される。

イ．二価染色体が赤道面に並ぶ。

ウ．対合面で分離した染色体が，さらに2つに分離する。

ア．＿＿＿＿＿ イ．＿＿＿＿＿ ウ．＿＿＿＿＿

ヒント
問1．減数分裂の第一分裂では，相同染色体の対合が観察される。

思考 **計算**

20. 遺伝子の独立と連鎖◆染色体での遺伝子の配列状態がわからない A(a)，B(b)，C(c)の遺伝子について，AaBbCc の遺伝子の組み合わせをもつア～エの個体を，aabbcc の遺伝子の組み合わせをもつ個体と交雑させ，3つの遺伝子の配列状態を調べた。

問1．ア～エの個体でそれぞれ次の結果が得られた場合，遺伝子 A(a)，B(b)はどのように配列していると考えられるか。次の①～③からそれぞれ選べ。ただし，同じものを何度選んでもよい。

ア．AaBb：Aabb：aaBb：aabb＝9：1：1：9

イ．AaBb：Aabb：aaBb：aabb＝1：1：1：1

ウ．AaBb：Aabb：aaBb：aabb＝0：1：1：0

エ．AaBb：Aabb：aaBb：aabb＝1：0：0：1

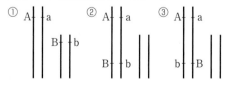

ア．＿＿＿＿＿ イ．＿＿＿＿＿ ウ．＿＿＿＿＿ エ．＿＿＿＿＿

問2．A(a)，B(b)間で組換えが起きた個体をア～エから選べ。

問3．問2で答えた個体の，A(a)，B(b)間での組換え価を次から選べ。
① 5％ ② 10％ ③ 20％ ④ 90％

問4．アの個体で，遺伝子A(a)，B(b)，C(c)の配列状態を調べるために検定交雑を行ったところ，【1】，【2】の結果が得られた。1目盛りを1％として，推定されるアの個体の染色体地図を下図に書け。
【1】 AaCc：Aacc：aaCc：aacc＝1：19：19：1
【2】 BbCc：Bbcc：bbCc：bbcc＝3：17：17：3

ヒント
問3，4．割合が大きい遺伝子の組み合わせの個体が，組換えを起こしていない染色体をもっていると考える。

思考 論述 計算
21. ハーディー・ワインベルグの法則 ◆ある生物集団において，1組のアレルAとaについて15個体を調べたところ，遺伝子型AAが3個体，遺伝子型Aaが6個体，遺伝子型aaが6個体であった。
問1．このとき，Aとaの遺伝子頻度をそれぞれ求めよ。
A.＿＿＿＿＿＿ a.＿＿＿＿＿＿

問2．この生物の集団内で，自由に交配が行われて子孫が残された。この次世代の遺伝子頻度を調べると，親の世代から変化していなかった。このとき，この生物集団はどのような条件を備えていると考えられるか。簡潔に答えよ。ただし，この生物集団は，多数の個体からなり，遺伝子頻度を調べた期間に個体の移入や移出がなかったものとする。

ヒント
問2．ハーディー・ワインベルグの法則の成立条件のうち，問題文にないものを答える。

知識
22. 進化のしくみ ◆次の文章は，ある集団から新たな生物種が生じる過程の例の1つを示したものである。下の各問いに答えよ。
まず，集団内のもとの遺伝子に（ a ）が生じ，集団内の遺伝子構成に変化が起きる。生存や生殖に有利な形質を生じさせる遺伝子をもつ個体が次世代を多く残す（ b ）や，1つの生物集団が地殻変動などによって分離される（ c ），遺伝子（ d ）が偶然によって変化する（ e ）などによって，遺伝子（ d ）の変化が生じる。その後，生物間の遺伝的差異が大きくなって（ f ）が成立し，新たな種が生じる。
問1．文章中の空欄a～fに最も適する語を，下の①～⑦からそれぞれ選べ。
① 生殖的隔離 ② 地理的隔離 ③ 頻度 ④ 小進化 ⑤ 遺伝的浮動
⑥ 突然変異 ⑦ 自然選択
a.＿＿＿＿ b.＿＿＿＿ c.＿＿＿＿ d.＿＿＿＿ e.＿＿＿＿ f.＿＿＿＿
問2．下線部のような現象を何というか。

ヒント
問1．遺伝的差異が大きくなると，生殖ができなくなる。

2 | 生物の系統と進化

1 生物の系統

❶生物の系統と分類

生物を共通性にもとづいてグループ分けすることを(^{1}　　　　　)という。

(a) (^{2}　　　　　　　)　識別しやすい形質や，日常生活との関係を基準にして行う便宜的な分類。必ずしも類縁関係を示さない。

　〔例〕　陸上動物，有毒植物，植食性動物　など

(b) (^{3}　　　　　　　)　生物の進化の道筋(系統)に沿った類縁関係にもとづいて行う分類。

(c) **系統分類の方法**　かつては，形態，生理的な特徴，生殖・発生の類似性などによって行ってきた。現在では，DNA や RNA の塩基配列，タンパク質のアミノ酸配列の類似性なども用いて行っている。

- **分子時計**　塩基配列やアミノ酸配列に生じる突然変異は一定の確率で起こり蓄積している。このような，分子に生じる変化の速度の一定性を(^{4}　　　　　　)という。(^{4}　　　　　　)を利用することで，種間の類縁関係や種が分かれた時期などを推測できる。

- **分子系統樹**　分子時計の考えにもとづき，塩基配列やアミノ酸配列の違いを比較して作成した系統樹を(^{5}　　　　　　　)という。作成方法には平均距離法や最節約法などがある。

　平均距離法　対象とする複数の生物種が共通してもつタンパク質のアミノ酸配列や，遺伝子の塩基配列において，生物種間で異なる数の平均を分岐してからの距離として作成する方法。まず，異なる数が最小の2種を探し，その平均を分岐してからの距離とする。次に，この2種と残りの種のうち異なる数が最小の種を探し，その平均を3種が分岐してからの距離とする。同様の作業をくり返して作成する。

　最節約法　突然変異の回数が最も少なくなる系統樹を選択する方法。

❷分類階級

(a) **分類階級**　生物の分類は，(^{6}　　　　)を基本単位とし，類縁関係にもとづいてより大きなグループに，段階的にまとめられる。このような段階を，(^{7}　　　　　　　)と呼ぶ。

- **種より高次の分類階級**　種＜(^{8}　　　　)＜科＜目＜綱＜門＜(^{9}　　　　　)

(b) **種**　形態や性質が基本的に同じで，同種他個体と自由に交配し，同様の生殖能力をもつ子を生み出すことが可能な生物群。他種とは生殖的に隔離されている。

- **種の表し方**　リンネが用いた(^{10}　　　　　)にもとづいてつくられた国際命名規約に従った(^{11}　　　　　)が用いられている。

- **学名**　属名と種小名を並べて記載する。ラテン語やギリシャ語のイタリック体を用いることが多く，種小名の後ろに命名者名と命名年が付記されることもある。

　〔学名の例〕　ヒト：*Homo sapiens* Linnaeus, 1758

(c) **界**　生物を動物界，植物界，菌界，原生生物界，(^{12}　　　　　)の5つの界に分類する(^{13}　　　　　)が用いられることが多い。

植物界　菌界　動物界

原生生物界

モネラ界

共通の祖先

◀五界説▶

(d) **ドメイン**　1977年にウーズは，すべての生物に共通して存在する rRNA（→p.80）の塩基配列をさまざまな生物で解析し，比較することで系統関係を推定した。その結果，生物全体を（¹⁴　　　　　　　）（バクテリア），（¹⁵　　　　　　　）（古細菌），（¹⁶　　　　　　　）（ユーカリア）の3つのグループに区分し，この区分を（¹⁷　　　　　　）と呼んだ。現在，（¹⁷　　　　　　）は広く受け入れられ，界よりも上位の階級として扱われるようになっている。

(e) **スーパーグループ**　アデルらは，分子系統学的な手法などを用いて，真核生物をいくつかのグループに大別した。これらのグループは（¹⁸　　　　　　　）と呼ばれる。

- 五界説では類縁関係が不明瞭であった原生生物界に属する生物群の類縁関係や，それらと動物界，植物界，菌界の関係が明らかになりつつある。

　　〔例〕　オピストコンタ（動物，襟鞭毛虫類，菌類を含む）
　　　　　　アーケプラスチダ（植物，車軸藻類，緑藻類，紅藻類を含む）
　　　　　　アメーボゾア（アメーバ類，変形菌類を含む）　など

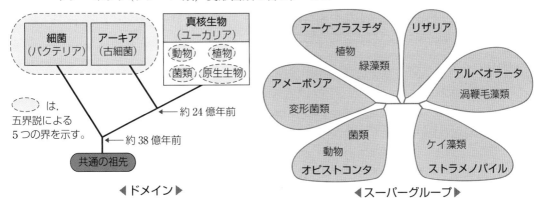

◀ドメイン▶　　　　　　　　◀スーパーグループ▶

2 生物の系統関係

❶細菌（バクテリア）とアーキア（古細菌）

(a) **細菌**　アーキア以外の原核生物のグループ。約38億年前に，他の2つのドメインと分岐したと考えられている。

(b) **アーキア**　原核生物のうち，RNA ポリメラーゼの構造が真核生物のものに似ているなど，明らかに細菌よりも真核生物に近い生物のグループ。約24億年前に，真核生物ドメインと分岐したと考えられている。熱水噴出孔，塩湖・塩田，汚泥などの極限環境に生息する種が存在する。

生物群	細胞壁の主成分	その他の特徴	生物例
細菌	ペプチドグリカン	• 多くは従属栄養生物であるが，独立栄養生物のものもいる。 • 細胞膜のリン脂質はエステル脂質。	大腸菌 乳酸菌 枯草菌 アグロバクテリウム
アーキア	糖やタンパク質	• 極限環境に生息するものがいる。 • 細胞膜のリン脂質はエーテル脂質。	メタン菌 高度好塩菌

Answer▶
1…分類　2…人為分類　3…系統分類　4…分子時計　5…分子系統樹　6…種　7…分類階級　8…属　9…界
10…二名法　11…学名　12…モネラ界　13…五界説　14…細菌　15…アーキア　16…真核生物　17…ドメイン
18…スーパーグループ

❷真核生物（ユーカリア）

(a) （¹　　　　　　　　　　） 真核生物のうち，単細胞生物や，からだの構成が簡単で組織が発達しない多細胞生物からなるグループ。系統的には多様で，類縁関係は示されていない。

- 主なグループ

車軸藻類（シャジクモ，フラスコモ）　　緑藻類（アナアオサ，アオミドロ）

紅藻類（マクサ，アサクサノリ）　　　　褐藻類（マコンブ，ヒジキ）

ケイ藻類（オビケイソウ，ハネケイソウ）　渦鞭毛藻類（ヤコウチュウ，ツノモ）

繊毛虫類（ゾウリムシ，ツリガネムシ）　　放散虫類（ホウサンチュウ）

ユーグレナ藻類（ミドリムシ）　　　　　襟鞭毛虫類（エリベンモウチュウ）

アメーバ類（アメーバ）　　　　　　　　変形菌類（ムラサキホコリ）

- 植物に最も近縁であるのが，車軸藻類。動物に最も近縁であるのが，襟鞭毛虫類。

(b) （²　　　　　　） 陸上の環境に適応し，光合成を行う多細胞の独立栄養生物のグループ。光合成色素として，クロロフィルaとbをもつ。**コケ植物，シダ植物，種子植物（裸子植物，被子植物）**に分けられる。細胞壁の主成分は，セルロースとペクチンである。

（³　　　　　　） 維管束は未発達。根・茎・葉も未分化。

（⁴　　　　　　） 維管束をもつ。根・茎・葉は分化している。

（⁵　　　　　　） 種子を形成し，内部の胚を乾燥から保護する。裸子植物は子房をもたず胚珠が裸出し，被子植物は子房のなかに胚珠をもつ。

◀植物界の系統▶

参考　植物の生活環

生物が生まれてから死ぬまでの過程を，生殖細胞で次の世代につなげたものを**生活環**という。植物の生活環をみると，配偶子を形成して生殖を行う配偶体の世代と，胞子を形成して生殖を行う胞子体の世代が，交互にくり返されている。植物の種類によって，配偶体や胞子体の発達の程度が異なる。

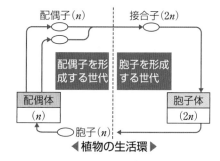

◀植物の生活環▶

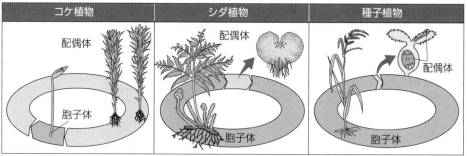

◀植物の生活環における配偶体と胞子体の比較▶

- 植物に属する各生物群の特徴

生物群		維管束	根・茎・葉	その他の特徴		生物例
コケ植物		未発達	未分化	胞子体は配偶体の上に形成		ゼニゴケ スギゴケ
シダ植物				胞子体は配偶体に比べて発達		ワラビ トクサ
種子植物	裸子植物	発達	分化	配偶体は胞子体の上に形成	子房がなく胚珠は裸出する	イチョウ アカマツ
	被子植物				胚珠は子房に包まれる	アブラナ サトウキビ

(c) (⁶　　　　　　) 外界から有機物を取り込み，体内で消化・吸収する従属栄養の多細胞生物のグループ。胚葉(→p.96)の分化の程度によって，**側生動物，二胚葉動物，三胚葉動物**に分けられる。

- (⁷　　　　　　) 胚葉の分化がみられず，組織や器官が発達していない。
- (⁸　　　　　　) 中胚葉が形成されず，内胚葉と外胚葉に由来する細胞からなる。
- (⁹　　　　　　) 原腸胚期に，外胚葉，中胚葉，内胚葉の3つの胚葉が分化する。**旧口**動物と**新口**動物に分けられる。
  - (¹⁰　　　　　　) 原口(→p.96)が口になる。**冠輪動物**と**脱皮動物**に分けられる。
    - (¹¹　　　　　　) 脱皮せずに成長する。多くは，トロコフォア幼生の時期をもつ。
    - (¹²　　　　　　) 外骨格をもち，脱皮を行いながら成長する。
  - (¹³　　　　　　) 原口とは別の部分に口ができる。

発生の過程で脊索を形成しない**棘皮動物**と，脊索を形成する**脊索動物**に分けられる。脊索動物は，さらに，終生脊索をもつ**原索動物**と，脊索が退化し神経管を取り囲む脊椎を形成する(¹⁴　　　　　　)に分けられる。

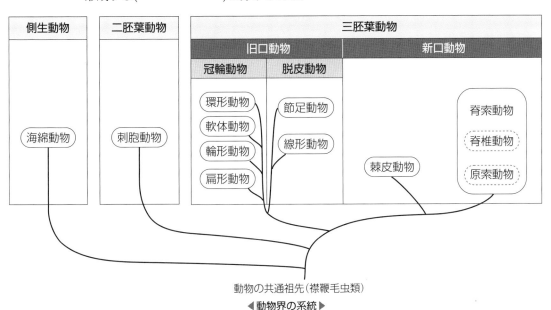

◀動物界の系統▶

Answer
1…原生生物　2…植物　3…コケ植物　4…シダ植物　5…種子植物　6…動物　7…側生動物　8…二胚葉動物
9…三胚葉動物　10…旧口動物　11…冠輪動物　12…脱皮動物　13…新口動物　14…脊椎動物

• 動物に属する各生物群の特徴

生物群				特徴	生物例
海綿動物	胚葉の分化なし			神経がなく，細胞間の結合が弱い。 骨片，変形細胞，襟細胞をもつ。	ムラサキカイメン カイロウドウケツ
刺胞動物	二胚葉性			食物は，腔腸で消化。 腔腸には口のみで肛門はない。 刺胞をもつ。	ヒドラ ミズクラゲ アカサンゴ
扁形動物	三胚葉性	旧口動物	冠輪動物	からだは扁平で体腔をもたない。 口と肛門の区別がない。	プラナリア ヒラムシ サナダムシ
環形動物				からだは多数の(¹　　　)からなる。 環状筋と縦走筋によるぜん動運動を行う。	フツウミミズ ゴカイ ケヤリムシ
軟体動物				内臓は外套膜（がいとうまく）でおおわれる。 多くはその外に硬い貝殻をもつ。 多くは開放血管系。 イカ・タコ類はカメラ眼をもつ。	マダコ ヤリイカ ハマグリ ヒザラガイ
線形動物			脱皮動物	からだは円筒形をしており，体節はもたない。 他の生物に寄生しているものが多い。 **脱皮して成長する。**	センチュウ カイチュウ ギョウチュウ
節足動物				体表は外骨格でおおわれる。 体節構造をしており，足にも関節がある。 背側に管状の心臓をもつ。 開放血管系である。 **脱皮して成長する。**	ナガサキアゲハ ハエトリグモ ヤスデ タカアシガニ
棘皮動物		新口動物		多くは，からだが硬い骨板でおおわれている。 水管系と管足をもつ。 成体は五放射相称である。	イトマキヒトデ バフンウニ マナマコ
脊索動物	原索動物			発生の過程で(²　　　)を形成する。 ホヤでは成体になると退化するが，ナメクジウオは終生脊索をもつ。	ナメクジウオ カラスボヤ マボヤ
	脊椎動物			からだは頭部と腹部に分けられ，2対のひれまたは足をもつ。 閉鎖血管系で，酸素を運搬する物質である(³　　　　　)をもつ。 **脊索は退化し**，脊椎骨が神経管を囲み(⁴　　　)を形成する。	スナヤツメ マイワシ トノサマガエル アオウミガメ カワセミ ヒト

(d) (⁵　　　　　　) 体外で有機物を分解して吸収する従属栄養生物のグループ。

- 細胞壁の主成分は，キチンと呼ばれる多糖類。
- 組織は発達せず，多くは糸状に連なった細胞からなる(⁶　　　　　　)でできている。
- 多くの菌類は，(⁷　　　　　)によって増殖する。胞子には，減数分裂を経てつくられる有性胞子（真正胞子）と，体細胞分裂を経てつくられる無性胞子（栄養胞子）がある。
- 菌類に属する生物群の特徴

生物群	菌糸の構造	その他の特徴	生物例
子のう菌類	隔壁あり	子実体の上にある子のうで，子のう胞子を形成する。	アオカビ アカパンカビ 酵母
担子菌類		一般に「キノコ」と呼ばれる大型の子実体をつくり，子実体にある担子器で担子胞子を形成する。	シイタケ シロオニタケ カワラタケ
接合菌類	隔壁なし	胞子にべん毛がない。	クモノスカビ ケカビ

※子のう菌類または担子菌類のなかには，シアノバクテリアまたは緑藻類と共生しているものがあり，その生物群を(⁸　　　　　　)と呼ぶことがある。

■3 人類の進化

❶人類の系統と進化

(a) 霊長類の進化

ツパイ類のなかま（原始的な哺乳類）
└(⁹　　　　　　)（サル類）の共通祖先の誕生（約6500万年前）
- 顔の前面に並ぶ両眼によって(¹⁰　　　　　　)の範囲の拡大　┐
- 木の枝や幹をしっかり握ることのできる(¹¹　　　　　　)の発達　├ 樹上生活
- かぎ爪から，木の枝をつかみやすくなる(¹²　　　　)への変化　┘ への適応
└(¹³　　　　　)の共通祖先の誕生（約2900万年前）
- 枝から枝への巧みな移動が可能となる肩関節の自由度の向上

(b) 人類の誕生と進化（約600万～700万年前，アフリカで誕生）
- アウストラロピテクス［猿人］の誕生（約300万～400万年前）
  - 直立姿勢で二足で歩く(¹⁴　　　　　　)の獲得
  - 大後頭孔が真下に近い位置に開口
- ホモ・エレクトス［原人］の誕生（約250万年前）　　┐
- ホモ・ネアンデルターレンシス［旧人］の誕生（約40万年前）　├ 脳容積の急激な増加
- (¹⁵　　　　　　)［新人，現生人類］の誕生（約20万年前）　┘

(c) 現生人類の拡散　約20万年前，アフリカで誕生したホモ・サピエンスは，世界各地へ拡散した。その過程で多様性を生じ，現在に至る。現生の人類はホモ・サピエンスのみで，他の人類は，絶滅した。

Answer▶
1…体節　2…脊索　3…ヘモグロビン　4…脊椎　5…菌類　6…菌糸　7…胞子　8…地衣類　9…霊長類
10…立体視　11…母指対向性　12…平爪　13…類人猿　14…直立二足歩行　15…ホモ・サピエンス

1. 生物を共通性にもとづいてグループ分けすることを何というか。

2. 人為分類に対して，生物の系統にもとづいた分類を何というか。

3. 種の名前を表すとき，属名と種小名の 2 つを並べて記載する方法を何というか。

4. DNA やタンパク質などの分子に生じる変化の速度の一定性を何というか。

5. DNA の塩基配列やタンパク質のアミノ酸配列などのデータを用いて作成した系統樹を何というか。

6. 細菌(バクテリア)，アーキア(古細菌)および真核生物(ユーカリア)の 3 つに分けられる分類群を何というか。

7. 真核生物は，細菌とアーキアのどちらとより近縁か。

8. ホイッタカーによって提唱された，生物全体を 5 つの界に分ける考え方を何というか。

9. 五界説の界のうち，原核生物からなる生物のグループを何というか。

10. 五界説の界のうち，単細胞の真核生物や，からだの構造が単純な多細胞生物からなるグループを何というか。

11. 五界説の界のうち，栄養分を体外で分解して吸収する従属栄養生物のグループを何というか。

12. 原生生物のうち，植物に最も近縁な生物群は何類か。

13. 原生生物のうち，動物に最も近縁な生物群は何類か。

14. ゴリラやチンパンジーのような，他の霊長類よりも長い腕と短い足をもち，尾をもたない生物群を何というか。

15. 人類にみられる，直立姿勢で下肢だけを用いた歩行を何というか。

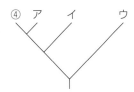

基本例題3　系統樹と分類　　⇒基本問題24

表は，4種の生物①〜④に共通して存在するあるタンパク質のアミノ酸配列を比較し，2種の生物間で異なるアミノ酸の数を示したものである。次の各問いに答えよ。

生物	①	②	③	④
①	0			
②	50	0		
③	25	54	0	
④	27	46	10	0

(1) 表の値と分子時計の考え方を用いて，4種の生物の系統樹を作成した（右図）。ア〜ウとして最も適当な生物を①〜③の番号で答えよ。

(2) このような方法で作成した系統樹を，特に何というか答えよ。

(3) 種は，分類の基本単位である。種と界の間の分類階級を，下位から順に5つ答えよ。

(4) 種は，リンネが提唱した二名法にもとづいた学名を用いて表す。学名で記載する2つの名称は何か答えよ。

④　ア　イ　ウ

考え方 (1)タンパク質のアミノ酸配列の違いを比較した場合，その異なるアミノ酸の数が大きいものほど種として分岐してからの期間が長く，小さいほど期間が短いことを示す。したがって，④と類縁関係が最も近い生物は③となり，遠い生物は②となる。

(4)学名は，属名と種小名をギリシャ語またはラテン語で記述することが多い。

解答
(1)ア…③　イ…①　ウ…②
(2)分子系統樹
(3)属，科，目，綱，門
(4)属名，種小名

基本例題4　動物の系統　　⇒基本問題29

右図は，動物の系統を模式的に示したものである。次の各問いに答えよ。

(1) (ア)〜(エ)に適する動物門の名称を①〜④から，動物例をa〜dからそれぞれ選べ。

　① 脊索動物　　② 環形動物
　③ 節足動物　　④ 刺胞動物
　a．ナメクジウオ　　b．ウミホタル
　c．ゴカイ　　　　　d．ヒドラ

```
          A        B        C
        ┌(イ)┐   ┌(ウ)┐   ┌(エ)┐
 海綿  (ア) 軟体   線形    棘皮
 動物       動物   動物    動物
           扁形
           動物
```

(2) 図のA，B，Cは，共通した特徴をもつものをまとめている。その特徴として最も適当なものを，①〜③からそれぞれ1つずつ選べ。

　① 脱皮して成長　　② 原口とは別の部分が口になる　　③ 脱皮せずに成長

(3) グループA，B，Cが，海綿動物および(ア)と異なる点を答えよ。

考え方 動物は，無胚葉性の側生動物（海綿動物）→二胚葉動物（刺胞動物）→三胚葉動物の順に進化してきたと考えられている。三胚葉動物のなかの旧口動物は，脱皮して成長する脱皮動物と，脱皮せずに成長する冠輪動物の2系に分けられることがわかってきた。

解答 (1)(ア)…④，d
(イ)…②，c　(ウ)…③，b　(エ)…①，a
(2)A…③　B…①　C…②
(3)三胚葉性の動物であること。

23. 種の表し方 [知識] ●種の名前を表す際には，学名が用いられる。次の表の(1)〜(3)は，ある3種の哺乳類の学名である。下の各問いに答えよ。

	(a)	(b)	(c)	，命名年
(1)	*Balaenoptera*	*musculus*	Linnaeus	， 1758
(2)	*Mus*	*musculus*	Linnaeus	， 1758
(3)	*Mus*	*caroli*	Bonhote	， 1902

問1．3種の哺乳類の類縁関係について述べた次の①〜⑤から，正しいものを1つ選び，番号で答えよ。ただし，類縁関係はこの3種のみで考えること。

① (b)の記載が同じなので，(1)と(2)が近いなかまである。
② (c)の記載が同じなので，(1)と(2)が近いなかまである。
③ (b)と(c)の両方の記載が同じなので，(1)と(2)が近いなかまである。
④ (a)の記載が同じなので，(2)と(3)が近いなかまである。
⑤ この学名からは，類縁関係はわからない。

問2．学名に関する次の文の下線部が正しければ○を，間違っていれば正しい語を答えよ。
ア．上表のような表し方は，リンネが提唱した方法にもとづいている。
イ．学名は，三名法にもとづいてつくられている。
ウ．学名は，ふつう英語やギリシャ語を用いることが多い。
エ．ヒトの学名は，ホモ・エレクトスである。

ア．＿＿＿＿＿＿＿＿　　イ．＿＿＿＿＿＿＿＿

ウ．＿＿＿＿＿＿＿＿　　エ．＿＿＿＿＿＿＿＿

24. 脊椎動物の分子系統樹 [思考] ●右表は，5種の脊椎動物A〜Eがもつヘモグロビンα鎖のアミノ酸配列を，種間で比較したときにみられる異なるアミノ酸の数を示したものである。次の各問いに答えよ。

	A	B	C	D	E
A	0	62	79	71	23
B		0	92	74	65
C			0	85	80
D				0	70
E					0

問1．DNAの塩基配列やタンパク質のアミノ酸配列に生じる突然変異は，一定の確率で起こり蓄積している。このような，分子に生じる変化の速度の一定性を何というか。

＿＿＿＿＿＿＿＿＿＿＿

問2．表の値を用いて分子系統樹を作成した(右図)。(1)〜(4)の生物として最も適当なものをB〜Eの記号で答えよ。

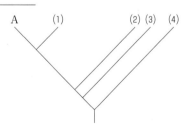

(1)．＿＿＿＿　　(2)．＿＿＿＿

(3)．＿＿＿＿　　(4)．＿＿＿＿

問3．Aはヒトである。他の脊椎動物が，イモリ，イヌ，コイ，サメであるとするならば，B〜Eはそれぞれどの生物になるか答えよ。

B．＿＿＿＿＿　　C．＿＿＿＿＿　　D．＿＿＿＿＿　　E．＿＿＿＿＿

25. [知識] **五界説** ●右図は，ホイッタカーとマーグリスによる五界説を模式的に表したものである。なお，各界に属する生物群は，1つしか示されていない。各界の細胞に関する文章を読み，下の各問いに答えよ。

A・C界は共通して（　1　）細胞生物のみからなり，E界は（　2　）細胞生物のみからなる。B・D界にはその両者が混在する。また，A・B・C・D界の生物を構成する細胞は，（　3　）細胞であるのに対して，E界の生物の細胞は（　4　）細胞である。

（　5　）界のみ，すべての生物が（　6　）をもたない細胞からなるが，他の界の生物には，主成分こそ異なるが（　6　）をもつ生物が含まれる。光合成を行うことができる細胞からなる生物は，（　7　）界，（　8　）界，（　9　）界に含まれている。

問1．A界〜E界の名称をそれぞれ答えよ。

A.＿＿＿　B.＿＿＿　C.＿＿＿　D.＿＿＿　E.＿＿＿

問2．文中の（　）内に，最も適当な語を答えよ。

1.＿＿＿　2.＿＿＿　3.＿＿＿　4.＿＿＿　5.＿＿＿

6.＿＿＿　7.＿＿＿　8.＿＿＿　9.＿＿＿

問3．A界〜E界に属する生物群として適当なものを，次の①〜⑤から1つずつ選び，番号で答えよ。
① 繊毛虫類　② シダ植物　③ 担子菌類　④ 原索動物　⑤ メタン菌

A.＿＿＿　B.＿＿＿　C.＿＿＿　D.＿＿＿　E.＿＿＿

26. [知識] **3ドメイン説** ●次の6つの生物群A〜Fについて，下の各問いに答えよ。

A	B	C	D	E	F
シイタケ アカパンカビ	大腸菌 イシクラゲ	クスノキ イチョウ	ゾウリムシ シャジクモ	ミズクラゲ オコジョ	メタン菌 高度好塩菌

問1．次の①〜⑥は，6つの生物群A〜Fの生物について説明したものである。生物群A〜Fの説明として最も適当なものをそれぞれ選び，番号で答えよ。
① 細胞壁をもたない多細胞生物である。取り込んだ有機物を体内で消化・吸収する従属栄養生物である。
② 真核細胞からなる。単細胞生物や組織の発達しない多細胞生物が含まれる。
③ 独立栄養生物である。組織が発達し，陸上の環境に適応している。
④ 原核細胞からなる。RNAポリメラーゼの構造が真核生物のものに似ている。
⑤ からだは菌糸からなり，組織は発達しない。体外で有機物を分解して吸収する。
⑥ 原核細胞からなる。約38億年前に他の生物群と分岐したと考えられている。

A.＿＿＿　B.＿＿＿　C.＿＿＿　D.＿＿＿　E.＿＿＿　F.＿＿＿

問2．6つの生物群A〜Fを3つのドメインに分け，それぞれのドメインの名称を答えよ。

＿＿＿＿＿＿＿　＿＿＿＿＿＿＿　＿＿＿＿＿＿＿

問3．3ドメイン説を提唱した科学者を，次の①〜⑤から選び，番号で答えよ。
① リンネ　② ホイッタカー　③ ヘッケル　④ ウーズ　⑤ ダーウィン

27. 植物の進化と系統 知識 ●図は，植物の系統を模式的に示したものである。次の各問いに答えよ。

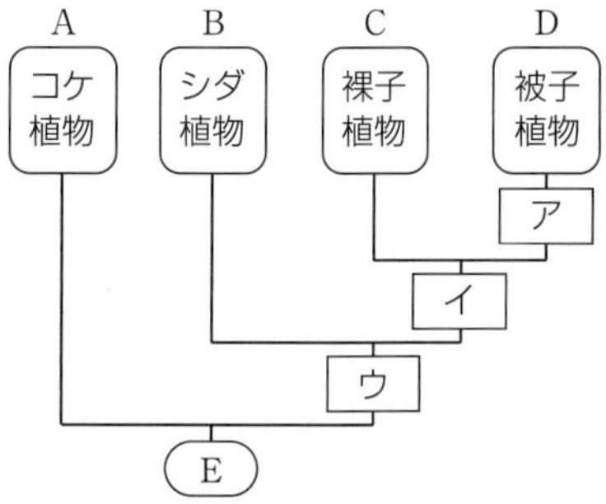

```
   A      B      C      D
 コケ   シダ   裸子   被子
 植物   植物   植物   植物
                        │
                       ┌┴┐
                       │ア│
                     ┌─┴─┴┐
                     │ イ │
                   ┌─┴───┴┐
                   │  ウ  │
                 ┌─┴─────┴┐
                 │   E   │
```

問1．図中のア～ウは，その位置より上の生物群の共通の祖先が獲得した特徴を示している。その特徴として最も適当なものを，次の①～④のなかから選び，それぞれ番号で答えよ。

① 胞子でふえる。　　② 種子でふえる。
③ 子房を形成する。　④ 維管束を形成する。

ア．＿＿＿＿＿　　イ．＿＿＿＿＿　　ウ．＿＿＿＿＿

問2．A～Dに属する生物の例を，次の①～⑧からそれぞれ2つずつ選び，番号で答えよ。

① ソテツ　　② アブラナ　　③ ヒカゲヘゴ　　④ コスギゴケ
⑤ スギ　　　⑥ ツノゴケ　　⑦ ウラジロ　　　⑧ コムギ

A．＿＿＿＿＿　　B．＿＿＿＿＿　　C．＿＿＿＿＿　　D．＿＿＿＿＿

問3．生物群A～Dの共通の祖先Eに最も近縁な生物群の名称を答えよ。

＿＿＿＿＿＿＿＿＿＿

問4．問3の生物群と植物は，共通した光合成色素をもっている。その光合成色素の名称を2つ答えよ。

＿＿＿＿＿＿＿＿＿　＿＿＿＿＿＿＿＿＿

28. 植物の生活環と適応 知識 ●次の文章を読み，下の各問いに答えよ。

生物が生まれてから死ぬまでの過程を生活史といい，これを生殖細胞で次の世代につなげたものを（　1　）という。植物の（　1　）では，胞子を形成する植物体を（　2　），配偶子を形成する植物体を（　3　）という。ア コケ植物，シダ植物，種子植物は，それぞれの（　1　）において，イ（　2　）や（　3　）の発達の程度が異なる。

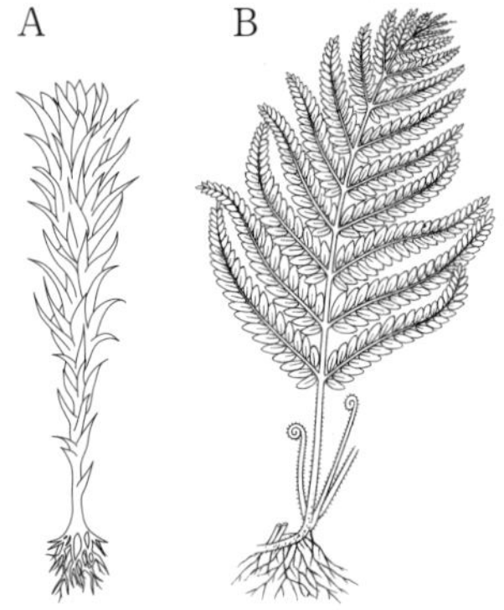

問1．文中の（　　　）内に，最も適当な語を答えよ。

1．＿＿＿＿＿＿＿　　2．＿＿＿＿＿＿＿
3．＿＿＿＿＿＿＿

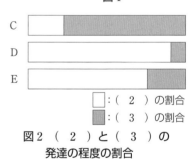

図1

問2．図1のA，Bは，野外でふつうに見ることができる植物体である。下線部アのどの植物のものか，および（　2　）と（　3　）のどちらであるかを，それぞれ名称で答えよ。

A．＿＿＿＿＿＿＿　　B．＿＿＿＿＿＿＿

問3．図2は，下線部イの違いを表した図である。C～Eは，それぞれ下線部アのどの植物のものかを答えよ。

C．＿＿＿＿＿　　D．＿＿＿＿＿　　E．＿＿＿＿＿

図2（　2　）と（　3　）の発達の程度の割合

□：（　2　）の割合
▨：（　3　）の割合

問4．下線部イのように，植物の進化に伴って生物群ごとに，（　2　）や（　3　）の発達の程度が変化した。このことによって，進化上，どのようなことに適応できたと考えられるか。次の①～③から，最も適当なものを選び，番号で答えよ。

① 昆虫などによる食害から，身を守ること。
② 水が少ない乾燥した環境でも，受精し生育できること。
③ 光が弱い環境でも，十分な光合成ができること。

＿＿＿＿＿＿＿＿＿＿

29. 動物の進化と系統 ●動物の系統に関する下の各問いに答えよ。

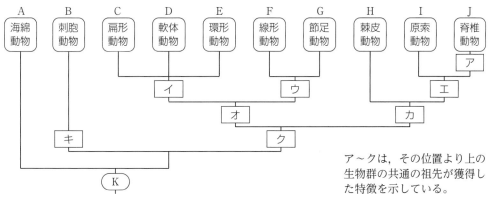

問1．図中のア～クの特徴として最も適当なものを，次の①～⑧から選び，番号で答えよ。
① 脱皮して成長する。　② 脊索を形成する。　③ 原口が口になる。
④ 脊椎を形成する。　⑤ 3つの胚葉を形成する。　⑥ 脱皮しないで成長する。
⑦ 内胚葉と外胚葉を形成する。　⑧ 原口とは別の部分が口になる。

ア．_____　　イ．_____　　ウ．_____　　エ．_____

オ．_____　　カ．_____　　キ．_____　　ク．_____

問2．B～Jに属する生物の例を，次の①～⑨からそれぞれ1つずつ選び，番号で答えよ。
① センチュウ　② ウミホタル　③ ミズクラゲ　④ ツパイ　⑤ マボヤ
⑥ プラナリア　⑦ バフンウニ　⑧ マダコ　⑨ シーボルトミミズ

B．_____　　C．_____　　D．_____　　E．_____　　F．_____

G．_____　　H．_____　　I．_____　　J．_____

問3．生物群A～Jの共通の祖先Kに最も近縁な生物群を，次の①～④から選べ。
① 繊毛虫類　② 襟鞭毛虫類　③ 放散虫類　④ アメーバ類　_____

30. 人類の進化 ●人類の進化に関する次の文章を読み，下の各問いに答えよ。

　約6500万年前にツパイ類のなかまから（　1　）の共通祖先が誕生した。その後，約2900万年前に，（　1　）のなかから下線部樹上生活に適応した（　2　）の共通祖先が誕生した。また，人類は，約600万～700万年前にアフリカで誕生したと考えられている。その後，（　3　），（　4　），（　5　）の順に出現し，現生人類の（　6　）が約20万年前に誕生した。

問1．文章中の（　　）に入る最も適当な語を，次の①～⑥から選び，番号で答えよ。
① 霊長類　② ホモ・ネアンデルターレンシス　③ アウストラロピテクス
④ ホモ・サピエンス　⑤ ホモ・エレクトス　⑥ 類人猿

1．_____　2．_____　3．_____　4．_____　5．_____　6．_____

問2．下線部に関して，樹上生活に適応した際に獲得した特徴について述べた次の(1)～(3)の文の（　　）内に，最も適当な語を答えよ。
(1) 顔の前面に並ぶ両眼による（　　）の範囲の拡大。
(2) 木の枝や幹をしっかり握ることのできる（　　）の発達。
(3) かぎ爪から，木の枝をつかみやすくなる（　　）への変化。

(1)．_____　　(2)．_____　　(3)．_____

思考 **計算**

31. 分子系統樹 ◆同じ名称のタンパク質でも生物の種類によってアミノ酸配列が異なり，この違いの大きさは種分化の時期に関係している。このことを利用して，生物の進化的隔たりを表す分子系統樹がつくられた。下表は，ウシ，カモノハシ，カンガルーの間で，あるタンパク質のアミノ酸配列を比較し，各生物間で異なるアミノ酸の数を示したものである。

	ウシ	カモノハシ	カンガルー
ウシ	0		
カモノハシ	46	0	
カンガルー	26	46	0

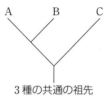

3種の共通の祖先

問1．表から考えられるこれら3種の分子系統樹を作成すると，上図のCに当たる生物は何であるか。

_____

問2．図で，AとBが今からおよそ1.3億年前に分かれたと仮定すると，このタンパク質のアミノ酸配列は，どの位の年数に1個の割合で変異しているか。

_____

問3．図で，Cと，AまたはBは，今から約何年前に分岐したか。

_____

💡**ヒント**
問1．分子系統樹の枝の長さは，異なるアミノ酸の数に比例し，違いが大きいほど距離は長くなる。
問3．問2の値を用いて考える。

知識

32. 動物の系統 ◆次の図は，動物の系統を模式的に示したものである。以下の各問いに答えよ。

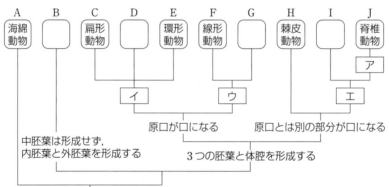

問1．次の①～④は，図中のア～エの空欄について，それぞれの上に位置する動物群に共通する特徴を示したものである。ア～エに当てはまる特徴として適当なものを，次の①～④からそれぞれ選べ。
① 脱皮をして成長する　　② 脊索を形成する
③ 脊椎を形成する　　　　④ 脱皮をしないで成長する

ア．_____　　イ．_____　　ウ．_____　　エ．_____

問2．図中の，B，D，G，Iの空欄に入る動物群の名称を答えよ。

B．_____　　D．_____　　G．_____　　I．_____

問3．次の①，②の動物群はまとめて何と呼ばれるか。
　　①　C，D，E　　②　H，I，J

　　　　　　　　　　　　　　　　　　①.＿＿＿＿＿＿＿＿　　②.＿＿＿＿＿＿＿＿

問4．C，E，F，Hに属する生物例を，それぞれ下の①～④から選べ。
　　①　ナマコ　　②　ミミズ　　③　センチュウ　　④　プラナリア

　　　　　　　　　　　C.＿＿＿＿＿＿　E.＿＿＿＿＿＿　F.＿＿＿＿＿＿　H.＿＿＿＿＿＿

ヒント
問3．②　原口とは別の部分に新しく口ができる。

33. 進化と系統 ◆次の文章を読み，以下の各問いに答えよ。
　生物は，細胞構造に着目すると原核生物と真核生物に分けられる。近年は分子系統解析により原核生物が大きく2つのドメインに分かれることが明らかになり，真核生物を含めて生物を3つに分ける3ドメイン説が提唱されている。

問1．下線部に関して，図の　a　，　b　に当てはまる語をそれぞれ答えよ。

　　　　　　　　　　　　　　　　　　　a.＿＿＿＿＿＿＿＿　　b.＿＿＿＿＿＿＿＿

問2．次の①～⑭が属するドメインまたは生物群を，図のa，bもしくはc：原生生物の記号で答えよ。
　　ただし，いずれにも属さない場合はdと答えよ。
　　①　酵母　　　　②　大腸菌　　　③　変形菌類　　④　高度好塩菌　　⑤　緑色硫黄細菌
　　⑥　褐藻類　　　⑦　担子菌類　　⑧　硫黄細菌　　⑨　車軸藻類　　　⑩　渦鞭毛藻類
　　⑪　メタン菌　　⑫　繊毛虫類　　⑬　ユーグレナ藻類　　⑭　シアノバクテリア

　　　　①.＿＿＿＿＿　②.＿＿＿＿＿　③.＿＿＿＿＿　④.＿＿＿＿＿　⑤.＿＿＿＿＿

　　　　⑥.＿＿＿＿＿　⑦.＿＿＿＿＿　⑧.＿＿＿＿＿　⑨.＿＿＿＿＿　⑩.＿＿＿＿＿

　　　　⑪.＿＿＿＿＿　⑫.＿＿＿＿＿　⑬.＿＿＿＿＿　⑭.＿＿＿＿＿

問3．問2の①～⑭で，酸素発生型の光合成を行うものをすべて選べ。

　　　　　　　　　　　　　　　　　　　　　　　　＿＿＿＿＿＿＿＿＿＿＿

問4．問2の①～⑭で，陸上植物に一番近縁とされる原生生物はどれか，1つ選べ。

　　　　　　　　　　　　　　　　　　　　　　＿＿＿＿＿＿＿＿＿＿＿

（弘前大改題）

ヒント
問1．真核生物との類縁関係から判断する。
問2．原生生物は，真核生物のなかで，植物界にも動物界にも菌界にも属さない生物をまとめた生物群である。

第2章　生物の系統と進化

2章　生物の系統と進化　**37**

3 | 細胞と分子

1 生体物質と細胞

❶細胞を構成する物質

(a)　(^{1}　　　　　　　) さまざまな物質を溶かし，化学反応や物質の輸送に関与する。また，比熱が大きいので，細胞の温度を安定させる。

(b)　(^{2}　　　　　　　) 20種類のアミノ酸の組み合わせからなる多種多様な高分子化合物で，生命活動において重要な役割をもつ。

(c)　(^{3}　　　　　　　) エネルギー源となっている。単糖（グルコースなど），二糖（マルトースなど），多糖（グリコーゲンなど）に分類される。セルロースは細胞壁の主成分である。

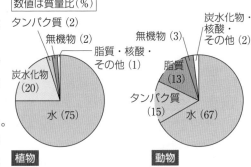

数値は質量比（%）

植物 / 動物

◀細胞を構成する物質▶

(d)　(^{4}　　　　　　　) DNAとRNAの2種類がある。どちらも(^{5}　　　　　　　)を基本単位とする。

- (^{6}　　　　　　　)…遺伝子の本体である。
- (^{7}　　　　　　　)…タンパク質合成に関与する。

(e)　**無機物** Na^+・K^+・Ca^{2+}（細胞の働きや情報伝達の調節），$Ca_3(PO_4)_2$（骨の主成分），Fe^{2+}（ヘモグロビンに含まれ，酸素の運搬に関与）などがある。

(f)　**脂質** (^{8}　　　　　　)は，エネルギーの貯蔵に関与する。(^{9}　　　　　　)は，細胞膜などの生体膜の主成分である。ステロイドは，糖質コルチコイドなどのホルモンの構成成分である。

❷生命活動を支える細胞構造

(a)　**細胞の構成要素**

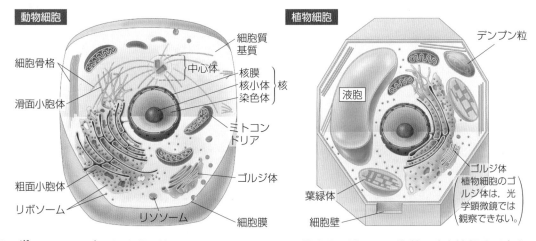

動物細胞

細胞骨格　/　滑面小胞体　/　粗面小胞体　/　リボソーム　/　リソソーム

中心体　/　細胞質基質　/　核膜　/　核小体　/　核　/　染色体　/　ミトコンドリア　/　ゴルジ体　/　細胞膜

植物細胞

デンプン粒　/　液胞　/　葉緑体　/　細胞壁　/　ゴルジ体　植物細胞のゴルジ体は，光学顕微鏡では観察できない。

(b)　(^{10}　　　　　　) 細胞膜や核，ミトコンドリアなどを構成する膜。リン脂質の疎水性部分が向き合った二重層になっており，さまざまなタンパク質がモザイク状に分布している。リン脂質とタンパク質は，生体膜中を水平方向に自由に移動・回転できる。

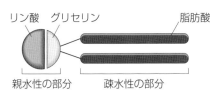

◀リン脂質の構造▶

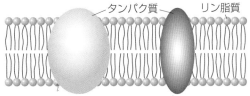

◀生体膜の構造(断面)▶

(c) 細胞構造の働き

(11) 二重		核 膜	二重の生体膜で，核膜孔と呼ばれる多数の孔がある。核膜孔は，核と細胞質間での物質の通路となる。
		染色体	DNAと，ヒストンなどのタンパク質の複合体で，酢酸カーミン溶液や酢酸オルセイン溶液などの塩基性色素によってよく染まる。
		核小体	核内に1～数個あり，リボソームRNA(rRNA)などが合成される。
(12) 一重			リン脂質二重層にタンパク質がモザイク状に分布する。受動輸送や能動輸送によって，細胞内外への物質の出入りを調節する。
細胞質基質(サイトゾル)			細胞小器官の間を満たす液状の物質。さまざまな代謝の場となる。
(13) 二重			細胞内における呼吸の場で，ATPを生産する。内外二重の生体膜からなる。内膜に囲まれた部分をマトリックスという。また，内膜はクリステという多数のひだをつくる。核に含まれるものとは異なる独自の環状のDNAをもつ。また，細胞分裂とは別に分裂・増殖する。
(14) * 二重			細胞内における光合成の場となる。クロロフィルなどの光合成色素を含む。チラコイドで光エネルギーを吸収し，ストロマで有機物が合成される。核に含まれるものとは異なる独自の環状のDNAをもつ。また，細胞分裂とは別に分裂・増殖する。
(15) ★			rRNAとタンパク質の複合体で，タンパク質合成の場となる。
小胞体 ★ 一重			リボソームが付着し，合成されたタンパク質の移動経路となる粗面小胞体と，リボソームが付着せず，脂質の合成，解毒，Ca^{2+}の濃度調節を行う滑面小胞体がある。
ゴルジ体 一重			物質の輸送や分泌に関与する。
リソソーム ★ 一重			内部に消化酵素を含む。不要な物質を分解したり，自己の細胞質の一部を分解したりする自食作用(オートファジー)に関与する。
細胞骨格			微小管…チューブリンというタンパク質が構成単位。細胞内で物質が輸送される際，レールの役割を果たす。伸長・短縮が起こる方の末端を＋端，比較的安定した反対側を－端という。鞭毛・繊毛を構成する。 中間径フィラメント…タンパク質が集合した強固な構造。細胞や核の形を保持する働きをもつ。 アクチンフィラメント…アクチンというタンパク質が構成単位。細胞の形を保持する。筋細胞では，筋繊維の伸縮にも関与する。
中心体			動物細胞および一部の植物細胞でみられ，微小管の形成中心となる。細胞分裂時には，ここから伸長した微小管が染色体の分配に関与する。
液胞 一重			植物細胞の成長と物質の貯蔵に関わる。内部を満たす細胞液には，無機塩類・炭水化物・有機酸およびアントシアンなどが含まれる。
細胞壁 *			細胞の強度を高める働きをもつ。植物細胞ではセルロースが主成分である。隣り合う細胞の細胞質基質がつながる原形質連絡という構造をもつ。

*：動物細胞にはない。　★：光学顕微鏡ではみえない。　一重：一重の生体膜をもつ構造体。　二重：二重の生体膜をもつ構造体。

Answer

1…水　2…タンパク質　3…炭水化物(糖質)　4…核酸　5…ヌクレオチド　6…DNA(デオキシリボ核酸)
7…RNA(リボ核酸)　8…脂肪　9…リン脂質　10…生体膜　11…核　12…細胞膜　13…ミトコンドリア　14…葉緑体
15…リボソーム

(d) (^{1}　　　　　　　　　) 細胞の破砕液を遠心分離機にかけ，主に大きさの違いによって，種々の構造体を分別する方法。植物細胞の場合，ふつう遠心力が大きくなるにつれて，核と細胞片→葉緑体→ミトコンドリア→リボソームなどの微小な構造体の順に沈殿する。

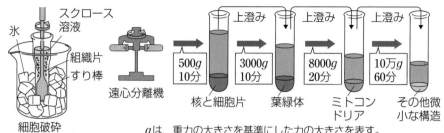

gは，重力の大きさを基準にした力の大きさを表す。

2 タンパク質の構造と性質

❶タンパク質の構造

(a) **アミノ酸とペプチド結合**　(^{2}　　　　　　　　)は，1個の炭素原子にアミノ基($-NH_2$)，カルボキシ基($-COOH$)，水素原子および側鎖(R)が結合したもので，側鎖の違いによってその種類が決まる。タンパク質を構成する(^{2}　　　　　　　)どうしは，1分子の水が取り除かれて結合する。この

$$-\underset{\underset{O}{\|}}{C}-\underset{\underset{H}{|}}{N}-$$

の結合を(^{3}　　　　　　　)という。

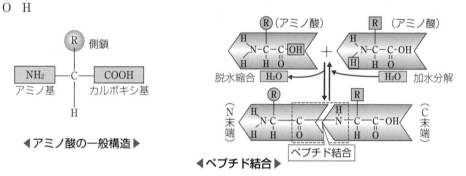

◀アミノ酸の一般構造▶

◀ペプチド結合▶

(b) **タンパク質のアミノ酸配列と立体構造**　アミノ酸がペプチド結合によってつながった分子をペプチドといい，多数のアミノ酸からなるものを(^{4}　　　　　　　　)という。タンパク質は，1本の(^{4}　　　　　　　)からなるものや，複数の(^{4}　　　　　　　)が組み合わさってできているものがある。また，タンパク質は，種類ごとに特定の働きをもっている。これは，それぞれのタンパク質が特有の立体構造をもっており，その立体構造に依存して他の物質と相互作用するためである。

ⅰ) **一次構造**　ポリペプチドのアミノ酸の配列を(^{5}　　　　　　　)という。(^{5}　　　　　　　)は，タンパク質によって異なり，その基本的な性質を決めている。

ⅱ) **二次構造**　1本のポリペプチド中で，水素結合によってらせん状構造の(^{6}　　　　　　　　)や，(^{7}　　　　　　　)という構造をとることがある。こうした立体構造を(^{8}　　　　　　　)という。

ⅲ) **三次構造**　二次構造などをもったポリペプチドが，さらに折りたたまれた立体構造のことを(^{9}　　　　　　　)といい，溶液中の pH や塩濃度，温度などに依存して決定される。

ⅳ) **四次構造**　三次構造を形成したポリペプチドが，複数組み合わさってできた立体構造のことを，(^{10}　　　　　　　)という。たとえば，赤血球に含まれるヘモグロビンは，2種類のポリペプチドが2個ずつ集まって，四次構造をつくっている。

・**ジスルフィド結合**　ポリペプチド中のシステインどうしは，側鎖の SH 基の間で2つの水素が取れて結合することがある。この結合を(^{11}　　　　　　　)(S-S 結合)といい，タンパク質の立体構造の形成に関与する。

❷タンパク質の立体構造と機能

(a) **タンパク質の変性**　タンパク質を加熱したり，強い酸やアルカリを加えたりすると，一次構造は変化しないが，立体構造がくずれて本来の性質が失われる。これを(^{12}　　　　)という。

(b) **シャペロン**　タンパク質は，一次構造が決まると自動的に折りたたまれ，特定の立体構造をつくる。これをフォールディングという。このとき，正常な折りたたみを補助するタンパク質が存在し，これを総称して(^{13}　　　　)という。(^{13}　　　　)には，フォールディングを補助するほか，変性したタンパク質を正常なタンパク質に回復させたり，古くなったタンパク質の分解を促進したりするものがある。

3 生命現象とタンパク質

❶酵素

(a) **活性化エネルギーと酵素**　反応物を，化学反応の起こりやすい状態（遷移状態）にするのに必要なエネルギーを(^{14}　　　　)という。酵素は，より小さな(^{14}　　　　)で反応物を遷移状態に移行させるため，生体内の条件でも，酵素が関わる化学反応はスムーズに進行する。

(b) **酵素の基質特異性**　酵素がその作用を及ぼす物質を(^{15}　　　)という。酵素の立体構造の一部には，(^{15}　　　)と結合して触媒作用を示す(^{16}　　　　)がある。酵素が(^{16}　　　　)の形に合致する特定の物質だけに作用する性質を，酵素の(^{17}　　　　)という。酵素は，次のように化学反応を促進する。

(1) 酵素と特定の基質が結合して(^{18}　　　　　)をつくる。

(2) 小さな活性化エネルギーで反応物が遷移状態に移行する。

(3) 反応生成物が生じる。反応の前後で酵素は変化せず，くり返し作用する。

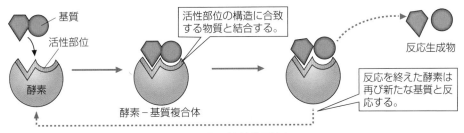

◀**酵素の基質特異性**▶

(c) **補酵素**　酵素には，主成分であるタンパク質のほかに，(^{19}　　　　)と呼ばれる分子量の小さな物質を必要とするものもある。(^{19}　　　　)は比較的熱に強いものが多く，透析するとタンパク質から容易に解離する。

(d) **酵素反応**

i）**酵素反応と温度**　一般に化学反応の速度は，温度上昇に伴って大きくなる。しかし，酵素反応の場合，一般に約60℃以上になると，酵素を構成しているタンパク質が変性し，多くの酵素は働きを失う。このため，反応速度は急激に低下する。酵素の反応速度が最大となる温度を(^{20}　　　　)という。

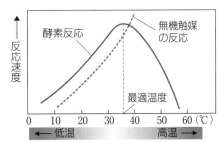

Answer

1…細胞分画法　2…アミノ酸　3…ペプチド結合　4…ポリペプチド　5…一次構造　6…αヘリックス
7…βシート　8…二次構造　9…三次構造　10…四次構造　11…ジスルフィド結合　12…変性　13…シャペロン
14…活性化エネルギー　15…基質　16…活性部位　17…基質特異性　18…酵素—基質複合体　19…補酵素　20…最適温度

ⅱ）**酵素反応とpH** 酵素は，それぞれ特定の範囲のpHのもとで作用する。酵素反応が最も盛んになるときのpHを（¹　　　　　）という。

ⅲ）（²　　　　　） 高温や酸・アルカリなどによって，酵素が働きを失うこと。

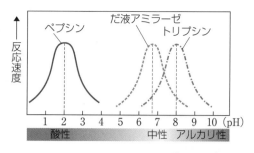

(e) **酵素反応の速度**

ⅰ）**基質濃度と反応速度** 酵素濃度は一定で基質濃度が変化するとき，反応速度は基質濃度が高くなるにつれて大きくなるが，ある濃度を超えると変わらなくなる。これは，すべての酵素が基質と結合して酵素—基質複合体となり，基質が反応して活性部位を離れるまで新たな基質と結合できないためである。

ⅱ）**酵素濃度と反応速度** 基質濃度が十分な場合，反応速度は酵素の濃度に応じて変化し，酵素濃度が2倍になると反応速度も2倍になる。

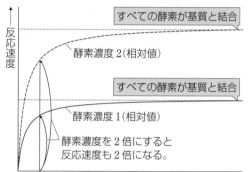

※基質と酵素の濃度以外の条件は適切且つ一定であるとする。

(f) **酵素反応と阻害物質** 酵素の反応速度は，阻害物質によって低下する。

ⅰ）（³　　　　　　） 基質と構造の似た物質が，酵素の活性部位を基質と奪い合うために起こる。阻害物質に比べて基質濃度が十分に高いと，奪い合いが緩和され，阻害効果が現れにくい。

ⅱ）（⁴　　　　　　） 阻害物質が活性部位以外の部分に結合して，酵素の構造を変化させる。この場合，ふつう，基質濃度に関わらず一定の割合で阻害効果が現れる。

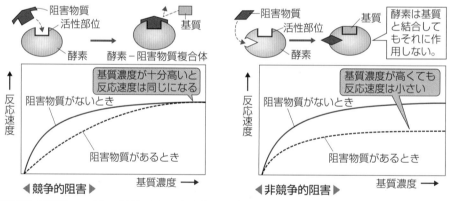

(g) **酵素反応の調節** 一連の酵素反応の生成物が，前段階の酵素の作用を阻害したり促進したりする（⁵　　　　　　　）がみられることがある。

(h) **アロステリック酵素** ある種の酵素は，活性部位とは異なる場所に，調節物質が結合する部位（アロステリック部位）をもつ。そこに調節物質が結合して立体構造が変化することで，基質と結合しにくくなる。このような酵素を（⁶　　　　　　　）という。

❷**膜輸送タンパク質**

(a) **細胞膜の性質と物質の透過** 細胞膜は特定の物質を選択的に透過させる性質をもつ。この性質を（⁷　　　　　　　）という。物質は，一般に分子の大きさが小さなものほど細胞膜を透過しやすい。また，細胞膜を構成する（⁸　　　　　　　）には疎水性の領域があり，そこになじみやすい（脂質に溶けやすい）物質ほど透過しやすい。水溶性の分子は，細胞膜に存在する（⁹　　　　　　）や（¹⁰　　　　　）などの膜タンパク質を介して細胞を出入りする。

(b) (^{11}　　　　　）物質の濃度勾配にもとづく輸送で，物質は高濃度側から低濃度側に移動する。このとき，エネルギーを必要としない。イオンチャネル，輸送体，アクアポリンといった膜タンパク質を介したものや，リン脂質二重層を透過する拡散がある。

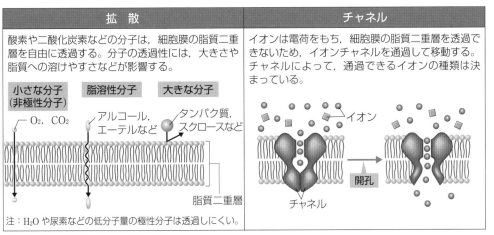

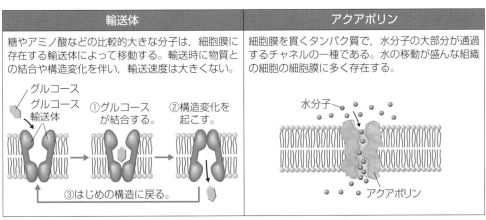

(c) (^{12}　　　　　）濃度勾配に逆らって起こる物質輸送で，エネルギーを必要とする。

ⅰ）**Na$^+$－K$^+$－ATP アーゼ**　ATP の分解によって生じるエネルギーを用いて，Na$^+$ を細胞外へ，K$^+$ を細胞内へ輸送する輸送体。この膜輸送タンパク質は(^{13}　　　　　　　　）とも呼ばれる。

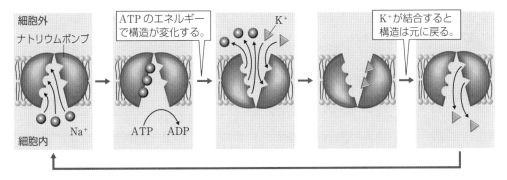

(d) **膜輸送タンパク質によらない輸送**

ⅰ）**細胞膜の分離や融合を伴う輸送（エンドサイトーシスとエキソサイトーシス）**

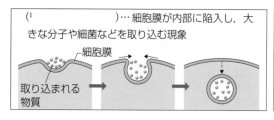
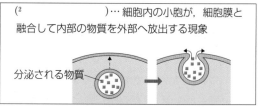

（¹　　　　　　　）…細胞膜が内部に陥入し，大きな分子や細菌などを取り込む現象

（²　　　　　　　）…細胞内の小胞が，細胞膜と融合して内部の物質を外部へ放出する現象

ⅱ）**細胞小器官間での輸送**　リボソームで合成されたタンパク質の多くは，粗面小胞体の膜を通過して，内部に取り込まれる。その後，小胞体から小胞を介してゴルジ体へと運ばれる。

❸受容体

多細胞生物では，細胞間で情報の受け渡しが行われ，（³　　　　　　　）がその仲立ちをしている。

(a) **シグナル分子の膜透過性と受容体**　タンパク質からなるホルモンは，親水性で細胞膜を透過できず，細胞膜に存在する受容体と結合する。一方，ステロイドという脂質で構成されるステロイドホルモンは，疎水性で細胞膜を透過でき，細胞内の受容体と結合する。

(b) **受容体の分類**

ⅰ）**イオンチャネル型受容体**　シグナル分子を受容すると立体構造が変化して，特定のイオンを通す。興奮の伝達に関わるものが多い。

ⅱ）**酵素型受容体**　シグナル分子を受容すると，細胞内部に突き出た部分が活性化し，細胞内のタンパク質のリン酸化を促進する酵素などとして働く。

ⅲ）**Gタンパク質共役型受容体**　Gタンパク質と共役して働く受容体を，Gタンパク質共役型受容体という。受容体に結合するGタンパク質を活性化することによって，細胞内に情報を伝達する。

(c) **細胞内における情報の伝達**　細胞がシグナル分子を受容すると，細胞内では酵素反応やCa^{2+}濃度の上昇など，さまざまな変化が連鎖的に起こって情報が伝えられる。シグナル分子を受容することによって細胞内で新たに生じ，細胞内での情報の伝達を担う物質を，（⁴　　　　　　　　　　　）という。（⁴　　　　　　　　　　　）には，cAMPやCa^{2+}，イノシトール三リン酸（IP_3）などがある。

参考　免疫グロブリン

抗体の成分である（⁵　　　　　　　　）には，さまざまな構造をとり抗原と結合する可変部と，それ以外の領域である定常部がある。造血幹細胞からB細胞に分化する過程で（⁵　　　　　　　　）をつくる遺伝子集団から，さまざまな組み合わせで可変部の遺伝子が選択・再構成され，異なる抗原に特異的に結合する多様な（⁵　　　　　　　　）がつくられる。

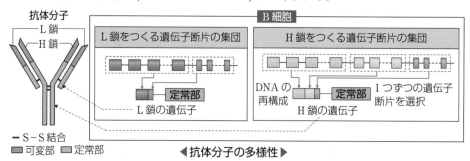

◀抗体分子の多様性▶

プロセス　　　　　　　　　　　　　　　　　　　　　　　　　*Process*

1. 生物体を構成する物質のなかで，最も多くの質量を占めるものは何か。　＿＿＿＿＿

2. ミトコンドリアなどを構成する膜や細胞膜は，何と総称されるか。　＿＿＿＿＿

3. 細胞膜は，主にタンパク質と何という物質からなるか。　＿＿＿＿＿

4. 真核細胞の細胞質基質にある，細胞の形の保持や運動などに関与する繊維状構造を総称して何というか。　＿＿＿＿＿

5. タンパク質を構成するアミノ酸どうしの結合を何というか。　＿＿＿＿＿

6. αヘリックスやβシートのような，1本のポリペプチドに部分的にみられる特徴的な立体構造を何というか。　＿＿＿＿＿

7. 熱などによりタンパク質本来の性質が失われる現象を何というか。　＿＿＿＿＿

8. 酵素が特定の物質にしか作用を及ぼさない性質を何というか。　＿＿＿＿＿

9. ある種の酵素が作用を現すために必要とする，酵素と結合して働く分子量の小さな有機物を何というか。　＿＿＿＿＿

10. 酵素反応の速度が最も大きくなる温度を何というか。　＿＿＿＿＿

11. 阻害物質が，活性部位を基質と奪い合うことで酵素反応を阻害する作用を何というか。　＿＿＿＿＿

12. 細胞膜が特定の物質を選択して透過させる性質を何というか。　＿＿＿＿＿

13. 物質が高濃度側から低濃度側へ移動する現象を何というか。　＿＿＿＿＿

14. リン脂質二重層を貫通する小さな孔を形成し，これを介して物質を透過させる輸送タンパク質を総称して何というか。　＿＿＿＿＿

15. 特定の物質が結合すると自身の構造が変化し，その物質を通過させる輸送タンパク質を総称して何というか。　＿＿＿＿＿

16. ATPのエネルギーを利用し，ナトリウムイオンを細胞外に排出してカリウムイオンを細胞内に取り込むタンパク質を何というか。　＿＿＿＿＿

Answer
1.水 **2.**生体膜 **3.**リン脂質 **4.**細胞骨格 **5.**ペプチド結合 **6.**二次構造 **7.**変性 **8.**基質特異性 **9.**補酵素
10.最適温度 **11.**競争的阻害 **12.**選択的透過性 **13.**拡散 **14.**チャネル **15.**輸送体 **16.**ナトリウムポンプ

基本例題5　細胞の構造　→基本問題 36, 37

下図は，動物細胞と植物細胞を上下に並べた模式図である。次の各問いに答えよ。

(1) 図中のア〜クは何を示しているか。次の①〜⑧のなかからそれぞれ選べ。

① 細胞膜　　② 細胞壁　　③ リボソーム

④ 小胞体　　⑤ 中心体　　⑥ ゴルジ体

⑦ 葉緑体　　⑧ ミトコンドリア

(2) 図で，植物細胞を示しているのは上半分と下半分のどちらか答えよ。

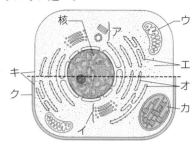

(3) 次の物質または働きと関係の深いものを，図のア〜クのなかからそれぞれ選べ。

① セルロース　　② 細胞の分泌活動

③ 微小管　　　④ 細胞の呼吸　　⑤ クロロフィル

考え方 (1)リボソームは，小胞体の表面や，細胞質基質中に存在する。リボソームが付着した小胞体を粗面小胞体，付着していない小胞体を滑面小胞体という。

(2)葉緑体と細胞壁は，動物細胞にはみられない。

(3)①植物細胞の細胞壁の主成分はセルロースである。④ミトコンドリアは，呼吸の場となる細胞小器官である。⑤クロロフィルは葉緑体に存在し，光エネルギーを吸収する光合成色素である。

解答

(1)ア…⑤　イ…⑥　ウ…⑧
エ…③　オ…④　カ…⑦
キ…①　ク…②　(2)下半分

(3)①…ク　②…イ　③…ア
④…ウ　⑤…カ

基本例題6　酵素反応と温度　→基本問題 41

右図は，2種類の触媒の反応速度と温度の関係を表したものである。これについて，下の各問いに答えよ。

(1) 図中のア，イは，それぞれ「酵素」「無機触媒」のいずれの反応速度を示しているか。

(2) 図中のウのような，イの反応速度が最大になる温度を何というか。

(3) イがヒトの体内で働く物質である場合，図中のウの温度として最も適当なものを次の①〜④のなかから選べ。

① 0〜10℃　② 10〜20℃　③ 20〜30℃　④ 30〜40℃

(4) 高温になるとイの働きが極端に低下している。これは，イの主成分の性質によるが，その主成分とは何か。

考え方 化学反応は，温度が高いほど反応速度が上昇する。しかし，酵素反応は一定温度を超えると急激に反応速度が低下する。これは，酵素の主成分であるタンパク質が変性し，酵素−基質複合体が形成できなくなるからである。また，酵素は pH によっても活性が変化する。酵素が働きを失うことを失活という。

解答

(1)ア…無機触媒
イ…酵素　(2)最適温度
(3)④　(4)タンパク質

34. 生物を構成する物質
［知識］●次の文章を読み，下の各問いに答えよ。

ヒトは，自らのからだを構成する各成分の素材となる物質を，主に食物として経口摂取し，消化・吸収して利用している。下図は，人体を構成する各成分のおおよその質量の割合(%)を示したものである。

問1．図の成分アとイに当てはまる最も適当なものを，次の①～⑤のなかから1つずつ選べ。

① 無機物　　② タンパク質　　③ 核酸

④ ビタミン　　⑤ グリコーゲン

ア. _____

イ. _____

問2．アとイに関する記述として最も適当なものを，次の①～④のなかから1つずつ選べ。

① 髪の毛，つめ，酵素などの主成分である。

② 遺伝子の本体であり，主として核に存在する。

③ 生命活動のエネルギー源として使われ，筋肉や肝臓に蓄えられる。

④ 神経や筋肉の働きの調節に関与し，骨や歯にも多量に含まれる。

ア. _____

イ. _____

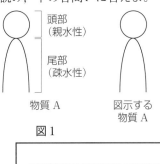

イ (3)　炭水化物・核酸・その他 (2)

脂質(13)

水 (67)

ア (15)

数値は質量の割合(%)

35. 細胞膜の構造
［知識］［作図］●細胞膜の構造に関する次の文章を読み，下の各問いに答えよ。

細胞膜は，物質Aとさまざまな種類のタンパク質からなる。物質Aは，親水性の頭部と疎水性の尾部からなる分子である(図1)。一方，細胞膜を構成するタンパク質の中には，水分子の通路(水チャネル)を形成するタンパク質Bがある。

問1．物質Aとタンパク質Bの名称をそれぞれ記せ。

物質A. _____

タンパク質B. _____

問2．図2に示す模式図のみを用いて，細胞膜の断面にみられる物質Aとタンパク質Bの配置を，右の解答欄に示された2本の破線間に図示せよ。ただし，図示する物質Aとタンパク質Bの数や大きさは変えてもよい。

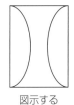

頭部(親水性)

尾部(疎水性)

物質 A　　図示する物質 A　　図示するタンパク質 B

図1　　　　　　図2

36. 細胞の構造と働き
［知識］●次の文A～Dの下線部①～⑧には，明らかな誤りが4つある。①～⑧のなかから誤っている番号を選び，適切な表現に改めよ。

A．炭水化物を構成している元素は，炭素，水素，①窒素である。

B．植物細胞では，細胞膜の外側に②細胞壁という構造体がある。植物の細胞壁の主な成分は，炭水化物の一種である③ステロイドである。細胞壁は，細胞を保護し，その構造を保つのに重要な働きをしている。

C．液胞は④植物細胞で発達する構造体である。液胞は⑤二重の生体膜でおおわれた構造をしており，内部は⑥細胞液で満たされている。

D．核の内部には，核酸とタンパク質からなる⑦紡錘糸や，核小体が含まれる。核膜には多数の⑧核膜孔と呼ばれる小孔があり，核と細胞質基質との連絡を担っている。

37. 細胞内の構造体 ●次の各問いに答えよ。

問1．電子顕微鏡の発達にともない，細胞内のさまざまな構造が明らかとなってきた。次の図A～Fは，真核細胞の内部にみられる微細な構造体の模式図である。図A～Fが示す構造体の名称を答えよ。

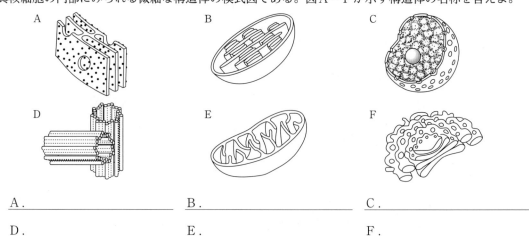

A.＿＿＿＿＿＿＿＿＿＿　B.＿＿＿＿＿＿＿＿＿＿　C.＿＿＿＿＿＿＿＿＿＿

D.＿＿＿＿＿＿＿＿＿＿　E.＿＿＿＿＿＿＿＿＿＿　F.＿＿＿＿＿＿＿＿＿＿

問2．問1の図A～Fが示す構造体の機能について説明した記述として最も適切なものを，次の①～⑥のなかから1つずつ選び，番号で答えよ。

① ひだ状に発達する内部の膜には，ATP合成に働く酵素が存在する。
② 光エネルギーを用いて，有機物を生産する。
③ 一重の生体膜からなり，表面にリボソームを付着させているものと付着させていないものがある。
④ 一重の生体膜からなる扁平な構造が並んでいる。細胞外へのタンパク質の輸送に関与する。
⑤ 細胞分裂時に紡錘体形成の中心になる。
⑥ 二重の生体膜からなり，DNAを含む。遺伝情報の複製などが行われる。

A.＿＿＿＿　B.＿＿＿＿　C.＿＿＿＿　D.＿＿＿＿　E.＿＿＿＿　F.＿＿＿＿

38. 細胞分画法 ●細胞内の構造体の働きを調べるため，下図のような実験を行った。スクロース水溶液のなかで，ホモジェナイザーを用いて植物の葉肉細胞をすりつぶした後，ろ過をして細胞の破片を取り除き，ホモジェネートを遠心分離機にかけて沈殿a～dを得た。下の各問いに答えよ。

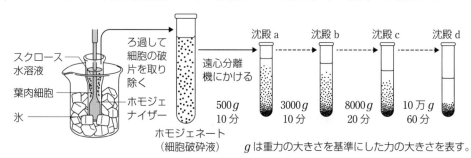

問1．沈殿a～dは何の違いによって分離されたか。最も適切なものを次から1つ選べ。
① 大きさの違い　② 溶解度の違い　③ 親水性の違い　＿＿＿＿＿＿

問2．沈殿a～dのうち，タンパク質合成の場となる構造体が多く含まれる沈殿はどれか。

＿＿＿＿＿＿＿＿

問3．沈殿a～dのうち，光合成の場となる構造体が多く含まれる沈殿はどれか。

＿＿＿＿＿＿＿＿

39. [知識] **タンパク質の構造** ●タンパク質に関する次の文中の空欄1～6に適切な語を入れよ。

(1) タンパク質は，多数のアミノ酸が ▢1 結合により鎖状に連結したポリペプチドからできている。この結合は，1つのアミノ酸の ▢2 基と他のアミノ酸の ▢3 基から，1分子の H_2O がとれて成立する。

(2) タンパク質は，その一次構造に従ってさまざまな形をとる。1つのポリペプチド中の離れたアミノ酸間で ▢4 結合ができ，らせん状となった ▢5 構造をつくったり，じぐざぐに折れ曲がったシート状のβシート構造をつくったりする。

(3) さらに，ポリペプチドは，一定の位置でS-S結合により結合し，それぞれのタンパク質に固有の立体構造をつくる。このS-S結合に関係するアミノ酸は ▢6 である。

1. ＿＿＿＿＿＿＿ 2. ＿＿＿＿＿＿＿ 3. ＿＿＿＿＿＿＿

4. ＿＿＿＿＿＿＿ 5. ＿＿＿＿＿＿＿ 6. ＿＿＿＿＿＿＿

40. [知識] **酵素の性質** ●酵素の性質に関する次の文中の空欄に適切な語を答えよ。

酵素は，さまざまな生命活動でみられる化学反応の ▢1 として働く。酵素がその作用を及ぼす物質を ▢2 という。酵素には，▢2 に結合して直接作用を及ぼす部分があり，これを ▢3 と呼ぶ。それぞれの酵素の ▢3 は固有の立体構造をもっており，この構造に適合する ▢2 とのみ結合して ▢4 を形成する。特定の物質とのみ結合する酵素の性質を，▢5 という。また，酵素は反応の前後で変化 ▢6 ため，くり返し作用することができる。さらに，酵素には，その作用を現すために，▢7 と呼ばれる分子量の小さな物質を必要とするものがある。細胞内での物質の合成には，多くの場合，複数の酵素反応が関わっている。ある基質から一連の酵素反応を経て最終生成物がつくられる場合，最終生成物がその生成に関わる酵素の働きを調節することがある。このような調節は，▢8 調節と呼ばれる。

1. ＿＿＿＿＿ 2. ＿＿＿＿＿ 3. ＿＿＿＿＿ 4. ＿＿＿＿＿

5. ＿＿＿＿＿ 6. ＿＿＿＿＿ 7. ＿＿＿＿＿ 8. ＿＿＿＿＿

41. [思考] [論述] **酵素とその働き** ●酵素の働きに関する次の文章を読み，下の各問いに答えよ。

タンパク質は，それぞれ固有の<u>立体構造を形成する</u>。この立体構造は温度やpHなどに大きな影響を受ける。ヒトの大部分の酵素は，反応溶液の温度の上昇とともに反応速度が上がり，ふつう30～40℃あたりで最大値を示すが，温度がさらに高くなると反応速度は下がっていく。

問1．下線部に関して，タンパク質が立体構造を形成する過程を何と呼ぶか。また，この過程が正しく行なわれるように補助するタンパク質を一般に何と呼ぶか。

過程．＿＿＿＿＿＿＿＿＿＿＿ タンパク質．＿＿＿＿＿＿＿＿＿＿＿

問2．右図は，さまざまな温度におけるある反応の反応速度を，酵素または無機触媒を用いて測定した結果を示している。この図から，酵素を用いた場合は，無機触媒を用いた場合とは異なり，ある温度を超えると反応速度が急激に低下することがわかる。このような違いが生じる理由を述べよ。

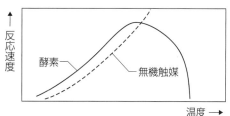

＿＿＿＿＿＿＿＿＿＿＿＿＿＿＿＿＿＿＿＿＿＿＿＿＿＿＿＿＿＿＿＿＿

思考 **論述**

42. 酵素と補酵素 ●次の文章を読み，下の各問いに答えよ。

　酵母をすりつぶして抽出液を取り，それにグルコースを加えるとアルコール発酵が起こる。このアルコール発酵には，脱水素酵素が関係している。この酵素について調べるため，酵母の抽出液から以下のA～C液を用意し，それぞれにグルコース溶液を加えた。

　　A液…抽出液をセロハンの袋に入れ，一定時間流水中に浸した後に，袋に残った液
　　B液…抽出液をセロハンの袋に入れ，一定時間水中に浸した後に，袋の外にある液を濃縮した液
　　C液…A液とB液の混合液

問1．グルコース溶液を加えた結果，A液とB液では反応が起こらなかったが，C液では起きた。その理由を簡潔に説明せよ。

問2．次のⅠ液とⅡ液にグルコース溶液を加えた。反応が起こるのはどちらか。
　　Ⅰ液…A液を10分間煮沸した液とB液を混ぜた溶液
　　Ⅱ液…B液を10分間煮沸した液とA液を混ぜた溶液

思考

43. 酵素反応の調節 ●次の文章を読み，下の各問いに答えよ。

　図1は，細胞内で物質Aが各酵素の作用によって他の物質に変化する過程を示した模式図である。たとえば，物質Aは酵素1により物質Bに，物質Bは酵素2により物質Cに変えられることを示す。

　図2は，pH7において温度を変えたときの，酵素1～4の反応速度を示したグラフで，横軸は反応温度を，縦軸は1分子の酵素によって1分間に触媒された基質分子数の相対値を表している。なお，1分子の基質から酵素反応によって生成される物質B～Eの分子数はすべて1であるとする。

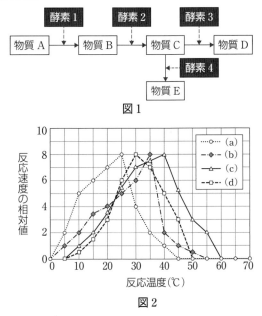

図1

図2

問1．それぞれ同じ分子数の酵素1～4と一定量の物質Aを含むpH7の反応液を準備し，一定の温度で1時間反応させたところ，その生成物は下のⅰ）およびⅱ）のようになった。これらの結果から判断して，グラフ(a)～(d)は，それぞれ酵素1～4のいずれの反応速度を表すと考えられるか。

　ⅰ）55℃で反応させた後の反応液には，物質Bのみが生じていた。
　ⅱ）30℃で反応させた後の反応液には，物質Dと物質Eが2：1の割合で含まれていた。

　　(a).　　　　　　　　(b).　　　　　　　　(c).　　　　　　　　(d).

問2．細胞内には，物質Dの生成量を調節するため，過剰な物質Dが酵素1の働きを抑制するしくみがある。このような生成量調節のしくみを一般に何というか。

44. 酵素反応 ●次の文章を読み，下の各問いに答えよ。

思考

生体内では，主にタンパク質である酵素によって，さまざまな化学反応が起こっている。ある酵素反応の反応時間と生成物量との関係を図に示す。図の太線Aで示した反応は，最適温度かつ最適pHの条件で行われ，基質濃度は酵素濃度に対して十分に高く，酵素活性も安定であった。

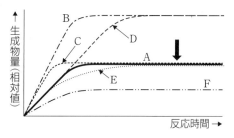

問1．Aが得られる条件から，他の条件は変えずに反応開始時の基質濃度のみを2倍にしたときに得られる結果として最も適切なものを，図のA～Fのなかから選べ。

問2．Aが得られる条件から，他の条件は変えずに反応開始時の酵素濃度のみを2倍にしたときに得られる結果として最も適切なものを，図のA～Fのなかから選べ。

問3．Aが得られる条件で，図に示す矢印の反応時間の段階で，酵素濃度のみを増加させたとき，反応時間と生成物量の関係を示す曲線は，その後どのようになるか。最も適切なものを次の①～③のなかから1つ選べ。
① 生成物量が増加する　②　生成物量が減少する　③　変化しない

45. 酵素反応と阻害物質 ●酵素に関する下の各問いに答えよ。

思考 **論述**

右図は，ある酵素の基質濃度と反応速度の関係を表したものである。一定の酵素濃度のもとで，基質濃度と酵素反応速度との関係を測定したところ，aが得られた（実験1）。なお，基質濃度は酵素濃度を下回ることはなく，酵素活性は安定であった。

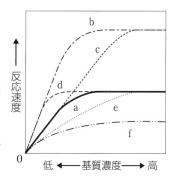

問1．基質濃度が高くなると反応速度は一定になるが，このときの反応速度を何というか。

問2．問1のとき，酵素と基質はどのような状態になっていると考えられるか，簡潔に説明せよ。

問3．実験1の条件から酵素濃度を2倍にした条件では，反応速度と基質濃度の関係はb～fのどれになるか。

問4．実験1の条件に加えて，反応液に，基質と化学構造が似ており，活性部位と結合する物質を加えた条件では，得られるグラフはb～fのどれになるか。また，このような阻害の名称を答えよ。

グラフ．＿＿＿＿＿　名称．＿＿＿＿＿

問5．実験1の条件に加えて，反応液に，酵素の活性部位とは異なる場所に結合し，酵素活性を低下させる物質を加えた条件では，得られるグラフはb～fのどれになるか。また，このような阻害の名称を答えよ。

グラフ．＿＿＿＿＿　名称．＿＿＿＿＿

46. 細胞膜を介した物質の移動 ●物質の移動に関する下の各問いに答えよ。

問１．細胞膜を最も透過しやすいものを，次の①〜④のなかから選べ。

① タンパク質　　② グルコース　　③ 酸素　　④ ナトリウムイオン

_____

問２．次のア〜カが表すものとして最も適当なものを，下の①〜⑥のなかからそれぞれ選べ。

ア．細胞膜の内外をつなぐ小孔を形成する膜輸送タンパク質であり，多くのイオンを通過させる。特定のイオンのみを通過させるものも多い。

イ．細胞の内外での Na^+ と K^+ の輸送を行う。輸送には，ATP を分解して得られるエネルギーを必要とする。

ウ．ゴルジ体から分離した小胞などを使って，細胞内で不要になった物質や，ホルモン・消化酵素などを細胞外に放出する。

エ．細胞外部から物質を取り込む働きで，白血球の食作用などの際にみられる。

オ．特定の物質が結合すると自身の構造を変化させ，結合した物質を通過させる。赤血球の細胞膜などで，濃度勾配にしたがってグルコースを輸送するものがみられる。

カ．細胞膜に水分子が通過する小孔を形成するタンパク質である。水分子の移動が盛んな組織の細胞に多く存在する。

① エンドサイトーシス　　② イオンチャネル　　③ 輸送体
④ エキソサイトーシス　　⑤ アクアポリン　　　⑥ ナトリウムポンプ

ア．_____　イ．_____　ウ．_____

エ．_____　オ．_____　カ．_____

47. ナトリウムポンプ ●下図は，ナトリウムポンプのしくみについて左から順番に反応過程を並べて示した模式図である。これについて，下の各問いに答えよ。

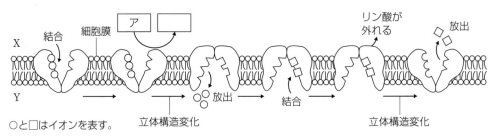

○と□はイオンを表す。

問１．図中の○，□は，それぞれ何イオンか答えよ。

○．_____　　　□．_____

問２．細胞の内側は，図中のXとYのどちらか答えよ。

_____

問３．図中の　ア　の物質は何か答えよ。

_____

問４．エネルギーを消費して物質を移動させる輸送を何というか答えよ。

_____

48. 内分泌系による情報伝達とタンパク質 ●下図を参考として, 下の各問いに答えよ。

アドレナリンの(1)は, 細胞膜に存在する。アドレナリンが, その(2)の1つである筋肉の細胞や(3)の細胞の細胞膜にある(1)に結合すると, (1)の(4)が変化して, 細胞膜にある酵素Iを活性化する。その後, この酵素によってATPからつくられた(5)が, グリコーゲンを(6)に分解する酵素IIを活性化し, その結果つくられた(6)が細胞外に運ばれたり, 呼吸に使われたりする。

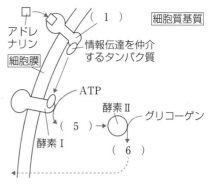

問1. 文中の(1)～(6)に当てはまる語を答えよ。

1.	2.	3.
4.	5.	6.

問2. 文中の(5)のように, 細胞外の情報を間接的に細胞内へと伝える物質を一般に何というか。

49. 抗体の構造 ●右図を参考として, 下の各問いに答えよ。

抗体は免疫(1)と呼ばれるタンパク質に分類され, H鎖(重鎖)と呼ばれる大きな(2)と, L鎖(軽鎖)と呼ばれる小さな(2)からなる。L鎖はH鎖のアミノ末端側に位置し, 2本の(2)は(3)で連結されている。各H鎖も, 中央付近で(3)により連結しており, 抗体分子はY字型をしている。H鎖・L鎖対の(4)末端側は, 抗原と結合する部位であり, そのアミノ酸配列は多様であることから, (5)と呼ばれている。一方, H鎖・L鎖対の(6)末端側のアミノ酸配列は, 抗体間で差異がないことから, (7)と呼ばれている。

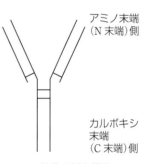

抗体の基本構造

問1. 文中の( )に適する語を次のア～クのなかからそれぞれ選び, 記号で答えよ。

ア. グロブリン　イ. アミノ　ウ. カルボキシ　エ. ポリペプチド
オ. S-S結合　カ. 定常部　キ. 可変部　ク. ペプチド結合

1.	2.	3.	4.
5.	6.	7.	

問2. 未分化なB細胞には, 抗体の可変部をつくる遺伝子の断片が多数あり, V, D, Jの領域に分かれて存在する。B細胞に分化する間に, H鎖の遺伝子ではV, D, J領域のそれぞれから, L鎖の遺伝子ではH鎖とは異なるV, J領域のそれぞれから断片が1つずつ選ばれて連結, 再構成される。右表は, 未分化なB細胞における, 抗体の可変部をコードする遺伝子の断片数を示している。B細胞に分化したとき, 遺伝子の再構成によって何通りの抗体が産生されるか。

遺伝子の領域		遺伝子の断片数	
		H鎖	L鎖
可変部	V	51	40
	D	27	0
	J	6	5

50. 脂質の構造 ◆脂質の構造に関する以下の各問いに答えよ。

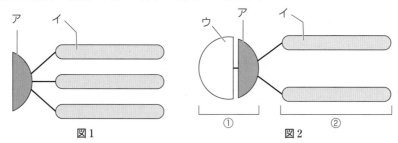

図1   図2

問1．図1は脂肪分子の基本的な構造を，図2はリン脂質の構造を示したものである。図中のア〜ウに当てはまる物質の名称を答えよ。

ア．＿＿＿＿＿＿＿　　　　イ．＿＿＿＿＿＿＿　　　　ウ．＿＿＿＿＿＿＿

問2．図2の①，②は，親水性と疎水性のどちらの性質を示すか。それぞれ答えよ。

①．＿＿＿＿＿＿＿　　　　②．＿＿＿＿＿＿＿

問3．生体内でエネルギーを貯蔵する物質として働くのは，図1と図2のどちらか。

＿＿＿＿＿＿＿

問4．細胞膜を構成する主な成分となるのは，図1と図2のどちらか。

＿＿＿＿＿＿＿

💡ヒント
問4．この物質は，水中ではイの部分を互いに向けて二重層を形成する。

51. 細胞の構造 ◆ヒトの心臓の細胞，体細胞分裂中期のマウスの培養細胞，コマツナの葉，大腸菌を電子顕微鏡で観察し，(a)〜(d)の構造体の存在が確認できれば＋，できなければ−として右の表を作成した。なお，(a)〜(d)は細胞壁，葉緑体，ミトコンドリア，核膜を有する核のいずれかである。

表　各試料と認められた構造体

構造体／試料	(a)	(b)	(c)	(d)	中心体
ア	＋	−	−	−	＋
イ	＋	＋	＋	＋	−
ウ	＋	−	＋	−	＋
エ	−	＋	−	−	−

問1．表中のウとして適切な試料を，観察した4種類の細胞のなかから選べ。

＿＿＿＿＿＿＿

問2．(b)，(c)の組み合わせとして適切なものを，次の①〜⑧から選べ。

	(b)	(c)		(b)	(c)
①	細胞壁	葉緑体	②	葉緑体	ミトコンドリア
③	ミトコンドリア	核膜を有する核	④	核膜を有する核	細胞壁
⑤	細胞壁	核膜を有する核	⑥	葉緑体	細胞壁
⑦	ミトコンドリア	葉緑体	⑧	核膜を有する核	ミトコンドリア

＿＿＿＿＿＿＿

(麻布大改題)

💡ヒント
体細胞分裂において，分裂期の前期に核膜は消失する。

52. 酵素反応と阻害物質 ◆図1，図2は，酵素反応を阻害する物質（阻害物質）の作用を模式的に示したものである。以下の各問いに答えよ。

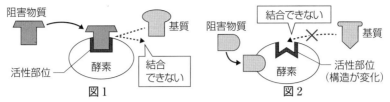

図1　　　　図2

問1．図1，2を，それぞれ何阻害と呼ぶか。

図1．＿＿＿＿＿＿＿＿＿＿　　図2．＿＿＿＿＿＿＿＿＿＿

問2．図3は酵素の反応速度と基質濃度の関係を表したものである。阻害物質を加えなかった場合に破線のようになったとすると，図1，2のような阻害が起こった場合には，ふつう，どのようなグラフになるか。a〜eからそれぞれ選べ。

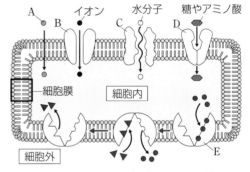

図3

図1．＿＿＿＿＿　　図2．＿＿＿＿＿

ヒント
問2．図2のような阻害では，基質濃度に関わらず一定の割合で阻害の影響が現れる。

53. 細胞膜を介した物質の移動 ◆下図は細胞膜を介した物質の移動を模式的に示したものである。

問1．図中のAは，リン脂質二重層を，輸送タンパク質を介さずに自由に通り抜ける物質を示している。Aはどのような移動をするか。次のa〜cから選べ。
a．高濃度側から低濃度側に移動する。
b．濃度に関係なく，自由に移動する。
c．低濃度側から高濃度側に移動する。

＿＿＿＿＿＿＿＿＿＿

問2．図中のBはリン脂質二重層を貫通する小さな孔で，イオンを透過させる輸送タンパク質である。このタンパク質の名称を答えよ。

＿＿＿＿＿＿＿＿＿＿

問3．図中のCは水分子を透過させる輸送タンパク質である。このタンパク質の名称を答えよ。

＿＿＿＿＿＿＿＿＿＿

問4．図中のDは糖やアミノ酸を透過させる輸送タンパク質である。このタンパク質の名称を答えよ。

＿＿＿＿＿＿＿＿＿＿

問5．図中のEはNa^+-K^+-ATPアーゼというタンパク質で，ナトリウムポンプとも呼ばれる。このタンパク質の働きを次のa〜cから選べ。
a．Na^+を細胞外へ，K^+を細胞内へ移動させる。
b．Na^+を細胞内へ，K^+を細胞外へ移動させる。
c．Na^+，K^+を自由に移動させる。

ヒント
問1．Aの移動は拡散に当たる。

4 | 代謝

1 代謝

❶代謝とエネルギー

(a) **代謝** 生体内で起こる化学反応の総称で，単純な物質から複雑な物質を合成する(^{1}　　　　)と，複雑な物質を単純な物質に分解する(^{2}　　　　)に分けられる。

(b) (^{3}　　　　) 生命活動においてエネルギーの受け渡しを担う物質。高エネルギーリン酸結合が切れて(^{4}　　　　)になるときに，多量のエネルギーを放出する。(^{4}　　　　)は，光合成や呼吸で得られたエネルギーによってリン酸と結合し，再び(^{3}　　　　)となる。

(c) **$NADP^+$，NAD^+，FAD** 代謝における物質の酸化や還元の反応に伴うエネルギーの移動に関わる物質。(^{5}　　　　)は光合成に，(^{6}　　　　)と(^{7}　　　　)は呼吸に関わる。

2 炭酸同化

❶炭酸同化

生物が二酸化炭素を取り入れ，有機物を合成する働きを(^{8}　　　　)という。(^{8}　　　　)には，光エネルギーを利用する(^{9}　　　　)と，化学エネルギーを利用する(^{10}　　　　)がある。

❷光合成と葉緑体

(a) **光合成** 植物やシアノバクテリアの光合成では，水と二酸化炭素から有機物が合成される。この反応では，光エネルギーが有機物の化学エネルギーに変換される。

$$6CO_2 \ + \ 12H_2O \ \xrightarrow{\text{光エネルギー}} \ (C_6H_{12}O_6) \ + \ 6H_2O \ + \ 6O_2$$

	$6CO_2$	$12H_2O$	$(C_6H_{12}O_6)$	$6H_2O$	$6O_2$
物質量	6 mol	12 mol	1 mol	6 mol	6 mol
質量	$6×44$ g	$12×18$ g	180 g	$6×18$ g	$6×32$ g
気体の体積	$6×22.4$ L				$6×22.4$ L

（0℃，$1.013×10^5$ Pa）

- グルコース（$C_6H_{12}O_6$）1 mol（180 g）が合成されるためには，CO_2 6 mol（$6×44$ g）と H_2O 12 mol（$12×18$ g）が必要である。
- 光エネルギーは $C_6H_{12}O_6$ の分子内に化学エネルギーとして貯えられる。

(b) **葉緑体の構造** 植物の葉緑体は，ふつう直径約 5 ～10 μm，厚さ 2 ～3 μm の凸レンズ型で，二重の生体膜からなる。内部には多数の(^{11}　　　　)と呼ばれる扁平な袋状の膜構造がある。この膜には光合成色素が含まれ，ここで光エネルギーが吸収されて ATP などを合成している。

内膜で囲まれた部分のうち，(^{11}　　　　)以外の基質の部分は(^{12}　　　　)と呼ばれ，ATP などを利用して二酸化炭素から有機物が合成されている。

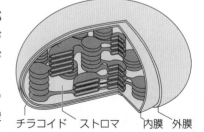

チラコイド　ストロマ　　内膜　外膜

(c) **光合成色素** 植物の光合成色素はチラコイドに含まれ，光エネルギーを吸収する。主なものは(^{13}　　　　)で，植物と緑藻類はaとbの2種類をもち，いずれも Mg を含む色素である。

主な光合成色素		色
クロロフィルa		青緑色
クロロフィルb		黄緑色
カロテ ノイド	カロテン	橙色
	キサントフィル	黄色

(d) 光合成に有効な波長の光

- (^{14} 　　　　　　　　)…光合成色素の光の吸収率と光の波長との関係を示すグラフ
- (^{15} 　　　　　　　　)…光合成の効率と光の波長との関係を示すグラフ

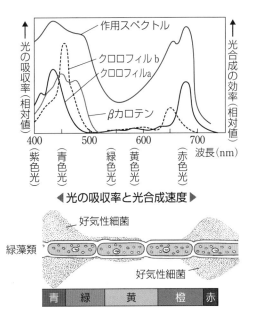

◀光の吸収率と光合成速度▶

◀エンゲルマンの実験▶

> ■エンゲルマンの実験　1882年，エンゲルマンは，糸状の緑藻類と好気性細菌を密封して顕微鏡下に置き，プリズムで分光した光を緑藻類に当てて，細菌がどの部分に集まるかを調べた。その結果，細菌は赤色と青紫色の部分に多く集まった。このことから，特定の波長の光で光合成による酸素の発生が盛んに起こることがわかった。

❸光合成の過程

光合成の反応は，葉緑体のチラコイドで起こる反応とストロマで起こる反応に区分できる。

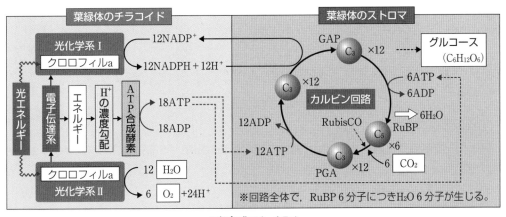

◀光合成のしくみ▶

(a) **チラコイドで起こる反応**　葉緑体のチラコイド膜には，クロロフィルaなどの光合成色素とタンパク質などからなる(^{16}　　　　　　)Ⅰ，Ⅱと，電子の受け渡しをするタンパク質からなる電子伝達系，膜輸送タンパク質である(^{17}　　　　　)が存在する。

ⅰ）光化学反応

- ごく短時間に起こる。光の強さや波長に影響される。
- 光合成色素のクロロフィルやカロテノイドによって光エネルギーが吸収される。
- 吸収されたエネルギーは，光化学系の(^{18}　　　　　　　　　)に伝達される。
- エネルギーを受け取った反応中心クロロフィルは活性化し，電子(e^-)を放出する。

ⅱ）水の分解，NADPH の生成・移動

光化学系Ⅱ

- 水が H^+ と O_2，e^- に分解される。このとき生じた e^- によって光化学系Ⅱの反応中心クロロフィルは還元され，元の状態に戻る。
- 光化学反応で光化学系Ⅱの反応中心クロロフィルが放出した e^- は，(^{1}　　　　　　　　)を構成するタンパク質に次々と受け渡され，これに伴って H^+ がストロマ側からチラコイド内腔に輸送される。

光化学系Ⅰ

- 放出された e^- と H^+ によって $NADP^+$ は還元され，NADPH と H^+ が生じる。
- NADPH はストロマで起こる反応に利用される。

ⅲ）ATP の合成

- チラコイド膜にある**ATP 合成酵素**によって合成される。
- 光化学系Ⅱでの水の分解や，電子伝達系における H^+ の輸送によってチラコイド内腔に蓄積した H^+ が，ATP 合成酵素を通ってストロマに拡散する際に，ADP とリン酸から ATP が合成される。この過程は(^{2}　　　　　　　)と呼ばれる。

$$ADP + \text{Ⓟ} \longrightarrow ATP \quad (\text{Ⓟ}：リン酸)$$

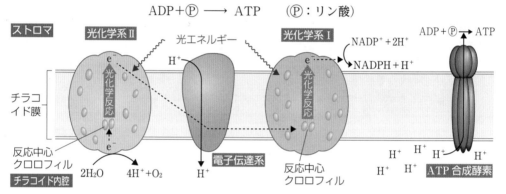

(b) **ストロマで起こる反応**　ストロマには，二酸化炭素の固定と有機物の合成に関与する多くの酵素が存在する。

ⅰ）(^{3}　　　　　　　)

- 多くの酵素が関与し，温度や CO_2 濃度の影響を受ける。
- CO_2 1 分子当たり，C_5 化合物であるリブロースビスリン酸(RuBP) 1 分子と反応し，C_3 化合物であるホスホグリセリン酸(PGA) 2 分子となる。この反応を促進する酵素は，**RuBP カルボキシラーゼ／オキシゲナーゼ**((^{4}　　　　　　)と略す)と呼ばれる。PGA は，ATP によってリン酸化された後，NADPH によって還元され，C_3 化合物であるグリセルアルデヒドリン酸(GAP)となる。GAP の多くは，いくつかの反応過程を経て RuBP に戻る。この過程の途中で GAP の一部が糖などに変えられ，栄養分として利用される。

(c) **光合成の反応過程・反応式**

水の分解	$12H_2O + 12\,NADP^+ \longrightarrow 6O_2 + 12NADPH + 12H^+$
ATP の合成	$18ADP + 18\,\text{Ⓟ} \longrightarrow 18ATP$
カルビン回路	$6CO_2 + 12\,NADPH + 12H^+ + 18ATP$
	$\longrightarrow (C_6H_{12}O_6) + 6H_2O + 12NADP^+ + 18ADP + 18\,\text{Ⓟ}$
（光合成の全体）	$6CO_2 + 12H_2O \longrightarrow (C_6H_{12}O_6) + 6H_2O + 6O_2$

(d) C₄ 植物と CAM 植物

CO_2 を葉肉細胞で C_4 化合物として取り込み（C_4 回路），維管束鞘細胞のカルビン回路へ送る植物を（⁵　　　　　）という。C_4 回路は，カルビン回路に比べて速く進むため，細胞内の CO_2 濃度を高い状態で保つ働きがある。（⁵　　　　　）は，CO_2 を直接カルビン回路に取り込む C_3 植物と比べて，熱帯などの強光や高温下で効率よく光合成を行うことができる。（⁵　　　　　）にはトウモロコシ，サトウキビなどがある。

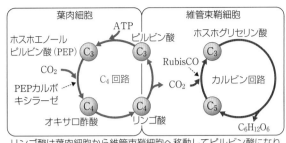

◀C₄ 植物の炭素固定▶

リンゴ酸は葉肉細胞から維管束鞘細胞へ移動してピルビン酸になり，ピルビン酸は葉肉細胞へ移動して PEP の再生に使われる。

一方，（⁶　　　　　）は，砂漠などの乾燥した気候に適応した光合成のしくみをもつ植物で，気孔からの水分の蒸散が小さい夜間に CO_2 を取り込み，高温・乾燥にさらされる日中には気孔を閉じ，カルビン回路で有機物の合成を行う。（⁶　　　　　）にはベンケイソウやサボテンなどがある。

❹細菌による炭酸同化

(a) 細菌の光合成

シアノバクテリアの光合成…植物と同じクロロフィル a をもつ。また，光化学系Ⅰ，Ⅱや電子伝達系も備えており，植物の葉緑体と同じしくみで光合成を行う。

（⁷　　　　　　　）（緑色硫黄細菌，紅色硫黄細菌など）**の光合成**…光化学系Ⅰ，Ⅱに似た反応系の一方のみをもち，水の代わりに硫化水素（H_2S）や水素（H_2）などから e^- を得る。光合成色素として（⁸　　　　　　　）をもつ。光合成による酸素の放出はなく，代わりに硫黄（S）などが生じる。

紅色硫黄細菌：$6CO_2 + 12H_2S + 光エネルギー \longrightarrow (C_6H_{12}O_6) + 6H_2O + 12S$

(b) 細菌の化学合成
無機物の酸化によって得られる化学エネルギーを利用した炭酸同化を（⁹　　　　　）という。

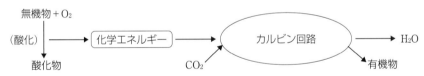

硫黄細菌の化学合成…化学合成を行う硫黄細菌は，海底の熱水噴出孔付近でみられる。熱水中の硫化水素（H_2S）などを酸化し，その際に生じる化学エネルギーを利用して炭酸同化を行う。

硫黄細菌：$2H_2S + O_2 \longrightarrow 2S + 2H_2O + 化学エネルギー$

$2S + 3O_2 + 2H_2O \longrightarrow 2H_2SO_4 + 化学エネルギー$

硝化菌の化学合成…土壌中に生息する（¹⁰　　　　　）と（¹¹　　　　　）は硝化菌と呼ばれる。（¹⁰　　　　　）はアンモニウムイオン（NH_4^+）を亜硝酸イオン（NO_2^-）に，（¹¹　　　　　）は亜硝酸イオン（NO_2^-）を硝酸イオン（NO_3^-）にそれぞれ酸化し，そのときに生じる化学エネルギーを利用して炭酸同化を行う。

亜硝酸菌：$2NH_4^+ + 3O_2 \longrightarrow 2NO_2^- + 4H^+ + 2H_2O + 化学エネルギー$

硝酸菌：$2NO_2^- + O_2 \longrightarrow 2NO_3^- + 化学エネルギー$

Answer▶

1…電子伝達系　2…光リン酸化　3…カルビン回路　4…RubisCO（ルビスコ）　5…C₄ 植物　6…CAM 植物
7…光合成細菌　8…バクテリオクロロフィル　9…化学合成　10…亜硝酸菌　11…硝酸菌

❺光合成のしくみを解明した研究

(a) **ヒルの研究(1939〜)** 緑葉をすりつぶした液にシュウ酸鉄(Ⅲ)を加えて光を当てると，O_2 が発生することを確認した(ヒル反応)。これは，光合成によって水が分解されて O_2 を生じるとき，Fe^{3+} のような電子受容体が必要であることを示している。その後，植物体内における電子受容体は $NADP^+$(補酵素)であることが証明された。

(b) **ルーベンの研究(1941)** 緑藻(クロレラ)の培養液に，酸素の同位体の ^{18}O を含む水($H_2{}^{18}O$)と ^{18}O を含む二酸化炭素($C^{18}O_2$)を別々に与えた後，光を当てて光合成を行わせ，発生する酸素を調べた。その結果，$H_2{}^{18}O$ を与えたクロレラからは $^{18}O_2$ が発生したが，$C^{18}O_2$ を与えたクロレラからは $^{18}O_2$ は発生しなかった。このことから，光合成で発生する酸素は，すべて水に由来することが明らかとなった。

(c) **カルビンとベンソンらの研究(1947〜57)** 緑藻(クロレラ)に炭素の同位体の ^{14}C を含む二酸化炭素($^{14}CO_2$)を吸収させて光合成を行わせ，^{14}C がどのような物質に移動していくかを追跡した。その結果から，カルビン回路の反応過程が明らかになった。

・二次元クロマトグラフィーによる分離・検出
(1) 光合成反応を止めたクロレラから細胞内の物質を抽出し，二次元クロマトグラフィーで分離・検出する。
(2) 乾燥後に X 線フィルムを密着させ，これを現像すると ^{14}C を含む物質の位置に黒いスポットが現れる。
(3) ^{14}C は PGA(C_3 化合物)に取り込まれ，時間の経過に伴ってさまざまな物質に移る。

PGA
原点

^{14}Cを加えてから5秒後の物質
^{14}Cを加えてから60秒後の物質

実験・観察のまとめ

薄層クロマトグラフィーによる光合成色素の分離

〔準備〕緑葉の色素抽出液，薄層プレート，細いガラス管，大型試験管，展開液(体積比 石油エーテル：アセトン＝7：3)

〔方法〕緑葉の色素抽出液をつくる。薄層プレートに色素抽出液を細いガラス管でスポットする。展開液の入った大型試験管に薄層プレートを入れ，展開させる。色素が薄層プレート上に分離するので，薄層プレートを乾燥させたのち，分離した色素の色や移動率(Rf 値)を調べる。

$$Rf 値＝\frac{原点から分離した色素の中心までの距離}{原点から展開液の上端までの距離}$$

(明らかに分離した色素は，薄層プレートの上から順にカロテン，クロロフィル a，クロロフィル b，キサントフィルである。)

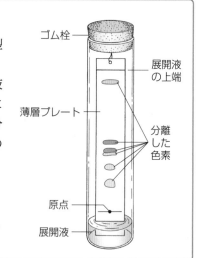

ゴム栓
展開液の上端
薄層プレート
分離した色素
原点
展開液

---

3 異化

❶呼吸とミトコンドリア

(a) (^{1}　　　　　) 酸素を用いて有機物を分解し，ATP を合成する過程。

・グルコースを分解する場合の例

	$C_6H_{12}O_6$	＋	$6O_2$	＋	$6H_2O$	→	$6CO_2$	＋	$12H_2O$	＋	エネルギー(最大 38ATP)
物質量	1 mol		6 mol		6 mol		6 mol		12 mol		
質 量	180g		6×32g		6×18g		6×44g		12×18g		
気体の体積			6×22.4L				6×22.4L				
(0 ℃，$1.013×10^5$ Pa)											

- 理論上は，グルコース 1 mol（180 g）が完全に酸化分解されたとき，2,867 kJ の熱量に相当するエネルギーを生じる。これによって，最大 38 mol の ATP を合成する。
- エネルギー利用の効率（ATP 1 mol 当たり 41.8 kJ とした場合）

  （41.8×38／2,867）×100≒55％→残り約45％は熱として失われる。

(b) **ミトコンドリアとその構造**　ミトコンドリアは，呼吸の場となる細胞小器官である。内外2枚の膜からなり，（^{2}　　　　）は内側に折れ曲がりクリステというひだを多数つくる。また，内膜に囲まれた基質部分を（^{3}　　　　　　　）という。内膜には**電子伝達系**や**ATP 合成酵素**が，マトリックスには脱水素酵素などクエン酸回路に関与する酵素が含まれている。

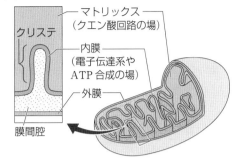

マトリックス（クエン酸回路の場）

クリステ

内膜（電子伝達系やATP 合成の場）

外膜

膜間腔

❷呼吸の過程

呼吸の反応は，解糖系，クエン酸回路，電子伝達系の3つの反応に区分できる。

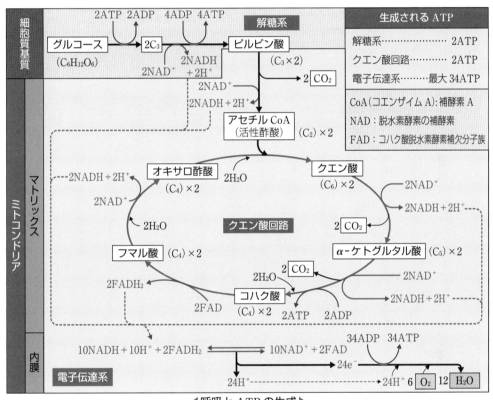

◀呼吸と ATP の生成▶

(a) （^{4}　　　　　　　）　酸素を用いない反応。（^{5}　　　　　　　）で起こる。（発酵の一部と共通する反応）

〔過程〕　ATP のエネルギーを用いてグルコース1分子から2分子のグリセルアルデヒドリン酸（GAP）が生じる。脱水素酵素の働きで，2分子の GAP から H^+ と e^- が NAD^+ に渡されて，2分子の NADH と2個の H^+ が生じる。さらにいくつかの反応を経て，最終的にグルコース1分子当たり2分子のピルビン酸が生じる。また，2分子の ATP を消費し，4分子の ATP が生じるため，結果として，差し引き2分子の ATP が生じる（（^{6}　　　　　　　）リン酸化）。

Answer ....

1…呼吸　2…内膜　3…マトリックス　4…解糖系　5…細胞質基質　6…基質レベルの

(b)　(^{1}　　　　　　　　　　　)　ミトコンドリア内の(^{2}　　　　　　　　　)で起こる。

〔過程〕　ピルビン酸は，CoA と結合してアセチル CoA になる。この反応における脱炭酸反応で二酸化炭素が生じ，また，脱水素反応で NADH と H^+ が生じる。アセチル CoA は，オキサロ酢酸と反応してクエン酸となり，クエン酸回路に入る。クエン酸回路では複数の反応が次々に起こって，クエン酸は再びオキサロ酢酸となる。この過程で二酸化炭素や，H^+，e^- が生じる。H^+ と e^- は，NAD^+ や FAD に渡され，NADH と $FADH_2$ が生じ，電子伝達系に運ばれる。クエン酸回路では，グルコース 1 分子につき 2 分子の ATP が生成される（(^{3}　　　　　　　　)リン酸化）。

(c)　(^{4}　　　　　　　　　　)　ミトコンドリアの**内膜**にあり，シトクロム（鉄原子を含むタンパク質）などで構成される。

〔過程〕　解糖系とクエン酸回路で生じた NADH と $FADH_2$ から H^+ と e^- が放出され，e^- はシトクロムなどの間を次々に伝達される。e^- の移動の際に，NADH と $FADH_2$ の酸化に伴って放出されたエネルギーを用いてマトリックス内の H^+ が膜間腔へ輸送され，H^+ の濃度勾配が生じる。膜間腔へ輸送された H^+ は，内膜の ATP 合成酵素を通ってマトリックスに移動し，グルコース 1 分子当たり最大34分子の ATP が合成される（(^{5}　　　　　　　　)リン酸化）。e^- は最終的に酸素に受け渡され，H^+ と結合して H_2O を生じる。

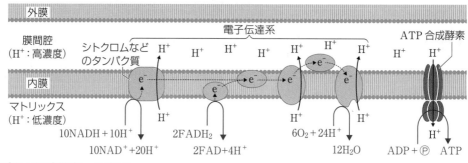

(d)　**呼吸の反応過程・反応式**

解糖系	$C_6H_{12}O_6 + 2NAD^+$ グルコース
	$\rightarrow 2C_3H_4O_3 + 2NADH + 2H^+ +$ **エネルギー**　（2ATP） ピルビン酸
クエン酸回路	$2C_3H_4O_3 + 6H_2O + 8NAD^+ + 2FAD$ ピルビン酸
	$\rightarrow 6CO_2 + 8NADH + 8H^+ + 2FADH_2 +$ **エネルギー**　（2ATP）
電子伝達系	$10NADH + 10H^+ + 2FADH_2 + 6O_2$
	$\rightarrow 12H_2O + 10NAD^+ + 2FAD +$ **エネルギー**　（最大34ATP）
（呼吸全体）	$C_6H_{12}O_6 + 6O_2 + 6H_2O \rightarrow 6CO_2 + 12H_2O +$ **エネルギー**　（最大38ATP）

❸各呼吸基質の分解経路

(a)　**呼吸基質**　呼吸によって分解される物質。炭水化物のほか，脂肪やタンパク質も呼吸基質となる。

(b)　**脂肪**　加水分解されて(^{6}　　　　　　)と(^{7}　　　　　　　　)となる。(^{6}　　　　　　)はミトコンドリアのマトリックスでβ酸化（脂肪酸の一方の端から，炭素 2 個分の部分が CoA と結合して外れる）がくり返され，**アセチル CoA** となってクエン酸回路に入る。(^{7}　　　　　　　　)は解糖系に入り分解される。

(c)　**タンパク質**　加水分解されて(^{8}　　　　　　)となり，脱アミノ反応で(^{9}　　　　　　)と有機酸に分解される。有機酸はクエン酸回路などに入り分解される。(^{9}　　　　　　)は血液によって肝臓に運ばれ，尿素回路（オルニチン回路）で ATP を消費して尿素に変換される。

(d) 炭水化物・脂肪・タンパク質の分解経路

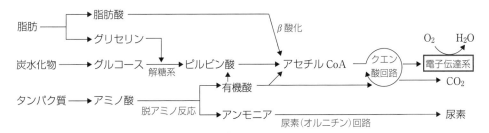

❹呼吸商（RQ）

生物が放出する二酸化炭素と，外界から吸収する酸素との体積比。呼吸基質の種類によって異なり，動物ではその食性によって異なる(^{10}　　　　　)（RQ）が検出される。

(a) 気体量を測定し，その値から呼吸商を計算し，呼吸基質の種類を調べる。

$$呼吸商（RQ）= \frac{放出する CO_2 量（体積）}{吸収する O_2 量（体積）}$$

[例] ウマ（植食性）…0.96，イヌ（肉食性）…0.79，ヒト（雑食性）…0.89

(b) 化学反応式の O_2 と CO_2 の係数から計算する。

炭 水 化 物…$C_6H_{12}O_6 + 6O_2 + 6H_2O \longrightarrow 6CO_2 + 12H_2O$
　　　　　　（グルコース）　　　　　　　　　　　　　⇒6/6＝1.0

脂　　　　肪…$2C_{57}H_{110}O_6 + 163O_2 \longrightarrow 114CO_2 + 110H_2O$
　　　　　　（トリステアリン）　　　　　　　　　　⇒114/163≒0.7

タンパク質…$2C_6H_{13}O_2N + 15O_2 \longrightarrow 12CO_2 + 10H_2O + 2NH_3$
（アミノ酸）（ロイシン）　　　　　　　　　　　⇒12/15＝0.8

> **呼吸基質と呼吸商**
> 炭 水 化 物…1.0
> 脂　　　　肪…0.7
> タンパク質…0.8

実験・観察のまとめ

1．呼吸商の測定　右図の装置で，気体の量を測定する。

[実験A]フラスコ内の容器に KOH 溶液を入れておくと，発生した CO_2 は KOH 溶液に吸収され，消費した O_2 量の分だけ，ガラス管内の水が上昇する（測定値A）。

[実験B]フラスコ内の容器に水を入れておくと，CO_2 は吸収されないため，（消費したO_2）－（発生したCO_2）の量の分だけ，ガラス管内の水が上昇する（測定値B）。

この実験における呼吸商$(RQ) = \dfrac{A-B}{A}$

◀O_2 の吸収を調べる装置▶

2．脱水素酵素の実験　ツンベルク管の主室に酵素液（脱水素酵素）を入れる。副室に基質（コハク酸ナトリウム）とメチレンブルー（Mb）を入れ，アスピレーターで空気を抜いた後混合すると，青色の Mb は無色になる。これは，脱水素酵素が基質から水素を奪い，その水素で Mb が還元されるからである。

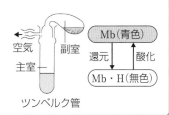

Answer ▶ ....

1…クエン酸回路　　2…マトリックス　　3…基質レベルの　　4…電子伝達系　　5…酸化的　　6…脂肪酸　　7…グリセリン
8…アミノ酸　9…アンモニア　10…呼吸商

❺発酵

細胞質基質で酸素を用いずに有機物を分解して ATP を生成する過程を(^{1}　　　　)という。

(a)　発酵の種類

種　類	生　物	反　応　式	利　用
アルコール発酵	酵母	$C_6H_{12}O_6 \longrightarrow 2C_2H_5OH + 2CO_2 + エネルギー$ グルコース　　エタノール　　　　　　(2ATP)	酒, パン
乳酸発酵	乳酸菌	$C_6H_{12}O_6 \longrightarrow 2C_3H_6O_3 + エネルギー$ グルコース　　　乳酸　　　(2ATP)	ヨーグルト, チーズ

※酵母は培養するときに酸素を与えると，細胞内でミトコンドリアが発達して呼吸を主に行い，アルコール発酵は抑制される。この現象をパスツール効果という。

(b)　(^{2}　　　　) 動物の組織（特に筋肉）において，無酸素状態でグリコーゲンやグルコースがピルビン酸を経て乳酸に分解され，ATP を生成する働き。反応過程は乳酸発酵と同じ。激しい運動時など酸素が不足した状態でも，ATP を得ることができる。

❻発酵の過程

どの種類の発酵にも，共通して解糖系が存在する。

解糖系…1 分子のグルコースから，解糖系全体で 2 分子のピルビン酸と 2 分子の ATP が生じる。

$$C_6H_{12}O_6 + 2NAD^+ \longrightarrow 2C_3H_4O_3 + 2NADH + 2H^+ + エネルギー$$
グルコース　　　　　　　　　　　ピルビン酸　　　　　　　　　　　　(2ATP)

(^{3}　　　　　　　)…ピルビン酸は脱炭酸酵素により二酸化炭素を奪われ，NADH によって還元されて(^{4}　　　　)になる。

(^{5}　　　　　　　)…ピルビン酸は NADH によって還元されて(^{6}　　　　)になる。

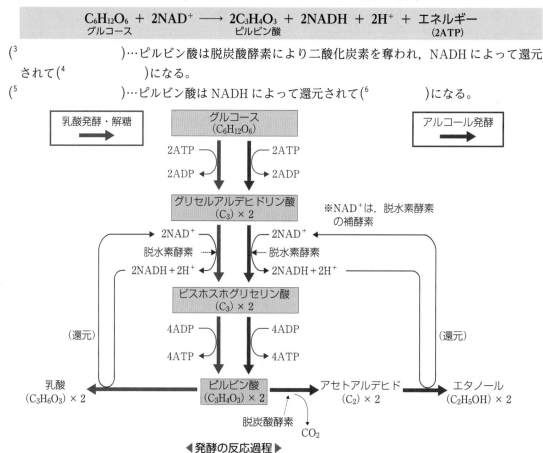

◀発酵の反応過程▶

1. 光合成色素などの物質がいろいろな波長の光を吸収するようすを示した図を何というか。

2. 反応中心クロロフィルが光エネルギーを受け取って活性化され，電子を放出する反応を何というか。

3. 光化学系IIから放出された電子が光化学系Iまで移動するときに通る，タンパク質で構成された反応系を何というか。

4. チラコイド内腔のH$^+$がATP合成酵素を通ってストロマへ拡散し，これに伴ってATPが合成される過程を何というか。

5. ストロマで起こる，二酸化炭素が固定されて有機物が合成される一連の反応経路を何というか。

6. カルビン回路で，二酸化炭素とリブロースビスリン酸との反応を促進する酵素の略称をカタカナで答えよ。

7. 光合成を行う細菌を総称して何というか。

8. 解糖系は細胞のどこで進行するか。

9. 呼吸で，ミトコンドリアに取り込まれたピルビン酸が脱水素反応などにより分解され，二酸化炭素が生じる代謝経路を何というか。

10. クエン酸回路はミトコンドリアのどこで進行するか。

11. NADHやFADH$_2$から放出された電子がミトコンドリアの内膜で次々と伝達された結果，ATPが合成される反応系を何というか。

12. 電子伝達系で起こる反応のように，物質が酸化される過程で生じたエネルギーを用いてATPを合成する反応を何というか。

13. 酸素を用いずに有機物を分解し，ATPを合成する過程を何というか。

14. エタノールと二酸化炭素が最終産物となる発酵を何というか。

Answer

1. 吸収スペクトル　**2.** 光化学反応　**3.** 電子伝達系　**4.** 光リン酸化　**5.** カルビン回路　**6.** ルビスコ　**7.** 光合成細菌
8. 細胞質基質　**9.** クエン酸回路　**10.** マトリックス　**11.** 電子伝達系　**12.** 酸化的リン酸化　**13.** 発酵　**14.** アルコール発酵

解説動画

基本例題7　光合成色素の分離

➡基本問題55

　薄層プレートを用いて，光合成色素を分離する実験を行った。緑葉から色素の抽出液をつくり，原点につけて緑葉の各色素を展開した。

(1)　薄層プレートを用いた物質の分離法を何というか。

(2)　図の色素Xは青緑色であった。この色素の名称を答えよ。

(3)　図の数値を用いて色素Xの Rf 値を求めよ。

(4)　次のア～エのうち，誤っているものをすべて選べ。

　ア．原点の位置は黒の油性ボールペンで印をつける。

　イ．展開液として3％食塩水を使用する。

　ウ．抽出液は，緑葉に有機溶媒を加えてつくる。

　エ．原点から，移動した色素の中心までを測定する。

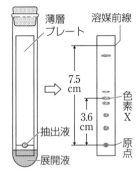

薄層プレート／溶媒前線／薄層プレート／7.5cm／3.6cm／色素X／原点／抽出液／展開液

■考え方　(2)青緑色を示す光合成色素はクロロフィルaである。なお，クロロフィルbは黄緑色を示す。

(3)「Rf 値＝原点から色素の中心までの距離÷原点から溶媒前線までの距離」なので，3.6÷7.5＝0.48。

(4)展開液には有機溶媒を使用するため，油性インクは展開液に溶解して薄層プレートに分離し，光合成色素と区別できなくなってしまう。原点の記録には，ふつう鉛筆を用いる。

■解答

(1)薄層クロマトグラフィー

(2)クロロフィルa

(3)0.48

(4)ア，イ

解説動画

基本例題8　呼吸のしくみ

➡基本問題64

　右図は，呼吸の反応過程を示した模式図である。

(1)　ア～オに物質名を答えよ。

(2)　X，Y の反応名とその反応が行われる細胞内の場所を記せ。

(3)　発酵と共通の過程は X，Y のどちらか。

(4)　グルコース 90 g が呼吸で完全に分解されたとき，消費された酸素と生成された二酸化炭素はそれぞれ何 g か。原子量は，H＝1，C＝12，O＝16 とする。

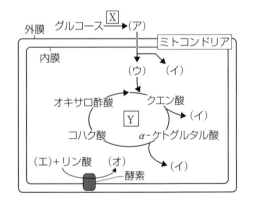

外膜／グルコース／X／(ア)／ミトコンドリア／内膜／(ウ)　(イ)／オキサロ酢酸／クエン酸／Y／(イ)／コハク酸／α-ケトグルタル酸／(エ)＋リン酸　(オ)／(イ)／酵素

■考え方　(1)～(3)呼吸は，解糖系，クエン酸回路，電子伝達系の3段階の反応からなる。このうち，解糖系は発酵と共通している。

(4)呼吸でグルコースが完全に分解されるときの反応式は，$C_6H_{12}O_6 + 6O_2 + 6H_2O \rightarrow 6CO_2 + 12H_2O$ である。したがって，グルコース 90 g（0.5 mol）が完全に分解される際，3 mol の酸素が消費され，3 mol の二酸化炭素が生成される。

■解答　(1)ア…ピルビン酸

イ…二酸化炭素　ウ…アセチル CoA

エ…ADP　オ…ATP

(2)X…解糖系，細胞質基質

　Y…クエン酸回路，

　　　（ミトコンドリアの）マトリックス

(3)X

(4)酸素…96 g　二酸化炭素…132 g

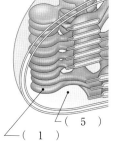

54. 〈知識〉 **葉緑体の構造** ●次の文章を読み，空欄に適する語を答えよ。

　種子植物の緑葉の細胞には，光合成を行う葉緑体がみられる。葉緑体は，細胞内にある直径 5 〜10 µm ほどの，だ円形または凸レンズ形の細胞小器官であり，二重の生体膜からなる。内部には（　1　）と呼ばれる扁平な袋状の構造がある。この構造が多数重なっている部分を，特にグラナという。（　1　）の膜には，青緑色を示す（　2　）やカロテノイドといった（　3　）などが含まれ，ここで（　4　）が吸収される。葉緑体内部のうち，（　1　）を除いた領域を（　5　）と呼ぶ。この領域には，（　6　）の合成に必要な，各種の酵素が含まれている。

1.	2.	3.
4.	5.	6.

55. 〈知識〉〈実験・観察〉 **薄層クロマトグラフィー** ●次の①〜④に示す実験を行い，下のような結果を得た。以下の各問いに答えよ。

①ある被子植物の緑色の葉を乳鉢に入れ，硫酸ナトリウムを加えてすりつぶし，ジエチルエーテルを加えて抽出液をつくった。

②薄層クロマトグラフィー用プレートの下端から 2 cm の位置に鉛筆で線を引き，細いガラス管を用いて抽出液を線の中央につけ，抽出液が乾くとさらに抽出液をつける操作を 5 回くり返した。

③5 mm の深さになるように展開液を入れた試験管の中に，プレートの下部が浸かるように入れ，栓をして静置した。

④展開液がプレートの上端近くまで上がってきたらプレートを取り出し，分離した各色素の輪郭と展開液の上端を鉛筆でなぞった。

【結果】　抽出液を展開したプレートには，上から a（橙色），b（青緑色），c（黄緑色），d（黄色），e（黄色）の色素が分離した。図 1 は，プレートと鉛筆でなぞった色素の輪郭を示したものである。

問 1．図 1 の c の色素の Rf 値を，小数第 3 位を四捨五入して小数第 2 位まで求めよ。

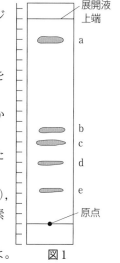

図1

問 2．図 1 の a 〜 c は何の色素だと推測されるか。色素の名称をそれぞれ答えよ。

　　a.

　　b.

　　c.

問 3．図 2 は，この植物の作用スペクトルと，a 〜 c の色素の吸収スペクトルを示している。c の色素の吸収スペクトルは，A 〜 D のうちどれか。

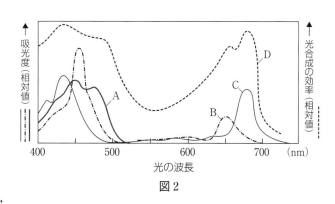

図2

第4章 代謝

56. 光合成の反応段階 ●次の文章を読み，下の各問いに答えよ。

光合成の過程は複雑であるが，以下の4つの段階に整理できる。

第1段階　葉緑体に光が当たると光合成色素に光エネルギーが吸収され，クロロフィルは活性化された状態になる。この反応を（　1　）という。

第2段階　光化学系IIでは，活性化されたクロロフィルによって水が分解され，H^+，e^-，酸素を生じる。H^+ と e^- は最終的に光化学系Iで（　2　）である補酵素 $NADP^+$ に渡され，（　3　）と H^+ が生成される。

第3段階　e^- が（　4　）伝達系を移動するとき，ストロマの H^+ が（　5　）内に輸送される。その H^+ が葉緑体の（　5　）膜に存在する（　6　）を通ってストロマに拡散する際に，ATP が合成される。この反応は（　7　）と呼ばれる。

第4段階　外界から取り入れられた二酸化炭素は，二酸化炭素1分子当たり，炭素原子（　8　）個からなる化合物1分子と結びついた後，<u>炭素原子3個からなる物質</u>（　9　）分子となる。この化合物は第2段階の過程でできた（　3　）や H^+ を受け取り，第3段階の過程でできた ATP を使っていくつかの反応を経た後，その一部は，反応系に関わる炭素原子を5個もつ有機物を再生し，反応経路が循環する。

以上の光合成の全過程は，次のように表される。

$$6（　10　）+12（　11　）+光エネルギー \longrightarrow (C_6H_{12}O_6)+6O_2+6H_2O \quad \cdots\cdots ①$$

問1．文中の（　　）に最も適当な語，数字または化学式を答えよ。

1. _____　　2. _____　　3. _____

4. _____　　5. _____　　6. _____

7. _____　　8. _____　9. _____　10. _____　11. _____

問2．第4段階の下線部について，この物質の名称を答えよ。

_____

問3．光合成の全過程反応式①で生じる O_2 は，文中の4段階のどこで発生したものか。

_____

57. チラコイドで起こる反応 ●次の文章を読み，空欄に適する語を英数字で答えよ。

光合成は，チラコイド膜上に存在する光合成色素によって，光エネルギーが吸収されることで開始される。光化学系において光合成色素により吸収された光エネルギーは，反応中心クロロフィルに集められる。光エネルギーを受け取った反応中心クロロフィルは，活性化して（　1　）を放出する。このようにして酸化された反応中心クロロフィルは，（　2　）の分解により生じた（　1　）を受け取って，活性化する前の状態に戻る。また，（　2　）の分解に伴い，H^+ と（　3　）が生じる。

光化学系Iにおいても反応中心クロロフィルは活性化し，（　1　）を放出する。この（　1　）と H^+ によって，酸化型補酵素である（　4　）が還元され，（　5　）が生じる。こうした反応の結果，チラコイド膜をはさんで H^+ の濃度勾配が形成される。この濃度勾配を利用して（　6　）が合成されることで，光エネルギーが化学エネルギーに変換される。

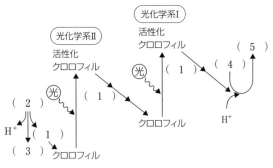

1. _____　　2. _____　　3. _____　　4. _____　　5. _____　　6. _____

思考 **実験・観察**
58. カルビン回路と外的条件 ●次の文章を読み，下の各問いに答えよ。

放射性同位体の ^{14}C で標識した $^{14}CO_2$ を緑藻に与えると，光合成で取り込んだ CO_2 がどのような物質に変換されていくかを調べることができる。カルビン回路では，CO_2 は物質Aと結合して，物質Bになる。緑藻に $^{14}CO_2$ を与え，物質Aと物質Bの濃度について，CO_2 濃度を1％から0.003％に変化させたときのグラフを図1に，十分な強さの光を当ててから暗黒状態にしたときのグラフを図2に示す。

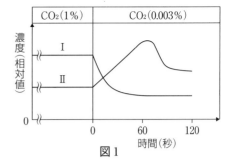
図1

問1．物質Aと物質Bの名称をそれぞれ答えよ。

物質A. _____

物質B. _____

問2．物質Aを示すグラフは，図1のⅠ，Ⅱおよび図2のⅢ，Ⅳのそれぞれどれか。最も適する組み合わせを次の①～④のなかから1つ選べ。

① 図1：Ⅰ 　図2：Ⅲ
② 図1：Ⅰ 　図2：Ⅳ
③ 図1：Ⅱ 　図2：Ⅲ
④ 図1：Ⅱ 　図2：Ⅳ 　_____

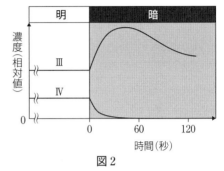
図2

知識 **計算**
59. 光合成の計算 ●次の文章を読み，下の各問いに答えよ。

下の反応式は，光合成全体の反応式であり，図は二酸化炭素と温度が一定の条件下において，ある植物の葉が受ける光の強さと二酸化炭素の吸収量の関係を示している。光合成による生産物はすべてグルコースであるとし，原子量はH＝1，C＝12，O＝16とする。解答は小数第2位を四捨五入し，小数第1位まで答えよ。

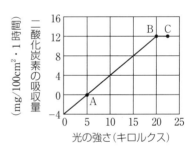

$$6CO_2 + 12H_2O + 光エネルギー \longrightarrow C_6H_{12}O_6 + 6O_2 + 6H_2O$$

問1．上の反応式を利用して次の①，②を計算せよ。
① グルコースが45g生産されるときに吸収される二酸化炭素の質量(g)
② 酸素が50g放出されるときに生産されるグルコースの質量(g)

①. _____ 　②. _____

問2．図の点A，Bの光の強さをそれぞれ何と呼ぶか。また，点Aにおいて光合成速度を限定する要因は何か。

点A. _____ 　点B. _____ 　要因. _____

問3．図の点Cにおいて，葉面積 $100cm^2$ であるこの植物の葉が行う光合成の速度を，1時間当たりに吸収される二酸化炭素の質量(mg)で示せ。

_____

問4．図で，光の強さが20キロルクスのとき，葉面積 $100cm^2$ であるこの植物の葉が2時間のうちに光合成によって生産するグルコースの質量(mg)を求めよ。

_____

60. 【知識】 **C₄植物** ●次の文章を読み，下の各問いに答えよ。

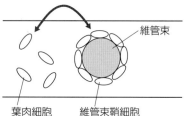

C₄植物では代謝産物を交換している

高温で光が強い環境に適応したC₄植物は，特殊なしくみでCO_2を固定する。これらの植物では葉肉細胞にホスホエノールピルビン酸カルボキシラーゼ(PEPカルボキシラーゼ)という酵素があり，この酵素によりCO_2と _aホスホエノールピルビン酸(PEP)から _bオキサロ酢酸がつくられる。PEPカルボキシラーゼはルビスコよりもCO_2を固定する効率が高く，CO_2濃度が低くても高い速度でCO_2を固定できる。葉肉細胞のオキサロ酢酸はリンゴ酸に変換されて維管束鞘細胞へ運ばれる。その後，リンゴ酸は分解され，CO_2と _cピルビン酸になる。これにより維管束鞘細胞内のCO_2濃度が高く保たれるので，ルビスコによるCO_2固定反応の速度が上昇する。

維管束　葉肉細胞　維管束鞘細胞

問1．下線部a，b，cの化合物1分子に含まれる炭素原子の数はそれぞれいくつか。

a.＿＿＿＿　　b.＿＿＿＿　　c.＿＿＿＿

問2．C₄植物に対して，ある植物では，1つの細胞内において，夜間にCO_2を固定してC₄化合物とし，固定したC₄化合物を気孔の閉じた日中に分解し，CO_2を取り出している。このような植物を何植物というか。

＿＿＿＿＿＿＿＿＿＿

問3．C₄植物にはどのようなものがあるか。また，問2の植物にはどのようなものがあるか。①～⑤より，それぞれ1つずつ選べ。
　①　ダイズ　　②　トウモロコシ　　③　コムギ　　④　サボテン　　⑤　ツバキ

C₄植物.＿＿＿＿＿＿　　問2の植物.＿＿＿＿＿＿

61. 【知識】 **細菌の同化** ●次の文章を読み，下の各問いに答えよ。

二酸化炭素から有機物を合成する反応は（　1　）と呼ばれる。このうち，光エネルギーを利用する反応を，光合成という。多くの細菌は（　2　）栄養生物であるが，一部の細菌は光合成を行うことが知られている。 _aこうした光合成細菌の一種である紅色硫黄細菌は（　3　）という色素で光を吸収し，水を用いずに光合成を行う。一方， _bある種の細菌は，無機物を（　4　）したときに生じる化学エネルギーを使って有機物を合成することができる。この反応を（　5　）という。

問1．文中の（　）に適切な語を入れよ。

1.＿＿＿＿＿＿＿　　2.＿＿＿＿＿＿＿　　3.＿＿＿＿＿＿＿

4.＿＿＿＿＿＿＿　　5.＿＿＿＿＿＿＿

問2．下線部aの細菌が行う反応を示した下の反応式中の空欄に適する化学式を答えよ。
　　$6CO_2 + 12（　ア　）+ 光エネルギー \longrightarrow C_6H_{12}O_6 + 6（　イ　）+ 12（　ウ　）$

ア.＿＿＿＿＿＿　　イ.＿＿＿＿＿＿　　ウ.＿＿＿＿＿＿

問3．下線部aについて，紅色硫黄細菌以外の光合成細菌の名称を1つ答えよ。

＿＿＿＿＿＿＿＿＿＿

問4．下線部bについて，細菌名を2つ答えよ。

＿＿＿＿＿＿＿＿＿＿　　＿＿＿＿＿＿＿＿＿＿

問5．光合成細菌のほかに光合成を行う細菌として，シアノバクテリアがいる。シアノバクテリアと光合成細菌の共通点として正しいものを，次の①〜⑤のなかからすべて選べ。

① 葉緑体をもたない。　　　　　　　　　② 光化学系Ⅰと光化学系Ⅱの両方をもっている。

③ 反応物として硫化水素を利用している。　④ 光合成による有機物合成の過程で水が生じる。

⑤ 単細胞生物である。

62. [知識] **同化の反応式** ●同化に関する反応式について，次の各問いに答えよ。

問1．次に示す反応式a，bについて，下の(ア)，(イ)に答えよ。

　a．$6CO_2 + 12H_2O + 光エネルギー \longrightarrow (C_6H_{12}O_6) + 6H_2O + 6O_2$

　b．$6CO_2 + 12H_2S + 光エネルギー \longrightarrow (C_6H_{12}O_6) + 6H_2O + 12S$

(ア)　a，bの各反応式に関係する生物を，次の①〜⑤からすべて選べ。

　　① クロレラ　　② 緑色硫黄細菌　　③ イシクラゲ

　　④ 酵母　　　　⑤ シロツメクサ

　　a. ＿＿＿＿＿＿＿＿＿＿

　　b. ＿＿＿＿＿＿＿＿＿＿

(イ)　aの反応は下記のような反応式から成り立つ。（　1　）〜（　4　）に適する語または化学式を答えよ。

　① 水の分解：$12H_2O + 12NADP^+ \longrightarrow 6(　1　) + 12NADPH + 12H^+$

　② ATPの合成：$18(　2　) + 18リン酸 \longrightarrow 18ATP$

　③ （　3　）回路：$6CO_2 + 12NADPH + 12H^+ + 18ATP$

　　　　　　　　　　　　$\longrightarrow (C_6H_{12}O_6) + 6(　4　) + 12NADP^+ + 18(　2　) + 18リン酸$

1. ＿＿＿＿＿＿　　2. ＿＿＿＿＿＿　　3. ＿＿＿＿＿＿　　4. ＿＿＿＿＿＿

問2．次のc〜eの各酸化反応によって生じた化学エネルギーを用いて炭酸同化を行う生物を，下の①〜④より1つずつ選べ。

　c．$2NO_2^- + O_2 \longrightarrow 2NO_3^- + 化学エネルギー$

　d．$2NH_4^+ + 3O_2 \longrightarrow 2NO_2^- + 4H^+ + 2H_2O + 化学エネルギー$

　e．$2H_2S + O_2 \longrightarrow 2S + 2H_2O + 化学エネルギー$

　① 亜硝酸菌　　② 硝酸菌　　③ 水素細菌　　④ 硫黄細菌

　　c. ＿＿＿＿＿＿

　　d. ＿＿＿＿＿＿

　　e. ＿＿＿＿＿＿

63. [知識] **ミトコンドリアの構造とその働き** ●右図は，ミトコンドリアの断面を模式的に示したものである。

問1．図中のa，c，dの名称をそれぞれ答えよ。

a　b　c　d　e(細胞質基質)

　　a. ＿＿＿＿＿＿＿＿＿＿　　　c. ＿＿＿＿＿＿＿＿＿＿

　　d. ＿＿＿＿＿＿＿＿＿＿

問2．次の(1)〜(4)の解答として最も適切な部位を図中のa〜eから選び，それぞれ記号で答えよ。

(1) ピルビン酸の代謝で生じたH$^+$とe$^-$は，電子受容体により電子伝達系に渡される。この電子伝達系の反応を行う酵素はどこに存在するか。

(2) 電子伝達系では，H$^+$はその濃度差に逆らって膜を透過して能動的に輸送されるが，このとき，どの膜を透過するか。

(3) (2)で輸送されたH$^+$の濃度が上昇するところはどこか。

(4) クエン酸回路の反応はどこで行われるか。

　　　　　　　(1). ＿＿＿＿　　(2). ＿＿＿＿　　(3). ＿＿＿＿　　(4). ＿＿＿＿

64. 呼吸の過程 ●呼吸の反応過程について下の文章を読み，次の各問いに答えよ。

過程Ⅰ グルコースがピルビン酸に分解される過程。この過程では酸素は使われず，脱水素酵素など多くの酵素によって反応が進む。生じた H^+ と e^- は，NAD^+ に渡されて（ 1 ）と H^+ となり，過程Ⅲに運ばれる。

過程Ⅱ ミトコンドリアの（ 2 ）で起こる反応。ピルビン酸は脱水素酵素と脱炭酸酵素などによって完全に分解され，H^+ と e^-，二酸化炭素を生じる。H^+ と e^- は NAD^+ や FAD に渡されて，（ 1 ）と H^+，$FADH_2$ となり，過程Ⅲに運ばれる。

過程Ⅲ ミトコンドリアの内膜にあり，金属元素の（ 3 ）原子を含むシトクロムや，（ 4 ）酵素などで構成されている。過程Ⅰや過程Ⅱで生じた（ 1 ）と $FADH_2$ は H^+ と e^- を放出し，e^- はシトクロムなどの間を次々に伝達される。このとき，H^+ がマトリックスから膜間区画(または膜間腔，外膜と内膜の間)にくみ出されるため，マトリックスよりも膜間区画の H^+ の濃度が高くなる。この H^+ が濃度勾配に従ってマトリックスに戻るとき，（ 4 ）酵素は ATP を合成する。最終的に e^- は，酸化酵素のシトクロムオキシダーゼによって，酸素および H^+ と結合し H_2O となる。

問1．文章中の（　　）に適する語を答えよ。

1.＿＿＿＿＿＿　2.＿＿＿＿＿＿　3.＿＿＿＿＿＿　4.＿＿＿＿＿＿

問2．過程Ⅰ〜Ⅲは，一般にそれぞれ何と呼ばれるか。

過程Ⅰ.＿＿＿＿＿＿　過程Ⅱ.＿＿＿＿＿＿　過程Ⅲ.＿＿＿＿＿＿

65. 呼吸とATP合成 ●次の各問いに答えよ。問3は小数第1位まで答えよ。

問1．呼吸によるグルコースの分解過程は解糖系(A)，クエン酸回路(B)，電子伝達系(C)の3つの反応に分けることができる。A〜Cそれぞれの内容を示す反応式を下から選べ。

(1) $2C_3H_4O_3+6H_2O+8NAD^++2FAD \longrightarrow 6CO_2+8NADH+8H^++2FADH_2+$エネルギー

(2) $10NADH+10H^++2FADH_2+6O_2 \longrightarrow 12H_2O+10NAD^++2FAD+$エネルギー

(3) $C_6H_{12}O_6+2NAD^+ \longrightarrow 2C_3H_4O_3+2NADH+2H^++$エネルギー

A.＿＿＿＿＿＿　B.＿＿＿＿＿＿　C.＿＿＿＿＿＿

問2．A〜Cでは，グルコース1molからそれぞれ最大何molのATPがつくられるか。

A.＿＿＿＿＿＿　B.＿＿＿＿＿＿　C.＿＿＿＿＿＿

問3．呼吸によってグルコースを用いてATPがつくられるとき，そのエネルギー効率は何％か。ただし，グルコース1molが呼吸によって分解されると2867kJのエネルギーが放出され，ATP1molが生成されるときに必要なエネルギーは41.8kJである。また，ATPの生成量は問2で答えた量であるとする。＿＿＿＿＿＿

66. ミトコンドリアでのATP合成のしくみ ●下図は，ミトコンドリアの内膜の断面を模式的に示したものである。

問1．マトリックスは図のアとイのどちらか。

＿＿＿＿＿＿

問2．物質Xの名称を答えよ。

＿＿＿＿＿＿

問3．物質YとZの名称を答えよ。

物質Y.＿＿＿＿＿＿　物質Z.＿＿＿＿＿＿

思考 実験・観察 論述

67. 脱水素酵素の実験 ●ツンベルク管の主室および副室に，下表に示した内容物を入れ，減圧して密閉した。副室の液を主室の液に移して混合し，40℃で10分間反応させたのち，反応液の色の変化を調べた。酵素液はニワトリの胸筋をすりつぶしてろ過したもので，脱水素酵素が含まれている。また，マロン酸はコハク酸と構造がよく似た物質である。

副室

主室

反応	主室	副室	反応結果
a	酵素液	2％コハク酸ナトリウム ＋0.8％メチレンブルー	メチレンブルーの青色が完全に消えた。
b	熱処理した酵素液	2％コハク酸ナトリウム ＋0.8％メチレンブルー	青色のままであった。
c	酵素液	2％コハク酸ナトリウム ＋2％マロン酸ナトリウム ＋0.8％メチレンブルー	反応aよりも青色がゆっくりと消えた。
d	酵素液	蒸留水＋0.8％メチレンブルー	青色は少し薄くなった。

問1．実験を減圧・密閉せずに反応aを行うとどうなるか。理由とともに説明せよ。

問2．反応bで反応結果が青色のままであったのはなぜか説明せよ。

問3．反応cで，青色がゆっくりと消えた理由を，次の語をすべて用いて説明せよ。
　[語句]　コハク酸，マロン酸，競争的阻害，活性部位

問4．反応dでは，副室の液にコハク酸ナトリウムを入れていないが，反応液の青色が少しだけ薄くなった。このような結果が得られた理由として考えられることを答えよ。

知識

68. さまざまな呼吸基質 ●右図は，さまざまな呼吸基質が分解される過程を示した模式図である。これについて，次の各問いに答えよ。

問1．尿素回路の反応が起こる器官の名称を答えよ。

_____

問2．図中のあ～うの物質名，およびA，Bの反応名をそれぞれ答えよ。

タンパク質　　炭水化物　　脂質

アミノ酸　　グルコース　　脂肪

A

あ　　有機酸　　解糖系　←　う　　脂肪酸

ピルビン酸

い　←　B

尿素回路　　クエン酸回路

尿素　　電子伝達系

あ．_____　い．_____　う．_____

A．_____　B．_____

69. 知識 計算 ●呼吸商 ●呼吸商に関する次の各問いに答えよ。

問1．次に示すのは，グルコースとバリンが呼吸によって酸化される際の化学反応式である。それぞれの呼吸商を，小数第3位を四捨五入して小数第2位まで求めよ。

グルコース：$C_6H_{12}O_6 + 6O_2 + 6H_2O \longrightarrow 6CO_2 + 12H_2O$

バ リ ン：$C_5H_{11}O_2N + 6O_2 \longrightarrow 5CO_2 + 4H_2O + NH_3$

グルコース． _____　　　バリン． _____

問2．次に示すのは，トリステアリン（$C_{57}H_{110}O_6$）が酸素で分解される際の化学反応式である。トリステアリンは炭水化物，脂肪，タンパク質のうち，どれであると考えられるか。

$2C_{57}H_{110}O_6 + 163O_2 \longrightarrow 114CO_2 + 110H_2O$ _____

70. 思考 計算 ●発芽種子の呼吸 ●発芽種子の呼吸に関する次の文章を読み，下の各問いに答えよ。

一定量の発芽種子を酸素濃度0～30%の条件下に置き，二酸化炭素発生量（体積）と酸素吸収量（体積）の変化を測定したところ，右図のような結果が得られた。なお，二酸化炭素発生量と酸素吸収量は，酸素濃度20%（空気中の濃度）のときの酸素吸収量を1.00とした相対値で示している。

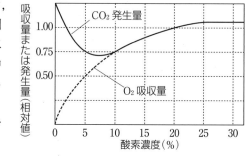

問1．酸素濃度0%，5%，15%のとき，発芽種子中で起きている反応を次から選べ。

① 呼吸　　② アルコール発酵　　③ 呼吸＋アルコール発酵

酸素濃度0%． _____　酸素濃度5%． _____　酸素濃度15%． _____

問2．酸素濃度0%のとき，発芽種子中に増加する物質は何か。次から選べ。

① デンプン　　② クエン酸　　③ エタノール _____

問3．酸素濃度5%，20%のときの呼吸商（RQ）を，それぞれ小数第1位まで答えよ。

酸素濃度5%． _____　酸素濃度20%． _____

問4．酸素濃度20%のとき，呼吸基質は何であると考えられるか。次から選べ。

① 炭水化物　　② タンパク質　　③ 脂肪　　④ 炭水化物＋脂肪 _____

71. 知識 ●酵母の実験 ●10%グルコース水溶液50 mLをビーカーにとり，その中に乾燥酵母5 gを加えてよくかき混ぜ，これを発酵液とする。下図の器具を傾け，盲管部に空気が入らないように注意して発酵液を注ぎ込む。この器具を30℃に保つと，やがて盲管部に気体がたまってくる。次の各問いに答えよ。

問1．右図に示す器具の名称を答えよ。

_____

問2．盲管部にたまった気体の名称を答えよ。

_____

問3．発生した気体以外に生成された物質の名称を答えよ。

_____

問4．発酵液で起きている主な反応の化学反応式を答えよ。

_____

72. 知識 **発酵の過程** ●グルコースを呼吸基質とした微生物の発酵の過程を右図に示した。次の各問いに答えよ。

問1．図中の白矢印と黒矢印の発酵の名称をそれぞれ答えよ。

白矢印．＿＿＿＿＿＿＿＿＿＿＿＿＿＿＿

黒矢印．＿＿＿＿＿＿＿＿＿＿＿＿＿＿＿

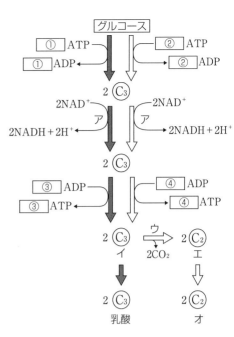

問2．図中の空欄①～④に当てはまる数字を答えよ。

①．＿＿＿＿＿ ②．＿＿＿＿＿ ③．＿＿＿＿＿ ④．＿＿＿＿＿

問3．図中のア，ウの反応に作用する酵素の名称を答えよ。

ア．＿＿＿＿＿＿＿＿＿ ウ．＿＿＿＿＿＿＿＿＿

問4．物質イ，エ，オの名称を答えよ。

イ．＿＿＿＿＿＿＿＿＿ エ．＿＿＿＿＿＿＿＿＿

オ．＿＿＿＿＿＿＿＿＿

問5．グルコースから物質イまでの反応を何というか。

＿＿＿＿＿＿＿＿＿＿＿＿

問6．発酵は，ふつう微生物によって有機物が分解される働きを指すが，グルコースから乳酸が生成される反応は人体でもみられる。この反応の名称を答えよ。

＿＿＿＿＿＿＿＿＿＿＿＿

73. 知識 計算 **酵母の呼吸と発酵** ●酵母をグルコース溶液の中で，異なる条件A・Bで培養して気体の出入りを調べ，右表の結果を得た。次の各問いに答えよ。

条件	O_2吸収量(mL)	CO_2放出量(mL)
A	0	30
B	10	40

問1．酸素がない条件で培養したものは，条件A・Bのどちらか。

＿＿＿＿＿＿＿＿＿＿＿＿

問2．条件Bで，呼吸で放出されたCO_2と発酵で放出されたCO_2はそれぞれ何mLか。

呼吸．＿＿＿＿＿＿＿＿＿ 発酵．＿＿＿＿＿＿＿＿＿

問3．条件Bで，呼吸と発酵で生成したATPの割合を整数比で答えよ。ただし，生成するATP数は最大数で答えること。

呼吸：発酵＝＿＿＿＿＿＿＿＿＿

問4．別のある条件で培養すると，O_2吸収量が3.2g，CO_2放出量が13.2gであった。合計何gのグルコースが分解されたか，計算せよ。ただし，原子量はH＝1，C＝12，O＝16とする。解答は小数第2位を四捨五入して小数第1位まで答えよ。

＿＿＿＿＿＿＿＿＿＿＿＿

思考

74. 光の吸収と光合成速度 ◆右図は，
光合成色素の吸収スペクトルと，ある
緑藻類の光合成の作用スペクトルを示
している。このグラフから考察される
ことを，下の①〜⑤のなかから1つ選
べ。

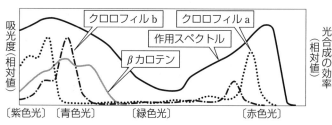

① 光の波長と光合成速度には関係がない。
② βカロテンが吸収した光のエネルギーのみが光合成に利用される。
③ 光合成には，青紫色や青色の光のエネルギーだけが利用される。
④ 光合成色素が吸収した光のエネルギーが光合成に利用される。
⑤ 光合成には，光合成色素が吸収しない光のエネルギーがよく利用される。

💡ヒント
光合成の効率は，光合成色素の吸光度が高い色(波長)で高くなっていることに注目する。

知識

75. 光合成の反応 ◆光合成の
しくみを模式的に示した右図に
ついて，以下の各問いに答えよ。

問1．図中のア〜クに適する語
　　句を次の①〜⑩からそれぞれ
　　選べ。

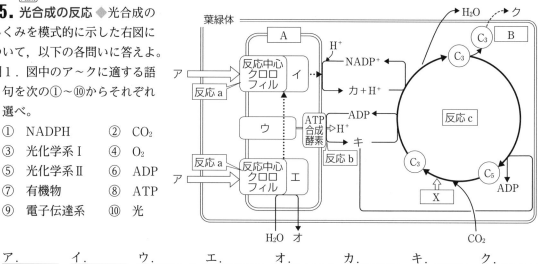

① NADPH 　　② CO_2
③ 光化学系I 　④ O_2
⑤ 光化学系II 　⑥ ADP
⑦ 有機物 　　　⑧ ATP
⑨ 電子伝達系 　⑩ 光

ア．＿＿＿　イ．＿＿＿　ウ．＿＿＿　エ．＿＿＿　オ．＿＿＿　カ．＿＿＿　キ．＿＿＿　ク．＿＿＿

問2．図中のA，Bに当てはまる葉緑体内の部位の名称を答えよ。

A．＿＿＿＿＿＿＿＿＿＿＿＿　　　B．＿＿＿＿＿＿＿

問3．図中の反応a〜cの名称を下の【語群】から選び，それぞれ答えよ。

【語群】 光リン酸化　　酸化的リン酸化　　光化学反応　　クエン酸回路　　カルビン回路

a．＿＿＿＿＿＿＿　　　b．＿＿＿＿＿＿＿　　　c．＿＿＿＿＿＿＿

問4．図中の点線矢印(………▶)は，何の移動を示しているか。

＿＿＿＿＿＿＿＿＿＿＿＿

問5．RuBPとCO_2との反応を促進する図中Xの酵素の略称を答えよ。

＿＿＿＿＿＿＿＿＿＿＿＿

💡ヒント
問2．光合成は，チラコイドで起こる反応とストロマで起こる反応の2つに大きく分けられる。

76. 【知識】 **呼吸のしくみ** ◆右図は，グルコースを呼吸基質とする呼吸の過程を示したものである。

問1．図中のア～カに当てはまる物質名を，次の①～⑨からそれぞれ選べ。

① ピルビン酸　② 電子　③ エタノール
④ 二酸化炭素　⑤ 乳酸　⑥ ATP
⑦ クエン酸　⑧ 酸素　⑨ 水

　ア．＿＿＿＿＿　イ．＿＿＿＿＿　ウ．＿＿＿＿＿

　エ．＿＿＿＿＿　オ．＿＿＿＿＿　カ．＿＿＿＿＿

問2．図中のA，B，Cの反応や反応系の名称を答えよ。

　A．＿＿＿＿＿＿＿＿＿　B．＿＿＿＿＿＿＿＿＿

　C．＿＿＿＿＿＿＿＿＿

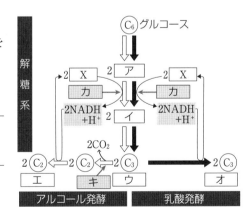

問3．Cの反応について述べた次の文章中の空欄に適する語を記せ。

　AとBの反応で生じた$FADH_2$や（　1　）は，ミトコンドリア内膜の（　2　）に運ばれ，H^+と（　3　）を放出する。（　3　）はシトクロムなどの間を伝達され，それに伴って内膜と外膜の間にH^+が輸送される。このH^+は，（　4　）を通ってマトリックスに拡散し，この過程でATPが産生される。これに似た反応は，植物がもつ細胞小器官の（　5　）にもみられる。ミトコンドリアも（　5　）も，膜をはさんだH^+の（　6　）勾配を利用し，（　4　）を用いてATPを産生する。

　1．＿＿＿＿＿＿＿　2．＿＿＿＿＿＿＿　3．＿＿＿＿＿＿＿

　4．＿＿＿＿＿＿＿　5．＿＿＿＿＿＿＿　6．＿＿＿＿＿＿＿

💡**ヒント**
問3．（　1　）は電子を受け取った電子受容体，（　4　）は酵素の名称である。

77. 【知識】 **発酵の過程** ◆発酵に関する以下の各問いに答えよ。

問1．ATPが消費される過程，および合成される過程を次の①～③のなかから選べ。

① グルコース→ア　② ア→イ　③ イ→ウ

消費される過程．＿＿＿＿＿　合成される過程．＿＿＿＿＿

問2．ウ～オの物質の名称をそれぞれ答えよ。

　ウ．＿＿＿＿＿＿＿　エ．＿＿＿＿＿＿＿

　オ．＿＿＿＿＿＿＿

問3．カ，キに当てはまる酵素名をそれぞれ答えよ。

　　　　　　　　　カ．＿＿＿＿＿＿＿　キ．＿＿＿＿＿＿＿

問4．図中のXは，ア→イの反応を進める際に必要なもので，ウ→エやウ→オの反応過程で生成される。Xの略称を答えよ。

　　　　　　　　　　　　　　　　　　　　　　　＿＿＿＿＿＿＿

💡**ヒント**
問1．図の過程で，グルコース1分子につき，ATPは2分子消費されて4分子合成される。

5 遺伝情報とその発現

1 DNA の構造と複製

❶核酸の構造

(a) **ヌクレオチド**　核酸には DNA と RNA があり，どちらも(^{1}　　　　　)が多数つながってできた高分子化合物である。(^{1}　　　　　)の糖に含まれる5つの炭素は，1′から5′までの番号で呼ばれ，塩基は1′の，リン酸は5′の炭素に結合している。

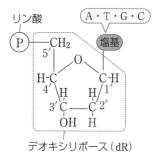

◀DNA のヌクレオチド▶

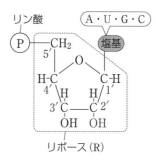

◀RNA のヌクレオチド▶

◀**DNA と RNA の比較**▶

	DNA		RNA		
糖	(^{2}　　　　　　)		(^{3}　　　　　　)		
塩　基	アデニン(A)　　グアニン(G) シトシン(C)　(^{4}　　　　)(T)		アデニン(A)　　グアニン(G) シトシン(C)　(^{5}　　　　)(U)		
分子構造	2本鎖の二重らせん構造		1本鎖		
種　類	──		m(伝令)RNA	t(転移)RNA	rRNA
所　在	核(染色体)，葉緑体，ミトコンドリア		核，細胞質基質		リボソーム
働　き	遺伝子の本体(遺伝情報の担体)		遺伝情報の転写	アミノ酸の運搬	タンパク質合成の場

(b)　**DNA の分子構造**　ヌクレオチド鎖におけるヌクレオチドどうしの結合は，一方の3′の炭素と，他方のリン酸との間に形成されるため，ヌクレオチド鎖には方向性がある(リン酸側は5′末端，糖側は3′末端と呼ばれる)。DNA は，互いに逆向きの2本のヌクレオチド鎖が平行に並び，中央部で塩基どうしが(^{6}　　　　　)で相補的につながっている。A－T間は2か所，G－C間は3か所で水素結合を形成している。

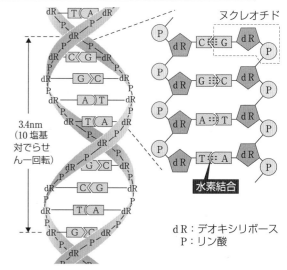

d R：デオキシリボース
P：リン酸

◀DNA の分子構造▶

❷DNA の複製と酵素

　DNA の複製では一方のヌクレオチド鎖をもとの DNA からそのまま受け継ぎ，もう一方のヌクレオチド鎖のみが新しく合成される。このような複製を(^{7}　　　　　)という。

(a) DNA の複製のしくみ

(1) (^{8}　　　　　　　) の塩基間の水素結合が，(^{9}　　　　　　　) によって切断され，二重らせん構造の一部がほどける。

(2) 各ヌクレオチド鎖に，相補的な塩基配列をもつ RNA の短いヌクレオチド鎖 ((^{10}　　　　　)) が結合する。

(3) プライマーを起点に (^{11}　　　　　　　) (**DNA 合成酵素**) によってヌクレオチド鎖が伸長する。(^{11}　　　　　　　) は，伸長中のヌクレオチド鎖の 3′ 末端に，新たにヌクレオチドを付加する。このため，新生鎖は 5′→3′ 方向に伸長する。この性質から，2 本の新生鎖のうち，一方は DNA の開裂方向に連続的に合成されるが，他方は開裂方向とは逆向きに不連続に合成される。連続的に合成されるものを (^{12}　　　　　)，不連続に合成されるものを (^{13}　　　　　) という。

- **岡崎フラグメント** ラギング鎖では，複数の短いヌクレオチド鎖が断続的に合成される。これらの断続的に合成される短いヌクレオチド鎖を (^{14}　　　　　　　) という。これらの鎖が連結されることで，ラギング鎖もみかけ上は開裂方向に伸長する。

(4) プライマーは最終的に除去されて DNA のヌクレオチド鎖に置き換わり，(^{15}　　　　　　　) によってヌクレオチド鎖間の切れ目が連結される。

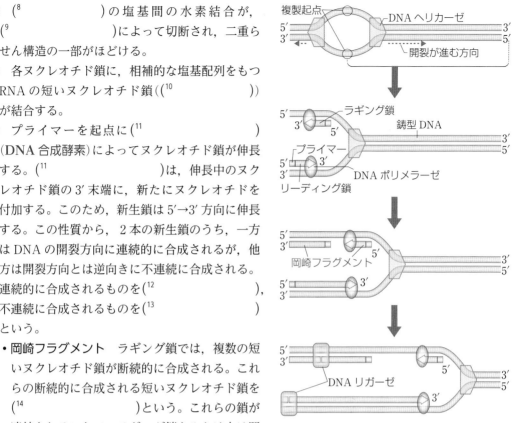

第 5 章　遺伝情報とその発現

2 遺伝子の発現

❶遺伝子の発現

遺伝子の DNA の塩基配列が転写されたり，タンパク質に翻訳されたりすることを遺伝子の**発現**という。DNA の 2 本鎖のうちどちらが転写されるかは遺伝子ごとに決まっており，鋳型となる鎖をアンチセンス鎖 (鋳型鎖)，もう一方をセンス鎖 (非鋳型鎖) という。

(a) 真核生物における転写のしくみ　真核生物の転写は，核内で起こる。

(1) (^{16}　　　　　　　) (転写の開始を決定する領域) に，(^{17}　　　　　　　) (タンパク質の複合体) と (^{18}　　　　　　　) (**RNA 合成酵素**) が結合する。

(2) アンチセンス鎖に相補的な塩基をもつ RNA のヌクレオチドが結合する。

(3) RNA ポリメラーゼによって，RNA のヌクレオチド鎖が 5′→3′ の方向に伸長する。

Answer
1…ヌクレオチド　2…デオキシリボース　3…リボース　4…チミン　5…ウラシル　6…水素結合
7…半保存的複製　8…複製起点　9…DNA ヘリカーゼ　10…プライマー　11…DNA ポリメラーゼ
12…リーディング鎖　13…ラギング鎖　14…岡崎フラグメント　15…DNA リガーゼ　16…プロモーター
17…基本転写因子　18…RNA ポリメラーゼ

i）**スプライシング**　真核生物では，ふつう，転写された RNA（mRNA 前駆体）の一部が取り除かれて mRNA がつくられる。この過程を（¹　　　　　　　　　）と呼ぶ。
- （²　　　　　　　）　スプライシングで取り除かれる部分に対応する DNA の領域。
- （³　　　　　　　）　イントロン以外の DNA の領域。

ii）**選択的スプライシング**　mRNA 前駆体から mRNA がつくられるとき，取り除かれる部位の違いによって異なる mRNA がつくられる現象を，（⁴　　　　　　　　　　　）という。この現象により，遺伝子の種類よりも多くの種類のタンパク質が合成される。

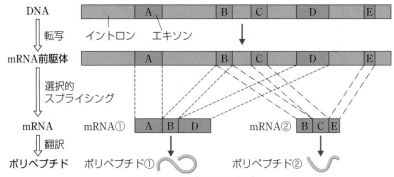

◀**選択的スプライシング**▶

(b)　**翻訳のしくみ**　タンパク質が合成される過程を**翻訳**という。
- **トリプレット**　連続する塩基 3 つの並び。塩基は 4 種類あるため，その組み合わせは $4^3＝64$ 通りある。
- （⁵　　　　　　　）　mRNA のトリプレットを特に（⁵　　　　　　　　）と呼ぶ。
- （⁶　　　　　　　）　tRNA がもつ mRNA のコドンと相補的なトリプレット。
- （⁷　　　　　　　）　翻訳が行われる場。（⁸　　　　　　　　　）（リボソーム RNA）とタンパク質からなる。
- （⁹　　　　　　　）　64種類のコドンとタンパク質を構成する20種類のアミノ酸との対応を示した表。

◀**遺伝暗号表**▶

		コドンの2番目の塩基					
		U	C	A	G		
コドンの1番目の塩基	U	UUU フェニル UUC アラニン UUA ロイシン UUG	UCU UCC セリン UCA UCG	UAU チロシン UAC UAA 終止 UAG	UGU システイン UGC UGA 終止 UGG トリプトファン	U C A G	コドンの3番目の塩基
	C	CUU CUC ロイシン CUA CUG	CCU CCC プロリン CCA CCG	CAU ヒスチジン CAC CAA グルタミン CAG	CGU CGC アルギニン CGA CGG	U C A G	
	A	AUU AUC イソロイシン AUA AUG メチオニン(開始)	ACU ACC トレオニン ACA ACG	AAU アスパラギン AAC AAA リシン AAG	AGU セリン AGC AGA アルギニン AGG	U C A G	
	G	GUU GUC バリン GUA GUG	GCU GCC アラニン GCA GCG	GAU アスパラギン酸 GAC GAA グルタミン酸 GAG	GGU GGC グリシン GGA GGG	U C A G	

ⅰ）真核生物における翻訳の過程

(1) 合成された mRNA は，核膜孔を通って細胞質基質へ移動し，タンパク質合成の場であるリボソームと結合して複合体を形成する。

(2) 細胞質基質中で，tRNA は特定のアミノ酸と結合し，これをリボソームと結合した mRNA に運ぶ。

(3) コドンに対応したアンチコドンをもつ tRNA が，mRNA に結合する。運ばれてきたアミノ酸どうしは，(^{10}　　　　　　　　)によって連結される。

(4) リボソームは mRNA 上をコドン 1 個分ずつ移動し続け，tRNA は次々とアミノ酸を運び，ポリペプチドが合成される。

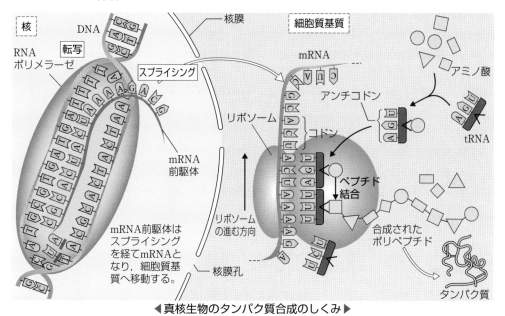

◀真核生物のタンパク質合成のしくみ▶

(c) **原核生物の転写と翻訳**　原核細胞は核膜をもたず，DNA は細胞質基質中に存在する。また，ふつう遺伝子にはイントロンが存在せず，スプライシングは起こらない。したがって，転写がはじまると，ただちに翻訳がはじまる。合成中の mRNA にはリボソームが次々に付着し，それらが mRNA 上を移動してポリペプチドが合成される。

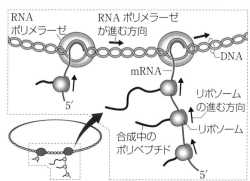

発展　逆転写

　RNA を鋳型として DNA を合成することを逆転写という。ウイルスのなかには，RNA を遺伝物質としてもつものがあり，このようなウイルスのなかには逆転写によって合成した DNA を宿主のDNA に挿入し，宿主の細胞とともに増殖するものがある。

Answer ⟩ ....

1…スプライシング　2…イントロン　3…エキソン　4…選択的スプライシング　5…コドン　6…アンチコドン
7…リボソーム　8…rRNA　9…遺伝暗号表　10…ペプチド結合

1. DNA の 2 本のヌクレオチド鎖の塩基どうしは，何という結合で相補的につながっているか。

2. もとの DNA の一方のヌクレオチド鎖が，複製された DNA にそのまま受け継がれる複製を何というか。

3. DNA の複製で，ヌクレオチドどうしを連結し，新たなヌクレオチド鎖の形成に関わる酵素を何というか。

4. DNA の複製開始点となる短いヌクレオチド鎖を何というか。

5. DNA の複製で，開裂が進む方向へ連続的に合成されるヌクレオチド鎖を何というか。

6. ラギング鎖で，連結される前の短いヌクレオチド鎖を何というか。

7. RNA ポリメラーゼなどが結合し転写の開始に関与する，DNA の領域を何というか。

8. 転写を開始する際，プロモーターに結合し，RNA ポリメラーゼに認識される複数のタンパク質を何というか。

9. 真核生物で，RNA 合成の後，RNA のヌクレオチド鎖の一部が取り除かれて mRNA がつくられる過程を何というか。

10. スプライシングで取り除かれる部分に相当する DNA 領域を何というか。

11. スプライシングで取り除かれる部位が変化し，1 種類の mRNA 前駆体から 2 種類以上の mRNA が合成される現象を何というか。

12. アミノ酸 1 つを指定する mRNA のトリプレットを特に何というか。

13. 細胞内で，翻訳が行われる場となる構造体を何というか。

14. リボソームにアミノ酸を運搬する RNA を特に何というか。

◢ **Answer** ▶ ………………………………………………………

1. 水素結合　**2.** 半保存的複製　**3.** DNA ポリメラーゼ(DNA 合成酵素)　**4.** プライマー　**5.** リーディング鎖
6. 岡崎フラグメント　**7.** プロモーター　**8.** 基本転写因子　**9.** スプライシング　**10.** イントロン
11. 選択的スプライシング　**12.** コドン　**13.** リボソーム　**14.** tRNA(転移 RNA)

基本例題9　DNAの複製　　　⇒基本問題 79, 80

解説動画

DNAの複製は，まず部分的に2本鎖がほどけて開裂する。この開裂の起点となる領域を（　a　）と呼ぶ。開裂した部分では，（　b　）と呼ばれるRNAの短いヌクレオチド鎖が合成され，これを起点として，（　c　）(DNA合成酵素)がヌクレオチドどうしを結合してヌクレオチド鎖を伸長させる。（　b　）は，最終的にDNAのヌクレオチドに置き換えられ，（　d　）によってヌクレオチド鎖の切れ目が連結される。

(1)　文中の（　　）に適切な語を答えよ。

(2)　下図①〜④のなかからリーディング鎖が合成されているようすを正しく表したものを1つ選び，番号で答えよ。

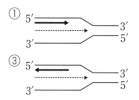
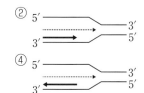

——　鋳型となるヌクレオチド鎖
——▶　リーディング鎖の合成方向
······▶　DNAヘリカーゼの進行方向

考え方　DNAの複製では，まずDNAヘリカーゼによって2本鎖DNAが1本鎖に開裂する。DNAポリメラーゼは，伸長中のヌクレオチド鎖の3′末端にヌクレオチドを付加していく。そのため，新しいヌクレオチド鎖は5′→3′方向へのみ伸長する。開裂の方向と同じ向きに連続的に合成されるヌクレオチド鎖をリーディング鎖，逆方向に不連続に合成されるものをラギング鎖という。

解答　(1)a…複製起点
b…プライマー
c…DNAポリメラーゼ
d…DNAリガーゼ
(2)②

基本例題10　転写と翻訳　　　⇒基本問題 84

解説動画

右図は，真核生物においてタンパク質が合成される過程を模式的に示したものである。次の各問いに答えよ。

(1)　図中ア，イの物質を何というか。

(2)　DNAの情報にもとづいてウの分子がつくられる過程を何と呼ぶか。

(3)　タンパク質は，多数のアミノ酸がつながってできたものである。このアミノ酸どうしの結合を何というか。

(4)　Aは，ある構造を示している。その名称と働きを答えよ。

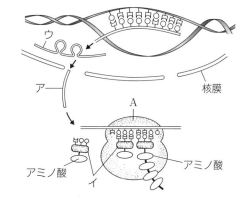

考え方　(2)遺伝情報の流れは，[DNA→(転写)→(スプライシング)→mRNA→(翻訳)→タンパク質]の順である。転写は核内で，翻訳はリボソームで行われる。

(4)リボソームは粒状の構造で，遺伝情報が翻訳され，アミノ酸どうしが結合してタンパク質が合成される場となる。

解答　(1)ア…mRNA
イ…tRNA
(2)転写　(3)ペプチド結合
(4)リボソーム，タンパク質の合成

78. DNAの構造 知識 ●次の文章を読み，以下の各問いに答えよ。

DNAは，主に核内に存在する核酸の一種であり，（　ア　）と呼ばれる構造単位のくり返された分子である。（　ア　）は，糖，リン酸および塩基からなり，DNAの（　ア　）を構成する糖は（　イ　）である。（　イ　）に含まれる5つの炭素は，1′から5′までの番号で呼ばれ，塩基は（　ウ　）番の，リン酸は（　エ　）番の炭素に結合している。（　ア　）どうしは，リン酸と他の（　ア　）の糖の（　オ　）番の炭素との間で結合が生じて鎖状となる。

問1．文中の（　　　）に適切な語または数字を答えよ。

ア.＿＿＿＿＿＿＿＿＿＿＿＿　イ.＿＿＿＿＿＿＿＿＿＿＿＿

ウ.＿＿＿＿＿＿＿＿＿＿＿＿　エ.＿＿＿＿＿＿＿＿＿＿＿＿

オ.＿＿＿＿＿＿＿＿＿＿＿＿

問2．DNAの（　ア　）の構造を示したものを，次の①〜③のなかから1つ選び，番号で答えよ。なお，図中の℗はリン酸を表す。

① 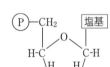　② 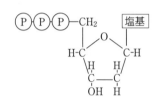　③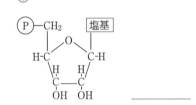

＿＿＿＿＿＿＿

79. DNAの複製と酵素 知識 ●次の文章を読み，以下の各問いに答えよ。

DNAが複製される際には，複製起点に酵素Aが作用して塩基間の（　ア　）結合が切断され，二重らせん構造が開裂される。次に，複製開始部のヌクレオチド鎖に相補的な短い（　イ　）が合成される。この短い（　イ　）は（　ウ　）と呼ばれる。酵素Bの働きによって（　ウ　）に続けて次々とヌクレオチドが結合し，新しい鎖が伸長する。

DNAの2本のヌクレオチド鎖どうしは，方向性が逆向きになって結合している。このため，複製時の開裂部分で新たに合成されるヌクレオチド鎖のうち，一方は開裂が進む方向と同じ向きに連続的に合成され，他方は開裂が進む方向と逆向きに不連続に合成される。このとき，連続的に合成される鎖を（　エ　）鎖といい，不連続に合成される鎖を（　オ　）鎖という。（　オ　）鎖において，不連続に合成された短いヌクレオチド鎖は，酵素Cの働きによって連結される。

問1．文中の（　　　）に適切な語を答えよ。

ア.＿＿＿＿＿＿＿＿＿　イ.＿＿＿＿＿＿＿＿＿　ウ.＿＿＿＿＿＿＿＿＿

エ.＿＿＿＿＿＿＿＿＿　オ.＿＿＿＿＿＿＿＿＿

問2．文中の酵素A〜Cとして最も適切なものを次の①〜⑤のなかから1つずつ選び，それぞれ番号で答えよ。

① DNAホスファターゼ　② DNAキナーゼ　③ DNAヘリカーゼ

④ DNAポリメラーゼ　⑤ DNAリガーゼ

酵素A.＿＿＿＿＿＿　酵素B.＿＿＿＿＿＿　酵素C.＿＿＿＿＿＿

80. [知識] **DNA の複製のしくみ** ●DNA の複製のしくみについて，以下の各問いに答えよ。

問１．DNA の複製がはじまるとき，DNA の特定の領域の二重らせん構造が
開裂する。この領域を何というか。＿＿＿＿＿＿＿

問２．DNA の複製において，ヌクレオチド鎖が合成されている領域の一部を示した模式図として，適切なものを次の①〜⑧のなかからすべて選び，番号で答えよ。なお，矢印の向きは，新しく合成されるヌクレオチド鎖の合成方向を示している。

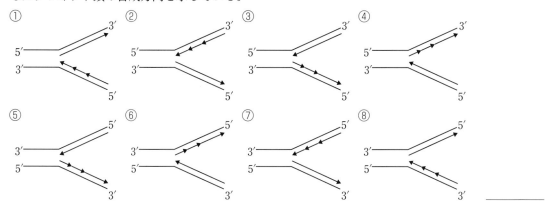

＿＿＿＿＿＿＿

81. [思考] **半保存的複製** ●DNA の複製に関する次の文章を読み，以下の各問いに答えよ。

大腸菌を ^{15}N が含まれる塩化アンモニウムを窒素源とする培地で何世代も培養し，大腸菌の DNA に含まれる窒素を ^{15}N に置き換えた。この菌をふつうの窒素 ^{14}N を含む培地に移し，何回か細胞分裂を行わせた。(1) ^{14}N を含む培地に移す前の大腸菌，(2) 移してから1回目の分裂をした大腸菌，(3) 2回目の分裂をした大腸菌，(4) 3回目の分裂をした大腸菌，(5) 4回目の分裂をした大腸菌から，それぞれ DNA を取り出して塩化セシウム溶液に混ぜ，遠心分離した。下図A〜Gは，予想される DNA の分離パターンを示したものである。ただし，各層の DNA の量は等しく示されている。

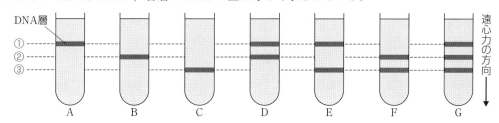

問１．上の図に示された①〜③の各層の DNA には，どの種類のNが含まれるか。次のア〜ウのなかからそれぞれ選べ。

ア．^{14}N のみ　　イ．^{15}N のみ　　ウ．^{14}N と ^{15}N の両方

①.＿＿＿＿＿　②.＿＿＿＿＿　③.＿＿＿＿＿

問２．下線部(1)〜(5)の大腸菌から得られる DNA 層を示す図はどれか。A〜Gのなかからそれぞれ選べ。ただし，同じものを何度選んでもよい。

(1).＿＿＿＿　(2).＿＿＿＿　(3).＿＿＿＿　(4).＿＿＿＿　(5).＿＿＿＿

問３．下線部(3)〜(5)の大腸菌から得られる DNA 層の量の比はどうなるか。それぞれについて①：②：③＝1：1：1のように，最も簡単な整数比で答えよ。

(3).＿＿＿＿＿＿＿　(4).＿＿＿＿＿＿＿

(5).＿＿＿＿＿＿＿

82. 転写のしくみ ●転写のしくみに関する次の文章を読み，以下の各問いに答えよ。

転写では，DNAの2本のヌクレオチド鎖のうち，一方の鎖のみが鋳型となる。どちらのヌクレオチド鎖が鋳型となるかは遺伝子ごとに異なっている。したがって，1本のヌクレオチド鎖全体では，鋳型となる部分とならない部分の両方が存在する。次の図は，転写のようすを表した模式図である。

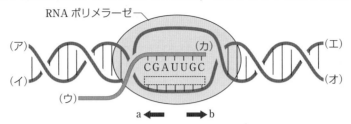

問1．鋳型となる鎖の5′末端とRNAの5′末端を，図中のア～カのなかからそれぞれ選べ。

鋳型となる鎖．＿＿＿＿＿　　　RNA．＿＿＿＿＿

問2．転写の進行方向は図中の矢印 a，b のうちどちらか答えよ。

＿＿＿＿＿＿＿＿

問3．転写されたRNAの一部の配列を図中に表記した。この部分を転写するときに鋳型となった鎖の塩基配列を，5′末端を左として順にA，T，G，Cを用いて答えよ。

＿＿＿＿＿＿＿＿

83. 真核生物のmRNA合成 ●動物細胞では，DNAから転写されたRNAはある過程を経てmRNAとなり，核膜孔を通過した後，細胞質基質のリボソームで翻訳される。転写されたRNAは，(ア)塩基配列がアミノ酸に翻訳される部分をもつ。しかし，mRNAの鋳型となるDNAには，mRNAに相補的なDNA配列がそのまま存在しているのではなく，下図のように(イ)いくつかの翻訳されないDNA配列が余分に入り込んでいる。下図は，鋳型となるDNAにおける，mRNAに写し取られる遺伝子の構造を模式的に示したものである。いま，図に示される2本鎖DNAと，そこから転写されたmRNAを試験管の中で混合し，高温で2本鎖DNAを解離した後，(ウ)徐々に冷やしてmRNAとその相補的なDNA配列を結合させた。

問1．下線部(ア)に対応するDNAの領域を何というか。

＿＿＿＿＿＿＿＿

□□■□■□□：翻訳されるDNA配列

■■■■■■■：翻訳されないDNA配列

問2．下線部(イ)の名称を何というか。

＿＿＿＿＿＿＿＿

問3．転写されたRNAから下線部(イ)が取り除かれていく過程を何というか。

＿＿＿＿＿＿＿＿

問4．下線部(ウ)の構造物は，下の①～⑥のうちどれが最も適当か。番号で答えよ。

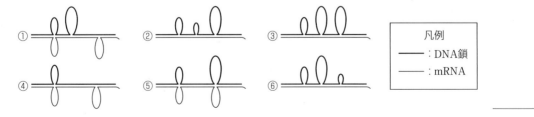

凡例
―――：DNA鎖
―――：mRNA

84. DNAの転写と翻訳 ●次の文章を読み，以下の各問いに答えよ。

思考

DNAの遺伝情報はmRNAに伝えられ，その情報にもとづいて特定のアミノ酸と結合したtRNAが運ばれ，情報どおりの順序にアミノ酸がペプチド結合でつながれて特定のタンパク質ができる。右図は，このような遺伝情報の流れを模式的に示している。

問1．図中のア，イ，ウに相当する塩基配列を示せ。（アンチコドン）

ア．_____　　イ．_____

ウ．_____

問2．下の遺伝暗号表を参考に，エとオに相当するアミノ酸名を答えよ。

エ．_____　　オ．_____

問3．転写された遺伝情報が翻訳される場となる粒状の構造を答えよ。

_____

1番目の塩基	2番目の塩基				3番目の塩基
	U	C	A	G	
U	フェニルアラニン	セ リ ン	チ ロ シ ン	システイン	U
	フェニルアラニン	セ リ ン	チ ロ シ ン	システイン	C
	ロ イ シ ン	セ リ ン	（終 止）	（終 止）	A
	ロ イ シ ン	セ リ ン	（終 止）	トリプトファン	G
C	ロ イ シ ン	プ ロ リ ン	ヒスチジン	アルギニン	U
	ロ イ シ ン	プ ロ リ ン	ヒスチジン	アルギニン	C
	ロ イ シ ン	プ ロ リ ン	グルタミン	アルギニン	A
	ロ イ シ ン	プ ロ リ ン	グルタミン	アルギニン	G
A	イソロイシン	ト レ オ ニ ン	アスパラギン	セ リ ン	U
	イソロイシン	ト レ オ ニ ン	アスパラギン	セ リ ン	C
	イソロイシン	ト レ オ ニ ン	リ シ ン	アルギニン	A
	メチオニン（開始）	ト レ オ ニ ン	リ シ ン	アルギニン	G
G	バ リ ン	ア ラ ニ ン	アスパラギン酸	グ リ シ ン	U
	バ リ ン	ア ラ ニ ン	アスパラギン酸	グ リ シ ン	C
	バ リ ン	ア ラ ニ ン	グルタミン酸	グ リ シ ン	A
	バ リ ン	ア ラ ニ ン	グルタミン酸	グ リ シ ン	G

85. 原核生物の転写と翻訳 ●下図は，原核生物のある遺伝子からDNAの塩基配列に従ってタンパク質が合成されるようすを示している。これについて，次の各問いに答えよ。

思考 **論述**

問1．プロモーターの位置，DNAのセンス鎖の5′末端側，mRNAの3′末端側を，図の(A)～(D)のなかから選び，記号で答えよ。同じ記号を何度用いてもよい。

プロモーターの位置．_____

DNAセンス鎖の5′側．_____

mRNAの3′側．_____

問2．転写開始からタンパク質が合成されるまでの時間は，一般に真核生物より原核生物の方が短いとされる。このことの根拠として考えられる原核生物における転写と翻訳の特徴を20字以内で答えよ。

_____

86. DNAの複製と遺伝情報の発現 ◆次の(1)～(7)のうち，真核生物のDNAの複製に関するものには①を，真核生物の転写と翻訳の過程に関するものには②を，両方に関するものには③を答えよ。

(1) イントロンに対応する領域が取り除かれる。

(2) 塩基どうしが相補的に結合する。

(3) mRNAの塩基配列をもとに，新たなタンパク質が合成される。

(4) DNAの2本の鎖のうち，一方は鋳型にならない。

(5) DNAポリメラーゼによって新たなヌクレオチド鎖ができる。

(6) 複製起点から開裂がはじまり，最初にプライマーが合成される。

(7) 新しく合成されたヌクレオチド鎖には，チミンが含まれる。

(1).＿＿＿ (2).＿＿＿ (3).＿＿＿ (4).＿＿＿ (5).＿＿＿ (6).＿＿＿ (7).＿＿＿

💡ヒント
DNAの複製の際には，元のDNAと同じ塩基配列をもつDNAができ，転写・翻訳ではタンパク質ができる。

87. 遺伝情報の発現 ◆右図は遺伝情報の発現の過程を模式的に示したものである。遺伝情報の発現の過程を説明した次の(a)～(e)の文中の空欄ア～コに適語を入れ，(a)～(e)を正しい順序に並べ替えよ。

(a) リボソームが，細胞質基質に運ばれた（ ア ）に結合する。

(b) DNAの（ イ ）に基本転写因子が結合し，（ ウ ）という酵素の働きによって，DNAの塩基配列をもとにRNAが合成される。この過程を（ エ ）という。

(c) （ ア ）の塩基3つからなる（ オ ）に対応するアンチコドンをもつ（ カ ）が結合する。

(d) 核内で，RNAから（ キ ）に対応する領域が除去され，（ ク ）に対応する領域がつながれて（ ア ）が完成する。この過程を（ ケ ）という。

(e) （ カ ）の運んできたアミノ酸どうしは（ コ ）結合でつながり，タンパク質となる。

ア.＿＿＿＿ イ.＿＿＿＿ ウ.＿＿＿＿

エ.＿＿＿＿ オ.＿＿＿＿ カ.＿＿＿＿

キ.＿＿＿＿ ク.＿＿＿＿ ケ.＿＿＿＿

コ.＿＿＿＿ 順番.＿＿ → ＿＿ → ＿＿ → ＿＿ → ＿＿

💡ヒント
セントラルドグマ（DNA→RNA→タンパク質）に従って転写，翻訳が行われる。

88. 遺伝情報の発現と突然変異 ◆真核生物において，DNAのもつ遺伝情報からのタンパク質の合成は以下のように行われる。まず，核内においてDNAの鋳型鎖からRNAが合成される。この過程を（ 1 ）という。その後，RNAから（ 2 ）に対応する領域がスプライシングによって取り除かれることで，（ 3 ）に対応する領域のみから構成されるmRNAとなる。

下図に示されている遺伝子Yのように，真核生物では，スプライシングによって取り除かれる領域が異なると，1つの遺伝子から複数種類のmRNAが合成されることがある。これを（　4　）という。遺伝子Yの場合，A～Cの3種類のmRNAが合成され，それぞれのmRNAから異なるアミノ酸配列のタンパク質が合成される。

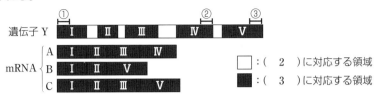

遺伝子 Y 上の①～③の塩基配列（非鋳型鎖を示す。）
①：5′-CCAACTATGGATTCCCCT-3′　②：5′-GCCATAAACCGCAGCGGGG-3′
③：5′-ACGTAAACACGTCTAGAAC-3′
図　遺伝子 Y および mRNA(A ～ C)の構造(上)と遺伝子 Y の部分配列(①～③)(下)

問1．文章中の空欄（　1　）～（　4　）に当てはまる語を答えよ。

1. _____　2. _____　3. _____　4. _____

問2．遺伝子Yの①の配列に対応するアミノ酸配列を，下表を参考にして記せ。ただし，①の配列には開始コドンが含まれているものとする。

表　mRNA の遺伝暗号表

		2番目の塩基								
		U		C		A		G		
1番目の塩基	U	UUU / UUC	フェニルアラニン	UCU / UCC	セリン	UAU / UAC	チロシン	UGU / UGC	システイン	U / C	3番目の塩基
		UUA / UUG	ロイシン	UCA / UCG		UAA / UAG	終止コドン	UGA	終止コドン	A	
								UGG	トリプトファン	G	
	C	CUU / CUC / CUA / CUG	ロイシン	CCU / CCC / CCA / CCG	プロリン	CAU / CAC	ヒスチジン	CGU / CGC / CGA / CGG	アルギニン	U / C / A / G	
						CAA / CAG	グルタミン				
	A	AUU / AUC / AUA	イソロイシン	ACU / ACC / ACA / ACG	トレオニン	AAU / AAC	アスパラギン	AGU / AGC	セリン	U / C	
		AUG	メチオニン（開始コドン）			AAA / AAG	リシン	AGA / AGG	アルギニン	A / G	
	G	GUU / GUC / GUA / GUG	バリン	GCU / GCC / GCA / GCG	アラニン	GAU / GAC	アスパラギン酸	GGU / GGC / GGA / GGG	グリシン	U / C	
						GAA / GAG	グルタミン酸			A / G	

問3．図中のA～Cの各mRNAで認識される終止コドンは，遺伝子Yの②または③の配列中に含まれていた。しかし，②または③に1塩基の欠失が起こった結果，合成されるタンパク質がアミノ酸3つ分だけ長くなった。このとき，タンパク質が長くなったmRNAをA～Cからすべて選べ。なお，スプライシングによって取り除かれる領域は，変異前と変異後で変化しなかった。

（弘前大改題）

💡ヒント
問2，3．翻訳は開始コドンからはじまり，終止コドンで停止する。非鋳型鎖の塩基配列のTをUに置き換えたものが，そのままmRNAの塩基配列になる。

6 | 遺伝子の発現調節と発生

1 遺伝子の発現調節

❶遺伝子の発現調節

(a) **遺伝子発現と分化** 多細胞生物のからだを構成するすべての細胞は，基本的に同一の
(^{1}　　　　　　　)をもつ。それにもかかわらず，異なる形態や機能をもつ細胞が存在するのは，細胞
の種類に応じて遺伝子の発現が調節され，細胞の(^{2}　　　　　　)が起こるためである。

(b) **調節タンパク質による遺伝子の発現調節** 遺伝子の発現調節には，(^{3}　　　　　　　　　)と総称
されるDNAの塩基配列が関わる。(^{3}　　　　　　　　　)に結合し，遺伝子の発現を調節するタン
パク質は(^{4}　　　　　　　　)と呼ばれ，その合成に関与する遺伝子は(^{5}　　　　　　　　)と呼ば
れる。(^{4}　　　　　　　)のうち，転写を促進するものを(^{6}　　　　　　　)，転写を抑制す
るものを(^{7}　　　　　　)という。

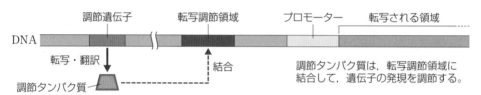

◀調節タンパク質による遺伝子の発現調節▶

参考 一遺伝子一酵素説

「1つの遺伝子が1つの酵素の合成に関与する」という説を，(^{8}　　　　　　　　　　)という。
アカパンカビの野生株は，糖や無機塩類など成長に必要な最少の栄養素を含む培地（最少培地）で生
育できる。この胞子にX線を当て，突然変異を生じさせると，最少培地では生育できないが，特定
のアミノ酸を与えると生育できる栄養要求株が得られる。このうち，アルギニンを与えると生育で
きるものをアルギニン要求株といい，Ⅰ型，Ⅱ型，Ⅲ型の3種類がある。3種類の株に異なる栄養
素を与える実験の結果から，アルギニンの合成過程は下図のようであることがわかった。

最少培地に加えたアミノ酸		なし	オルニチン	シトルリン	アルギニン
野生株		+	+	+	+
アルギニン要求株	Ⅰ型	−	+	+	+
	Ⅱ型	−	−	+	+
	Ⅲ型	−	−	−	+

＋：生育する　－：生育しない

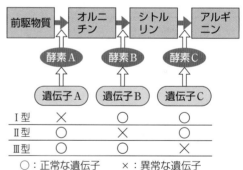

	遺伝子A	遺伝子B	遺伝子C
Ⅰ型	×	○	○
Ⅱ型	○	×	○
Ⅲ型	○	○	×

○：正常な遺伝子　×：異常な遺伝子

◀アルギニン要求株と遺伝子▶

---

❷原核生物における遺伝子発現の調節

原核生物では，機能的に関連のある遺伝子が隣接して存在し，まとめて転写されることが多い。こ
のような遺伝子群を(^{9}　　　　　　)といい，その転写調節領域には(^{10}　　　　　　　　)と呼ばれる
領域などがある。(^{10}　　　　　　)には調節タンパク質が結合し，(^{9}　　　　　　　)の発現を調節
する。

(a) (¹¹　　　　　　　　　　　　　)

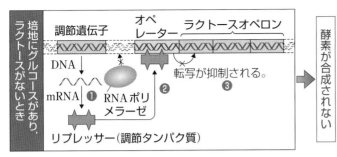

① 調節遺伝子によって，リプレッサーが合成される。
② リプレッサーがオペレーターに結合する。
③ その結合によって，RNAポリメラーゼが結合できず，β－ガラクトシダーゼ遺伝子などが転写されない。

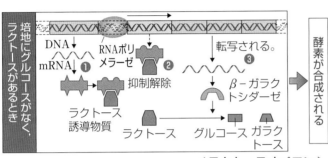

① 調節遺伝子によって，リプレッサーが合成される。
② リプレッサーはラクトース誘導物質と結合してオペレーターから離れ，オペレーターの抑制が解除される。
③ RNAポリメラーゼがDNAに結合し，β－ガラクトシダーゼ遺伝子などが転写される。

◀ ラクトースオペロン ▶

(b) (¹²　　　　　　　　　　　　　)

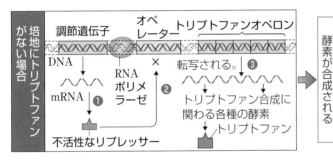

① 調節遺伝子が転写され，不活性なリプレッサーが合成される。
② 不活性なリプレッサーはオペレーターに結合しない。
③ RNAポリメラーゼがプロモーターに結合し，トリプトファン合成に関わる各種の酵素の遺伝子が発現する。

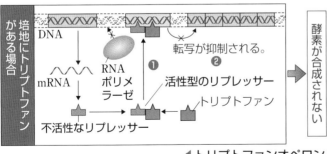

① 不活性なリプレッサーがトリプトファンと結合して活性型のリプレッサーとなり，オペレーターに結合する。
② RNAポリメラーゼはプロモーターと結合できず，転写が起こらないため，トリプトファン合成酵素は合成されない。

◀ トリプトファンオペロン ▶

Answer▶

1…ゲノム　2…分化　3…転写調節領域　4…調節タンパク質　5…調節遺伝子　6…アクチベーター
7…リプレッサー　8…一遺伝子一酵素説　9…オペロン　10…オペレーター　11…ラクトースオペロン
12…トリプトファンオペロン

❸真核生物における遺伝子の発現調節

(a) **染色体の構造と転写** 真核生物では，DNA が(^{1})に巻きついてできたヌクレオソームが，基本構造となっている。これが数珠状につながった繊維状の構造はさらに折りたたまれて，(^{2})と呼ばれる構造を形成する。(^{2})の構造が緩んでいる部分には，転写に必要なタンパク質が DNA に結合でき，転写が起こる。一方，高次構造が緩んでいない部分では，転写が起こらない。

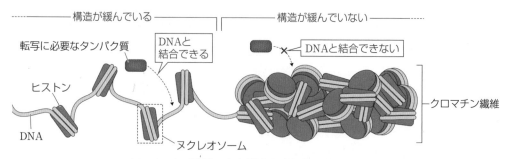

◀クロマチン繊維の高次構造と遺伝子の発現▶

(b) **真核生物における遺伝子の発現調節** 真核生物では，調節タンパク質の多くは転写調節領域に結合したあと，基本転写因子に作用して RNA ポリメラーゼの DNA への結合を促進または抑制する。ふつう，1 つの遺伝子に複数の転写調節領域が存在し，それぞれに特定の調節タンパク質が結合することで，遺伝子の発現が調節される。発現調節の程度は，調節タンパク質の種類や組み合わせにより異なる。また，発現調節作用は，各種の調節タンパク質が基本転写因子に作用することで統合される。

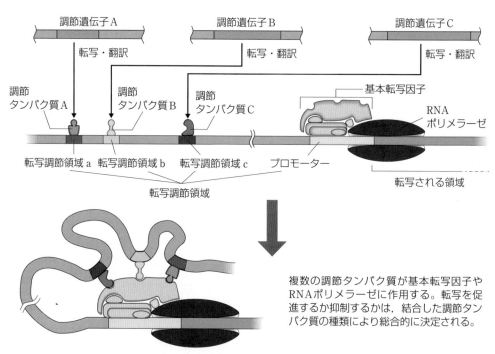

◀調節タンパク質による遺伝子の発現調節▶

2 発生と遺伝子発現

❶動物の配偶子形成と受精

(a) **配偶子形成**　1個の一次母細胞から，卵は1個，精子は4個できる。

　ⅰ）卵形成　(^{3}　　　　　　)が体細胞分裂をくり返して増殖し，一部が(^{4}　　　　　　　)となり，(^{5}　　　　　　)を開始する。(^{5}　　　　　　)では不均等な細胞質分裂が起こり，第一分裂では(^{6}　　　　　　　)と第一極体が，第二分裂では(^{7}　　　)と第二極体が生じる。

　ⅱ）精子形成　体細胞分裂をくり返して増殖した(^{8}　　　　　　)の一部が体細胞分裂を停止して成長し，(^{9}　　　　　　)となる。この細胞は減数分裂を行い，(^{10}　　　　　　)を経て(^{11}　　　)となる。さらに，(^{11}　　　)は変形して(^{12}　　　)となる。

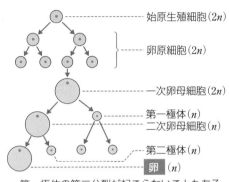
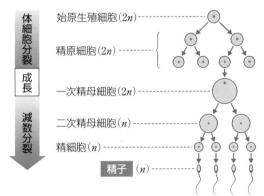

第一極体の第二分裂が起こらないこともある。

◀卵・精子の形成▶

(b) **動物の受精**　精子が卵に進入し，卵の核(n)と精核(n)が融合して(^{13}　　　　　)($2n$)ができる。

　ⅰ）ウニの受精過程　精子はタンパク質分解酵素などを放出し，ゼリー層に進入して先体突起と呼ばれる構造体を伸ばす。先体突起が卵の細胞膜と融合すると，細胞膜の直下にある表層粒の内容物が放出され，卵黄膜が硬化する。硬化した卵黄膜は細胞膜から離れて(^{14}　　　　　)となる。進入した精子から放出された精核が，卵の核と融合することで受精が完了する。

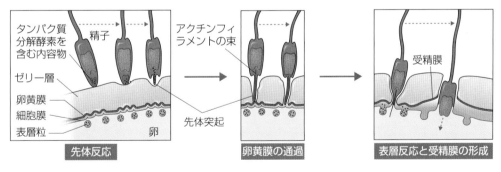

◀ウニの受精過程▶

　ⅱ）ヒトの受精過程　ヒトでは，第二分裂中期で休止していた二次卵母細胞が卵巣から排卵され，精子の進入で減数分裂を再開し，第二極体を放出して卵となる。その後，輸卵管を進む過程で受精が完了する。

Answer

1…ヒストン　2…クロマチン繊維　3…卵原細胞　4…一次卵母細胞　5…減数分裂　6…二次卵母細胞　7…卵
8…精原細胞　9…一次精母細胞　10…二次精母細胞　11…精細胞　12…精子　13…受精卵　14…受精膜

(c) **卵割** 発生初期の胚で起こる連続した体細胞分裂のことを(^{1} ）と呼び，卵割によって生じる細胞を(^{2} ）という。各割球は成長せずに分裂するため，卵割の進行に伴い，各割球は小さくなっていく。また，初期の卵割では，各割球はほぼ同時に分裂する。

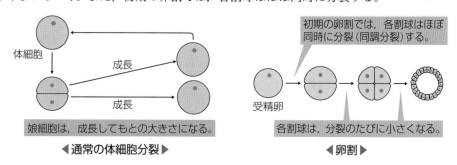

◀通常の体細胞分裂▶　　　　◀卵割▶

❷ショウジョウバエの発生における遺伝子の発現調節

受精卵から多細胞生物のからだが形成される過程を(^{3} ）と呼ぶ。節足動物の発生は，体軸の決定，胚の区画化，各区画における分化の方向の決定という過程を経て進み，各段階で遺伝子の発現調節が関与している。

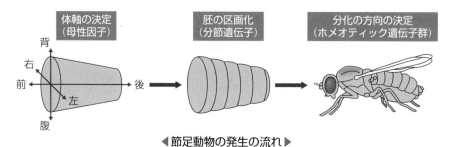

◀節足動物の発生の流れ▶

(a) **母性因子** 母体の細胞で合成されて卵に貯えられる物質のうち，発生過程に影響を及ぼすものを(^{4} ）と呼ぶ。ショウジョウバエの未受精卵では，(^{4} ）として前端部に(^{5} ）mRNA が，後端部に(^{6} ）mRNA が局在している。

i）**母性因子による体軸の決定** 受精後にビコイド mRNA とナノス mRNA から翻訳されたタンパク質は，受精卵の細胞質中を拡散し，前後軸に沿った(^{7} ）を形成する。これらのタンパク質は(^{8} ）として作用し，それぞれの濃度に応じて，分節遺伝子の発現を制御する。このように，母性因子の濃度に応じて，からだの前後軸に沿った胚の区画化が進行する。

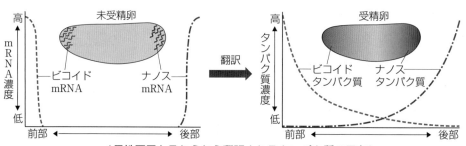

◀母性因子とそれらから翻訳されるタンパク質の局在▶

(b) **分節遺伝子** (^{9} 　　　　　　　)とは，からだを区画化し，体節の形成を促す調節遺伝子の総称である。(^{9} 　　　　　　　)は，発現のはじまる時期などによって，ギャップ遺伝子群，ペアルール遺伝子群，セグメントポラリティー遺伝子群に分けられる。

　ⅰ）(^{10} 　　　　　　　)　母性因子により発現領域が決定され，太い帯状に発現し，胚をおおまかに区画化する。

　ⅱ）(^{11} 　　　　　　　)　ギャップ遺伝子群により発現が活性化される。前後軸に沿って7本の帯状に発現し，胚をさらに細かく区分する。

　ⅲ）(^{12} 　　　　　　　　　　)　ペアルール遺伝子群により発現が活性化される。前後軸に沿って14本の帯状に発現し，各体節の境界と方向性を決定する。

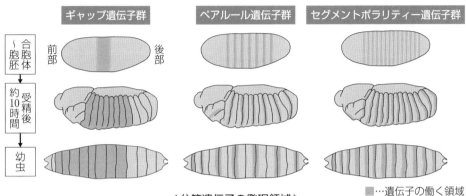

◀分節遺伝子の発現領域▶

■…遺伝子の働く領域

(c) **ホメオティック遺伝子群**　ショウジョウバエでは，体節の形成後に(^{13} 　　　　　　　　　　)と総称される調節遺伝子の働きによって，各体節から触角，眼，脚，翅などの器官が形成される。(^{13} 　　　　　　　　　　)の発現は，ギャップ遺伝子群とペアルール遺伝子群により促進される。また，ショウジョウバエの(^{13} 　　　　　　　　　　)は，アンテナペディア複合体とバイソラックス複合体の2つの集合を形成している。

各領域で強く発現する遺伝子を示している。

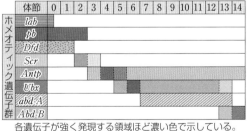

各遺伝子が強く発現する領域ほど濃い色で示している。

◀各体節のホメオティック遺伝子群の発現領域▶

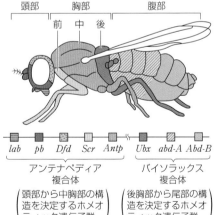

◀ショウジョウバエの成体での発現領域▶

ⅰ）**ホメオボックス**　各ホメオティック遺伝子には，180塩基対からなる相同性の高い塩基配列が存在し，これは(^{1}　　　　　　　)と呼ばれる。この配列にもとづいてつくられたタンパク質の特定の領域を(^{2}　　　　　　　)という。(^{2}　　　　　　　)をもつタンパク質は，この領域でDNAと結合し，調節タンパク質として働く。

(d)　**ホメオティック突然変異体**　ホメオティック遺伝子群は，からだの構造が本来形成されるべき位置に形成されず，別の構造に置き換わったホメオティック突然変異体の解析を通じて同定された。

　　〔例〕　(^{3}　　　　　　　)突然変異体…触角の位置に脚が形成された突然変異体。

　　　　　(^{4}　　　　　　　)突然変異体……2対の翅が生じた突然変異体。

❸両生類の発生

(a)　カエルの発生

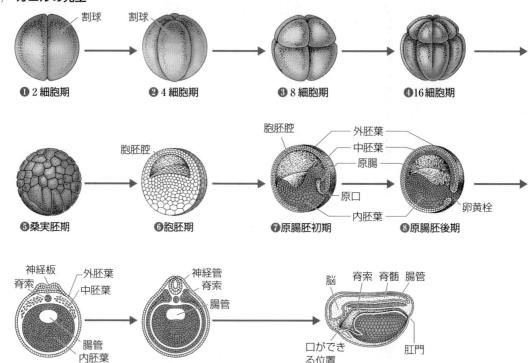

◀カエルの発生▶

(1)　**受精卵～胞胚期**　精子進入点の反対側の表面に灰色の部分(灰色三日月)を生じる。第一卵割は動物極側から起こり，第一卵割と直交する面で第二卵割が起こる。第三卵割は動物極側に偏った水平な面で起こり，胚の内部に卵割腔と呼ばれる空所が生じる。さらに卵割が進むと卵割腔はしだいに大きくなり，胞胚腔になる。

(2)　**原腸胚期**　灰色三日月の植物極側に(^{5}　　　　　　)ができ，(^{5}　　　　　　)の上側にある(^{6}　　　　　　)の細胞群などが胚の内部に陥入する。これにより胚の内部に形成される，胞胚腔とは異なる空所を原腸と呼ぶ。原腸胚期には，胚を構成する細胞群は，胚表面の(^{7}　　　　　　)，胚内部の(^{8}　　　　　　)，その中間に位置する(^{9}　　　　　　)の3つに区別できる。

(3)　**神経胚期**　胚の背部の外胚葉がしだいに厚く平たくなり，(^{10}　　　　　　)が形成される。やがて，(^{10}　　　　　　)の両側の縁が隆起してつながり，(^{11}　　　　　　)と呼ばれる1本の管が形成される。神経胚期には，外胚葉は胚表面を覆う表皮にも分化する。

　　神経管の下側に沿う中胚葉は(^{12}　　　　　　)となり，その両側の中胚葉から体節，腎節，側板などが分化する。また，内胚葉は脊索の下側に管状の腸管を形成する。

(b) 胚葉からの器官形成

外胚葉・中胚葉・内胚葉の各胚葉からは，それぞれ特定の器官が形成される。脊索は中胚葉から生じ，途中で退化する。神経胚期には，神経管と表皮の間に(¹³   )と呼ばれる細胞が存在する。(¹³   )は，神経管から遊離してさまざまな場所に移動して分化し，多くの末梢神経系の神経細胞などになる。

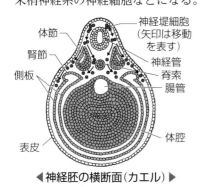

◀神経胚の横断面（カエル）▶

外胚葉	表 皮	皮膚の表皮，眼の水晶体，角膜，嗅上皮，内耳
	神経管	脳，脊髄，網膜
中胚葉	体 節	骨格，骨格筋，皮膚の真皮
	腎 節	腎臓，輸尿管
	側 板	心臓，血管，平滑筋，腸間膜，腹膜，結合組織
内胚葉	腸 管	胃，腸，肝臓，すい臓，中耳，肺，気管，えら，ぼうこう

(c) 胚葉の誘導

ある胚の領域が，隣接するほかの領域に働きかけて分化の方向を決定する現象を(¹⁴   )という。原口背唇のように(¹⁴   )作用をもつ領域を，(¹⁵   )（形成体）と呼ぶ。

ⅰ）**中胚葉誘導**　胞胚期において，予定内胚葉から分泌される誘導物質が動物極側の予定外胚葉域の細胞に作用することによって，中胚葉が誘導される現象を(¹⁶   )という。

ⅱ）**神経誘導**　原口背唇の細胞群は，原腸形成時に胚の内部に移動し，予定外胚葉域を裏打ちするようになる。その結果，中胚葉に裏打ちされた背側の外胚葉から，神経組織が誘導される。この現象を(¹⁷   )という。神経誘導には，胞胚期の胚全体に存在するBMPと，原口背唇から分泌され，胚の背側に局在するノギンとコーディンが関与する。

- **表皮になるしくみ**　BMPが外胚葉の細胞の細胞膜にあるBMP受容体と結合することで，表皮が分化する。

- **神経になるしくみ**　ノギンとコーディンがBMPと結合することで，BMPの受容体への結合が阻害される。その結果，表皮への分化が抑制され，神経の形成に関する遺伝子が発現し，神経が分化する。

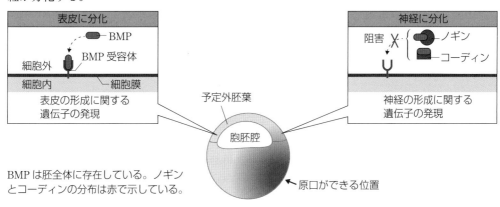

BMPは胚全体に存在している。ノギンとコーディンの分布は赤で示している。

◀神経誘導のしくみ▶

Answer ⟩

1…ホメオボックス　2…ホメオドメイン　3…アンテナペディア　4…バイソラックス　5…原口　6…原口背唇
7…外胚葉　8…内胚葉　9…中胚葉　10…神経板　11…神経管　12…脊索　13…神経堤細胞　14…誘導
15…オーガナイザー　16…中胚葉誘導　17…神経誘導

予定表皮域と予定神経域の交換移植実験（1921年）　シュペーマンは，異なる2種のイモリの胚を用いて，下図のような交換移植実験を行った。その結果，各部分の発生運命は(^{1}　　　　　　)後期から徐々に決められていき，(^{2}　　　　　　)初期には変更できなくなることがわかった。

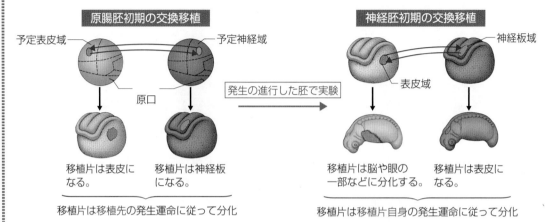

◀予定表皮域と予定神経域の交換移植実験▶

原口背唇の移植実験（1924年）　シュペーマンとマンゴルドは，ある種のイモリの原腸胚初期の(^{3}　　　　　　)を，別の種のイモリ胚の将来腹側になる部分に移植した。その結果，移植片は脊索に分化し，神経管などをもつ二次胚が形成された。この実験結果から，(^{3}　　　　　　)が(^{4}　　　　　　)として働くことが明らかになった。

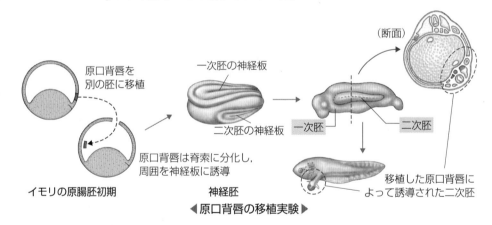

◀原口背唇の移植実験▶

局所生体染色と原基分布図（1929年）　フォークトは，イモリの胚の各部を，無害な色素で染め分ける(^{5}　　　　　　)を行った。そして，染色された胚の各部を発生に沿って追跡することで，それらが将来どのような組織や器官に分化するか（発生運命）を明らかにした。胚の各部の発生運命を示したものは，(^{6}　　　　　　)と呼ばれる。

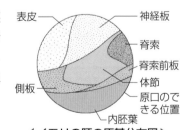

◀イモリの胚の原基分布図▶

中胚葉誘導に関する実験(1969年)　ニューコープは，メキシコサンショウウオの胞胚期のアニマルキャップ(動物極周辺の予定外胚葉域)と予定内胚葉域を切り出し，別々に培養した。その結果，それぞれ外胚葉性，内胚葉性の組織に分化することがわかった。一方，両者を接着させて培養すると，アニマルキャップ側の細胞から，(^{7}　　　　　)性の組織が形成された。これらのことから，予定内胚葉域が，動物極側の胚域を(^{7}　　　　　)性の組織に誘導することが明らかになった。

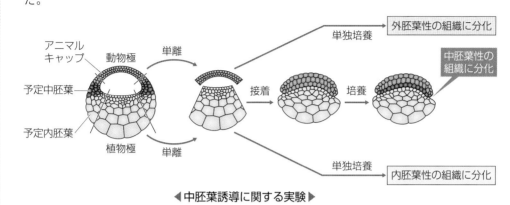

◀中胚葉誘導に関する実験▶

(d) **誘導の連鎖による器官形成**　胚発生において，発生段階に応じて胚の各部分が周囲の細胞に作用し，(^{8}　　　　)が連鎖的に起こることで器官形成が進行する。たとえば，イモリの眼が形成されるとき，下図のような(^{8}　　　　)の連鎖が起こる。

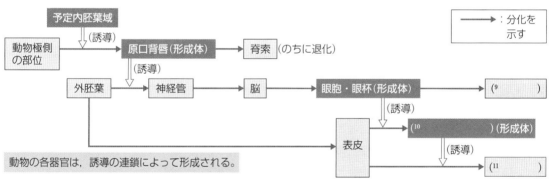

◀イモリの眼の形成と誘導の連鎖▶

(e) **器官形成と遺伝子の発現調節**　カエルにおいて眼の分化を決定する *Pax6* 遺伝子は，別の3種類の調節遺伝子の発現を促進する。一方，これらの調節遺伝子には，*Pax6* 遺伝子の発現を促進する正の(^{12}　　　　　)の働きがある。このため，*Pax6* 遺伝子が発現した細胞では，これらの調節遺伝子を含む眼の形成に必要な遺伝子群が連鎖的・恒常的に働くようになり，眼が形成される。

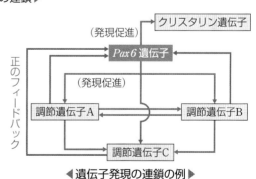

◀遺伝子発現の連鎖の例▶

Answer
1…原腸胚　2…神経胚　3…原口背唇　4…オーガナイザー(形成体)　5…局所生体染色　6…原基分布図
7…中胚葉　8…誘導　9…網膜　10…水晶体　11…角膜　12…フィードバック

❹発生過程にみられる多様性と共通性

(a) ボディプランの多様性と共通性　脊椎動物と節足動物では，からだの全体的な構造(ボディプラン)が大きく異なる。たとえば，脊椎動物では(^{1}　　　)側に神経系，(^{2}　　　)側に消化管などがつくられる。一方，節足動物ではこれらの構造の位置関係が逆になっている。しかし，神経誘導のしくみには共通性がある。節足動物では，DppとSogというタンパク質が，それぞれ脊椎動物におけるBMPとコーディンと相同な働きをする。脊椎動物では，背側で発現するコーディンの働きでBMPの作用が阻害され，背側に神経系が形成される。これに対し，節足動物ではDppは(^{3}　　　)側で，Sogは(^{4}　　　)側で発現して働くため，(^{5}　　　)側に神経系が形成される。

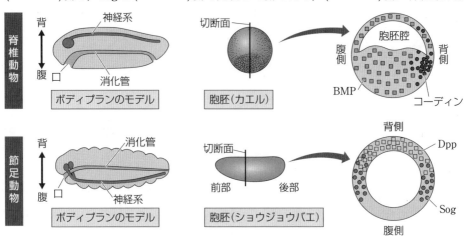

◀背腹軸の形成にみられる共通性▶

(b) *Hox*遺伝子群　ショウジョウバエのホメオティック遺伝子群と相同な遺伝子群は動物に広く存在しており，これらを総称して(^{6}　　　　)という。これらの遺伝子は，ショウジョウバエと同様に，調節遺伝子として前後軸に沿った形態形成に中心的な役割を果たすものが多い。

> **参考　プログラム細胞死とアポトーシス**
>
> **プログラム細胞死**　発生過程において，あらかじめ死ぬようにプログラムされている細胞の死を(^{7}　　　　　)という。
>
> **アポトーシス**　プログラム細胞死の多くは，(^{8}　　　　)という細胞死を引き起こす。(^{8}　　　　)では，DNAや核の断片化が起こり，細胞全体もアポトーシス小体と呼ばれる構造に断片化される。(^{8}　　　　)を起こした細胞は食細胞によって速やかに除去される。また，炎症は起こらない。一方，火傷や外傷などでは(^{9}　　　　)と呼ばれる細胞死が起こる。(^{9}　　　　)では細胞が崩壊し，内容物の放出によって周囲に炎症などの影響が現れる。
>
>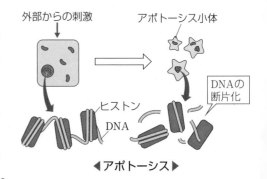
>
> ◀アポトーシス▶

1. 遺伝子の発現調節に関わる塩基配列が存在し，遺伝子の発現を調節するタンパク質などが結合する DNA 上の領域を何というか。

_____

2. DNA 上のプロモーター以外の転写調節領域に結合して，遺伝子の発現を調節するタンパク質を総称して何というか。

_____

3. 原核生物において，機能的に関連があり，隣接して存在し，一緒にまとめて転写される遺伝子群を何というか。

_____

4. 真核生物の染色体を構成する DNA が巻きついているタンパク質は何か。

_____

5. 発生の初期に，受精卵で連続して起こる体細胞分裂を何というか。

_____

6. 卵の細胞質基質内の物質のうち，発生過程に影響を及ぼすものを総称して何というか。

_____

7. ショウジョウバエの発生において，からだを区画化して体節の形成を促す遺伝子を総称して何というか。

_____

8. ショウジョウバエの形態形成において，各体節を特有の形態へと分化させる位置情報をもたらす調節遺伝子群を何というか。

_____

9. カエルの発生において，胚の表面が内側に陥入して生じる，内側に伸びる管を何というか。

_____

10. カエルの原腸胚初期において，原口の上側にあり，胚の内部に巻き込まれる細胞群を含む部分を何というか。

_____

11. 動物の発生において，誘導作用をもつ胚域を何というか。

_____

12. 予定内胚葉域が動物極側の胚域を中胚葉に誘導する現象を何というか。

_____

13. 胚内部への原口背唇などの移動によって，中胚葉域に裏打ちされた外胚葉から神経組織が誘導される現象を何というか。

_____

14. すべての動物がもつ，前後軸に沿った形態形成に中心的役割を果たす，ホメオティック遺伝子群に相同な遺伝子群を総称して何というか。

_____

Answer

1. 転写調節領域　**2.** 調節タンパク質　**3.** オペロン　**4.** ヒストン　**5.** 卵割　**6.** 母性因子　**7.** 分節遺伝子
8. ホメオティック遺伝子群　**9.** 原腸　**10.** 原口背唇　**11.** オーガナイザー（形成体）　**12.** 中胚葉誘導　**13.** 神経誘導
14. *Hox* 遺伝子群

解説動画

基本例題11　真核生物における遺伝子の発現調節

⇒基本問題 92

　下図は，真核生物で起こる遺伝子の発現調節のようすを模式的に示したものである。次の文章を読み，以下の各問いに答えよ。

　真核生物の DNA は核内で（　1　）と結合し，密に折りたたまれた繊維状の構造を形成しており，遺伝子が発現する際にはこれがほどける。繊維状の構造がほどけると，転写開始に関与する領域である（　2　）に（　3　）が結合し，さらに（　3　）を認識して（　4　）が結合する。また，（　5　）が（　6　）に結合して（　3　）に作用することで，転写が調節される。ふつう，1つの遺伝子に対して（　5　）は複数種類あり，これらの調節作用が統合されて，細胞の種類や状態に応じた遺伝子発現が起こる。

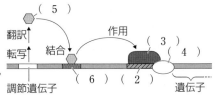

(1)　文中の空欄に適切な語を答えよ。
(2)　下線部が示す繊維状の構造を何というか。

■ **考え方**　真核生物で，DNA がヒストンに巻きつき，これが折りたたみできる繊維状構造をクロマチン繊維という。転写の際にはクロマチン繊維がほどかれ，調節タンパク質などの遺伝子発現に必要なさまざまな物質が DNA に結合する。

■ **解答**　(1)1…ヒストン　2…プロモーター　3…基本転写因子　4…RNA ポリメラーゼ　5…調節タンパク質　6…転写調節領域
(2)クロマチン繊維

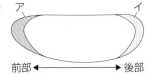
解説動画

基本例題12　母性因子の働き

⇒基本問題 95, 96

　右図は，ショウジョウバエの未受精卵に含まれる物質の分布を模式的に示している。以下の各問いに答えよ。

(1)　受精卵の段階において体軸の決定に関与する，母由来の物質を何というか。
(2)　(1)の物質のうち，からだの前部の決定に関与する物質（図中ア）と，からだの後部の決定に関与する物質（図中イ）の名称をそれぞれ答えよ。
(3)　(2)のアやイの情報によってつくられるタンパク質は，他の遺伝子の発現を調節する。このようなタンパク質を何というか。
(4)　体節が形成されたのち，それぞれの体節に働きかけて，触角や脚などの器官を形成させる遺伝子群を何というか。
(5)　(4)の遺伝子の突然変異によって，本来形成される構造が別のものに置き換わった個体を何というか。

■ **考え方**　ショウジョウバエの胚の前後軸決定には，未受精卵の段階から貯えられている母性因子であるビコイド mRNA やナノス mRNA などが関与しており，これらから合成される調節タンパク質が分節遺伝子からつくられる下流の調節タンパク質の発現を調節している。

■ **解答**　(1)母性因子
(2)ア…ビコイド mRNA　イ…ナノス mRNA
(3)調節タンパク質
(4)ホメオティック遺伝子群
(5)ホメオティック突然変異体

89. 知識 **遺伝子の発現調節と分化** ●以下のア～オのうち，正しいものをすべて選べ。

ア．多細胞生物における細胞の分化は，細胞種ごとにゲノムが異なることによって起こる。

イ．眼の水晶体の細胞と肝細胞で，ともに発現している遺伝子が存在する。

ウ．真核生物では，アクチベーターが存在すれば基本転写因子がなくても転写が起こる。

エ．遺伝子の発現を制御するタンパク質を調節タンパク質という。

オ．調節タンパク質は DNA の特定の領域に結合することができる。

_____

90. 思考 論述 **ラクトースオペロン** ●右図は大腸菌のラクトースオペロンの発現調節を示した模式図である。図を参考にして以下の各問いに答えよ。

問1．培地にグルコースがあってラクトースがないときに，ラクトース分解酵素の合成が抑制される機構を説明した次の文の空欄に適する語を答えよ。

調節遺伝子が転写・翻訳された（ 1 ）が（ 2 ）に結合し，（ 3 ）のプロモーターへの結合が妨げられるため転写が（ 4 ）され，ラクトース分解酵素が合成されない。

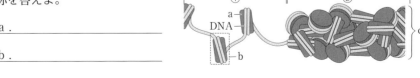

1. _____	2. _____
3. _____	4. _____

問2．培地にグルコースがなく，ラクトースがあるときに，ラクトース分解酵素の遺伝子の発現が誘導される機構を説明した次の文の空欄に適する語を答えよ。

リプレッサーに（ 1 ）が結合すると，リプレッサーが（ 2 ）から離れるため，RNA ポリメラーゼが（ 3 ）に結合してオペロン内の遺伝子が（ 4 ）して，ラクトース分解酵素が合成される。

1. _____	2. _____
3. _____	4. _____

問3．問1のような機構は大腸菌にとってどのような利点があるか，簡潔に答えよ。

_____

91. 知識 **染色体の構造** ●下図は染色体の構造を模式的に示したものである。以下の各問いに答えよ。

問1．図中a～cの名称を答えよ。

a. _____

b. _____

c. _____

問2．図中①，②のうち転写が行われているのはどちらであると考えられるか。 _____

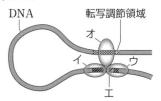

92. 知識 **真核生物の遺伝子発現の調節** ●下図を参考にして，以下の各問いに答えよ。

真核生物のDNAは，ヒストンに巻きついた（　ア　）を形成し，さらにこれが数珠状に連なって，核内で何重にも折りたたまれた状態で存在している。また，転写には（　イ　）が必要である。（　イ　）は，転写を行う酵素である（　ウ　）と同様に，遺伝子の（　エ　）領域に結合し，転写を開始させる。

真核生物では，遺伝子の多くは細胞の種類や発生の段階に応じて，また，外界からの刺激に応じて，発現が促進されたり抑制されたりする。そのため，（　イ　）に加えて，転写を制御する（　オ　）が必要である。（　オ　）は遺伝子の（　エ　）領域とは異なる領域に結合し，（　イ　）や（　ウ　）と複合体を形成することで遺伝子の転写を制御する。（　オ　）をコードしている遺伝子は（　カ　）と呼ばれ，（　カ　）の発現も別の（　オ　）によって制御されている。

問1．文中の空欄（　ア　）～（　カ　）に適切な用語を答えよ。

ア．＿＿＿＿＿＿　　イ．＿＿＿＿＿＿　　ウ．＿＿＿＿＿＿

エ．＿＿＿＿＿＿　　オ．＿＿＿＿＿＿　　カ．＿＿＿＿＿＿

問2．下線部について，この状態では転写は起こりにくい。その理由を簡潔に記せ。

問3．問2の状態から転写が起こりやすくなるためにはどのような変化が必要になるか。簡潔に記せ。

93. 知識 **ヒトの生殖細胞の形成** ●右図は，ヒトの配偶子形成を示している。A～Cは精原細胞を，Gは精子を，H～Jは卵原細胞を，Mは卵をそれぞれ示す。なお，図中の矢印は細胞分裂の過程を表しており，実線は成長を，破線は変形を表す。この図について，以下の各問いに答えよ。

問1．A～Gで，減数分裂あるいは体細胞分裂を行うのはそれぞれどの段階か。A→Eのように示せ。

減数分裂．＿＿＿＿＿　　体細胞分裂．＿＿＿＿＿

問2．D～FおよびK～O（Mを除く）の，それぞれの細胞の名称を記せ。

D．＿＿＿＿＿　E．＿＿＿＿＿　F．＿＿＿＿＿　K．＿＿＿＿＿

L．＿＿＿＿＿　N．＿＿＿＿＿　O．＿＿＿＿＿

問3．ヒトの場合，減数分裂によって理論上何通りの染色体の組み合わせができるか。ただし，染色体の乗換えはないものとする。＿＿＿＿＿

94. 知識 **ウニの受精** ●ウニの受精に関する次の文章を読み，下の各問いに答えよ。

動物の受精過程は，精子が卵に接触することではじまり，卵内で［　　　A　　　］することで完了する。

ウニの受精過程では，精子が卵の（　1　）に触れると，精子頭部の（　2　）でエキソサイトーシスが起こり，（　3　）などを放出して（　1　）に進入する。このとき，（　4　）の束が精子頭部の細胞膜を押し伸ばして生じた（　5　）と呼ばれる構造体が伸びる。

（　5　）に導かれて精子が（　1　）を通過すると，（　5　）が卵の細胞膜と結合する。精子がさらに進入すると，卵の表層にある（　6　）から放出された内容物の作用などによって，卵の細胞膜から（　7　）が離れて硬化し，卵全体に押し広げられ，（　8　）が形成される。進入した精子の頭部からは，中心体を伴う（　9　）が放出され，中心体から精子星状体が形成される。（　9　）は卵の細胞質内に進入して膨潤し，やがて卵核と融合する。

問1．文中の　□□□□□　には，受精が完了するときの現象が当てはまる。文が完成するように，その現象を簡潔に答えよ。

問2．（　1　）～（　9　）に当てはまる語を次のア～ソから選び，記号で答えよ。
　　ア．精子細胞膜　　イ．精核　　ウ．受精丘　　エ．極体　　オ．受精膜　　カ．卵黄膜（卵膜）
　　キ．先体突起　　ク．樹状突起　　ケ．ゼリー層　　コ．先体　　サ．微小管
　　シ．アクチンフィラメント　　ス．中間径フィラメント　　セ．表層粒　　ソ．タンパク質分解酵素

　　1.＿＿＿＿　　2.＿＿＿＿　　3.＿＿＿＿　　4.＿＿＿＿　　5.＿＿＿＿
　　6.＿＿＿＿　　7.＿＿＿＿　　8.＿＿＿＿　　9.＿＿＿＿

95. 知識 **ショウジョウバエの体節構造の形成**　●次の文章を読み，以下の各問いに答えよ。

　　ショウジョウバエの未受精卵には前端に（　1　），後端に（　2　）が局在しており，前後軸（頭尾軸）の決定には，（　1　）や（　2　）のような（　3　）の濃度勾配が重要な役割を果たしている。受精後，（　1　）や（　2　）から合成された（　4　）の濃度勾配によって，（　5　）遺伝子群と呼ばれる9種類の遺伝子が発現し，胚の大まかな領域が区画化される。さらに，（　5　）遺伝子群の発現によって合成される（　4　）の働きにより，（　6　）遺伝子群，次に（　7　）遺伝子群の発現が引き起こされ，ボディプランを構成する14体節が決定する。体節が形成されたのち，それぞれの体節に（　8　）と呼ばれる調節遺伝子が働くことによって触角，眼，脚，翅などの器官が形成される。ショウジョウバエの（　8　）は，頭部から中胸部の構造を決定する（　9　）複合体と後胸部から尾部の構造を決定する（　10　）複合体の2つに大別される。

問1．文中の（　1　）～（　10　）に適する語をア～コから1つずつ選び，記号で答えよ。
　　ア．ホメオティック遺伝子群　　イ．ナノスmRNA　　ウ．ペアルール
　　エ．調節タンパク質　　オ．セグメントポラリティー　　カ．ビコイドmRNA
　　キ．バイソラックス　　ク．ギャップ　　ケ．母性因子　　コ．アンテナペディア

　　1.＿＿＿＿　　2.＿＿＿＿　　3.＿＿＿＿　　4.＿＿＿＿　　5.＿＿＿＿
　　6.＿＿＿＿　　7.＿＿＿＿　　8.＿＿＿＿　　9.＿＿＿＿　　10.＿＿＿＿

問2．（　8　）の突然変異について，2対の翅が生じた突然変異体を何というか。

問3．ショウジョウバエの（　8　）には，8つの遺伝子があり，それぞれに180塩基対からなる相同性の高い塩基配列がある。この配列を何というか。

問4．問3の塩基配列にもとづいてつくられるタンパク質の特定の領域を何というか。

問5．動物に広く存在する（　8　）と相同な遺伝子群を総称して何というか。

思考 実験・観察

96. ショウジョウバエの発生と母性因子 ●次の文章を読み，以下の各問いに答えよ。

ショウジョウバエの発生では，まず（ 1 ）分裂だけが進行して（ 2 ）と呼ばれる状態になる。その後，（ 1 ）は卵の{3：表層部 中心部}に移動し，（ 4 ）によって細胞が区切られ，細胞が胚の表面に一層に並んだ（ 5 ）となる。

ショウジョウバエの未受精卵には，ビコイド mRNA が{6：前端 後端}に，ナノス mRNA が{7：前端 後端}に（ 8 ）として貯えられており，受精後に翻訳されたタンパク質が胚の前後軸に沿った濃度勾配を形成する。これらのタンパク質は（ 9 ）として働き，それぞれの濃度に応じて特定の遺伝子の発現を調節する。

問1．文中の（ 1 ）～（ 9 ）に適する語を答えよ。ただし，3，6，7については{ }内に示されたもののうち，正しい方を選べ。

1.	2.	3.
4.	5.	6.
7.	8.	9.

問2．下線部に関して，この濃度勾配ができるのは，（ 2 ）のある構造上の特徴が深く関わっている。その特徴を簡潔に述べよ。

問3．ビコイド遺伝子が欠損した突然変異体は頭部と胸部を欠き，中央部に腹部，前端・後端部に尾部の構造が生じた胚となる。また，ビコイド遺伝子のみが欠損した胚の前端に，適切な量のビコイドmRNA を注入すると正常な胚となる。さらに，同様のビコイド遺伝子欠損胚の中央部にビコイドmRNA を注入すると，中央部に頭部，その両側に胸部，後方に腹部が形成される。このことから，形成される構造は特にビコイドタンパク質の濃度に影響されることがわかる。ここで，野生型胚の後端に，前端と同濃度のビコイド mRNA を注入するとどのような胚になると考えられるか。最も適切なものを次のア～カのなかから1つ選べ。

ア．（前端）頭部－胸部－腹部（後端）
イ．（前端）腹部－胸部－頭部（後端）
ウ．（前端）頭部－腹部－胸部（後端）
エ．（前端）胸部－胸部－頭部（後端）
オ．（前端）頭部－胸部－腹部－胸部－頭部（後端）
カ．（前端）腹部－胸部－腹部－胸部－頭部（後端）

思考

97. ショウジョウバエの発生と分節遺伝子 ●次の文章を読み，以下の各問いに答えよ。

ショウジョウバエの発生において，受精後は核からの転写もはじまる。（ 1 ）遺伝子群は，母性因子由来のタンパク質によって遺伝子発現が調節され，その結果，胚のおおまかな領域が区画化される。次に（ 2 ）遺伝子群の発現が引き起こされる。これにより胚には前後軸に沿って7本の帯状のパターンが形成される。さらに（ 3 ）遺伝子群の発現が引き起こされる。これにより，胚の前後軸に沿って14本の帯状のパターンが形成される。

問1．文中の（ 1 ）～（ 3 ）に適する語を答えよ。

1.	2.
3.	

問2．図のaは，正常なショウジョウバエの胚のある（　1　）遺伝子（遺伝子Ⅰ）の，bはある（　2　）遺伝子（遺伝子Ⅱ）の発現領域を示したものである。cは遺伝子Ⅰが発現しない突然変異体における遺伝子Ⅱの発現領域を示したものである。

　色が濃く示されている箇所で遺伝子が発現している。a～cを比べてわかることとして，最も適当なものを次のア～ウのなかから選べ。

ア．遺伝子Ⅰの発現は，遺伝子Ⅱの発現に必要不可欠である。
イ．遺伝子Ⅰが発現している領域で，遺伝子Ⅱの発現が調節される。
ウ．遺伝子Ⅰが発現していない領域で，遺伝子Ⅱの発現が調節されている。

a　正常な胚における遺伝子Ⅰの発現領域

前　　　　　後

b　正常な胚における遺伝子Ⅱの発現領域

前　　　　　後

c　遺伝子Ⅰが発現しない胚における遺伝子Ⅱの発現領域

前　　　　　後

知識

98. **胚葉の分化と器官形成** ●図1は，カエルの発生途中の胚の縦断面であり，図2のa～eは，図1の胚を1～5の位置で切ったときの横断面を，大きさをそろえて示している。図1，2について以下の各問いに答えよ。

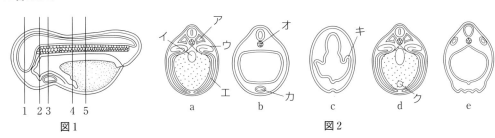

図1　　　　　　　　　　　　　図2

問1．図1の時期の胚は何と呼ばれているか。

問2．図1の1～5の各位置で切った横断面は，図2のa～eのどれに当たるか。

　1.　　　　　　　2.　　　　　　　3.　　　　　　　4.　　　　　　　5.

問3．図2のア～クの部分の名称を下の①～⑧から選び，それぞれ番号で答えよ。
①　眼胞　　　②　脊索　　　③　体節　　　④　肝臓
⑤　心臓　　　⑥　腸管　　　⑦　側板　　　⑧　腎節

ア.　　　　　　イ.　　　　　　ウ.　　　　　　エ.

オ.　　　　　　カ.　　　　　　キ.　　　　　　ク.

問4．図2のア～クは，①外胚葉，②中胚葉，③内胚葉のどの胚葉から分化したものか。それぞれ番号で答えよ。

ア.　　　　　　イ.　　　　　　ウ.　　　　　　エ.

オ.　　　　　　カ.　　　　　　キ.　　　　　　ク.

思考

99. 原口背唇の移植実験 ●次の文章を読み，以下の各問いに答えよ。

ドイツのシュペーマンらは，イモリの初期原腸胚の原口背唇を切り取り，同じ発生段階の別の胚の，将来腹側になる部分に移植した。その結果，原口背唇は（　1　）に分化した。また，周囲の外胚葉から（　2　）管などが分化し，本来の胚とは別にほぼ完全な構造をもつ（　3　）が形成された。シュペーマンらは，移植した原口背唇が，（　4　）な胚の細胞に働きかけて（　2　）管や（　1　）の両側に存在する体節などの組織や器官がつくられ，調和の取れた胚を形成させたと結論づけた。

問1．文中の（　1　）～（　4　）に適する語を答えよ。

1. _____　2. _____　3. _____　4. _____

問2．下線部に関して，シュペーマンらは，移植片と移植先の胚には，互いに色が異なるイモリを用いてこの実験を行った。その理由として考えられることを簡潔に記せ。

_____

問3．この実験における原口背唇のような働きをする胚域を何と呼ぶか。また，この働きのことを何と呼ぶか。

胚域. _____　　働き. _____

思考

100. 中胚葉誘導 ●次の実験に関する問1～3に答えよ。

〔実験1〕　右図に示すように，カエルの胞胚を点線の位置で切断し，動物極側A，植物極側C，AとCの中間Bの3つの領域に分け，適当な培養液中で各領域を単独で培養した。その結果，Aは主に表皮，Bは筋肉，脊索，血球などに分化した。Cを構成する細胞は，ほぼ未分化のままであったが，腸のような構造も観察された。

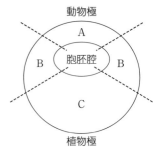

〔実験2〕　細胞増殖および細胞運動の阻害剤を含む培養液で，領域AとCを接着させて培養したところ，Aの一部（Cとの境界）において，筋肉細胞の分化が観察された。また，AとCの間に直径0.1μm孔の開いたフィルターを挿入して培養しても，領域Aに筋肉細胞が観察された。

問1．実験1，2の結果から，AとCの細胞塊を切り取り，単に両者を接着させて培養すると，Aの細胞塊はどのような組織に分化すると考えられるか。ア～ウからすべて選べ。

　ア．筋肉・脊索・血球　　　イ．腸のような構造　　　ウ．表皮

_____

問2．領域A，B，Cは，その後の発生において，それぞれどのような胚葉の形成に関わるか。ア～ウから選べ。

　ア．内胚葉　　　イ．中胚葉　　　ウ．外胚葉

A. _____　　B. _____　　C. _____

問3．実験2の結果についていえることを，ア～ウから選べ。

　ア．細胞の増殖や移動による働きかけがある。

　イ．細胞どうしの直接的な接触による働きかけがある。

　ウ．CからAに働きかける誘導物質が存在する。

_____

101. 神経誘導 ●両生類における神経誘導のしくみについて，次の文章を読み以下の各問いに答えよ。

知識

胞胚期の胚全体には（　1　）というタンパク質が分布しており，この物質は，外胚葉の細胞を（　2　）に分化させる働きがある。原口の上部にある（　3　）の細胞群は，（　4　）と（　5　）と呼ばれるタンパク質を分泌する。これらが（　1　）と結合することで外胚葉域が（　6　）組織に分化する。（　3　）は，胚の背側に位置するため，（　4　）と（　5　）は背側に局在する。このため，背側の外胚葉の細胞は（　6　）に分化する。

問1．文中の（　1　）～（　6　）に適する語を答えよ。

1.	2.	3.
4.	5.	6.

問2．下線部に関して，この誘導のしくみの説明として誤っているものを，次のア～エのなかから1つ選べ。

　ア．コーディンとBMPが結合することが，表皮を形成する遺伝子の発現の抑制に働く。
　イ．ノギンは，コーディンと結合し，核内で神経組織をつくる遺伝子の発現を促進する。
　ウ．BMPとノギンが結合すると，神経組織をつくる遺伝子の発現の抑制が解除される。
　エ．BMPは，神経組織をつくる遺伝子の発現を抑制しつつ，表皮への分化を促す。

_____

102. 眼の形成における誘導の連鎖 ●脊椎動物の胚の発生では，形成体が重要な働きをするが，形成体の働きは原口背唇だけにみられるのではない。神経管が形成されると，神経管が二次形成体になり，誘導を起こしてさらに別の部分が三次形成体になるというように，誘導が連鎖して，さまざまな組織や器官が形成される。眼の形成過程もその例である。

知識

問1．次の文章は脊椎動物の眼の形成について述べており，図はその過程を模式的に表したものである。文中の（　1　）～（　6　）に適語を記入せよ。

　神経管が発達すると，前方は膨らんで（　1　）となり，後方は（　2　）となる。（　1　）の左右から伸びだした眼胞がやがて（　3　）になるとともに，（　4　）に働きかけて（　4　）から（　5　）を誘導する。さらに，（　5　）の働きかけで（　6　）が誘導される。

眼胞

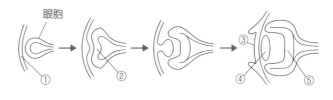

1.	2.	3.
4.	5.	6.

問2．眼胞はどの胚葉から発生するか。

_____

問3．図の①～⑤の部分の名称を記せ。

①.	②.	③.
④.	⑤.	

103. 真核生物の遺伝子の発現調節 ◆下図は，ある真核生物における，タンパク質Xの遺伝子の発現調節のようすを模式的に示したものである。タンパク質Xの ア 遺伝子の発現を調節するタンパク質（図中A，B）は，RNAポリメラーゼや イ 転写開始を調節する複数のタンパク質（図中イ）に働きかけて，遺伝子の転写を調節することが知られている。なお，Aは転写を促進するタンパク質で，Bは転写を抑制するタンパク質である。

タンパク質Xの合成には，調節遺伝子A，Bに加え，調節遺伝子C，D，Eも関係している。このうち，ウ 遺伝子EはホルモンYによって発現が促進される。また，タンパク質A，B，C，D，Eはそれぞれ調節遺伝子A，B，C，D，Eの発現により合成される。

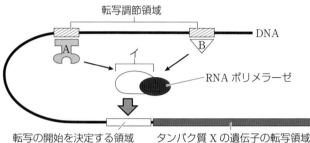

問1．下線部ア，イをそれぞれ何というか。

ア.＿＿＿＿＿＿＿＿＿＿＿＿＿＿＿＿　イ.＿＿＿＿＿＿＿＿＿＿＿＿＿＿＿＿

問2．下線部イのタンパク質が結合するDNAの領域を何というか。

＿＿＿＿＿＿＿＿＿＿＿＿＿＿＿＿＿＿

問3．下線部ウのように遺伝子発現を調節するホルモンに，エクジステロイドがある。エクジステロイドによる遺伝子発現調節のしくみを説明した次の文中の空欄に適する語を答えよ。

エクジステロイドは，細胞質基質でエクジステロイドの（　1　）と結合して（　2　）をつくり，DNAの（　3　）に結合して，その転写を促進する。

1.＿＿＿＿＿＿＿＿＿　2.＿＿＿＿＿＿＿＿＿　3.＿＿＿＿＿＿＿＿＿

問4．タンパク質A～Eと，遺伝子A～Eとの関係を下表に示す。たとえば，エ 遺伝子Aが発現して合成されるタンパク質Aは，遺伝子Aの発現を促進する遺伝子Cと，遺伝子Eの発現を促進する。その結果，遺伝子Aが発現した細胞では，タンパク質Xが恒常的に合成されるようになる。次の①～③の場合について，タンパク質Xが合成されるものには○，合成されないものには×を答えよ。

	遺伝子A	遺伝子B	遺伝子C	遺伝子D	遺伝子E
タンパク質A			促進		促進
タンパク質B					
タンパク質C	促進	抑制			
タンパク質D		促進	抑制		
タンパク質E			促進	抑制	

①　Cのみ発現している場合　　②　Dのみ発現している場合　　③　ホルモンYが存在する場合

①.＿＿＿＿＿　②.＿＿＿＿＿　③.＿＿＿＿＿

問5．下線部エのようなしくみの名称を，正または負の語を用いて答えよ。

＿＿＿＿＿＿＿＿＿＿＿＿＿＿＿＿＿＿

💡ヒント
問4．調節遺伝子の発現の連鎖は，遺伝子Eからはじまる。

104. 母性因子の濃度勾配 ◆ショウジョウバエの初期発生に関する以下の各問いに答えよ。

思考

ショウジョウバエにおいても，さまざまな mRNA やタンパク質が，母性因子として卵の細胞質基質内に貯えられる。このうち，卵の前部に多いビコイド mRNA と，卵の後部に多いナノス mRNA は，胚の前後軸の形成に重要な役割を担っている。これらの翻訳は受精後に開始され，それぞれからビコイド，ナノスと呼ばれるタンパク質が合成される。

ビコイド mRNA とナノス mRNA のほかに，ハンチバック mRNA とコーダル mRNA も母性因子として貯えられており，これらは胚にほぼ均等に分布する。コーダル mRNA はビコイドによって，ハンチバック mRNA はナノスによって翻訳が阻害される。そのため，これらの翻訳で合成されるハンチバックとコーダルも胚の前後軸に沿った濃度勾配を形成する。

問1．ビコイドとナノスは，受精卵の前部と後部のどちらで高くなる濃度勾配を示すか。それぞれ答えよ。

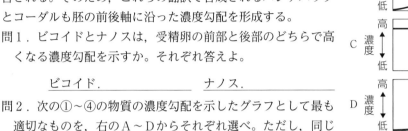

　　　ビコイド.＿＿＿＿＿＿＿＿＿　　　ナノス.＿＿＿＿＿＿＿＿＿

問2．次の①～④の物質の濃度勾配を示したグラフとして最も適切なものを，右のA～Dからそれぞれ選べ。ただし，同じ番号を何度選んでもよい。

①　ハンチバック mRNA　　②　コーダル mRNA　　③　ハンチバック　　④　コーダル

　　　　　①.＿＿＿＿＿＿　　　②.＿＿＿＿＿＿　　　③.＿＿＿＿＿＿　　　④.＿＿＿＿＿＿

💡**ヒント**

問2．翻訳が阻害されると，そのmRNAからつくられるタンパク質は合成されない。

105. 予定運命の決定 ◆

思考 **論述** **実験・観察**

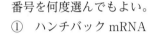

右図は，アフリカツメガエルの胞胚期の断面（左）および表面（右）を模式的に示している。表面の図には，動物半球の外胚葉の原基分布図が示されている。

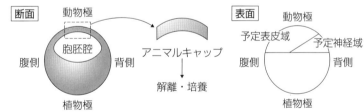

次に示す実験1～3の結果にもとづいて，アフリカツメガエル胚で神経が誘導されるしくみを70字以内で説明せよ。

［実験1］　図のように胞胚の動物極周辺の細胞塊（アニマルキャップ）を切り出し，その細胞を解離して生理食塩水中で培養すると，細胞は神経細胞へと分化した。

［実験2］　実験1の培養液に BMP4 と呼ばれるタンパク質を添加すると，細胞は表皮細胞へと分化した。BMP4 タンパク質の情報をもつ遺伝子は，ほぼ胚全体の細胞で発現していた。

［実験3］　実験2の培養液に BMP4 タンパク質の働きを抑えるタンパク質Xを加えると，細胞は神経細胞に分化した。このタンパク質Xの情報をもつ遺伝子は，背側の細胞で発現していた。

💡**ヒント**

BMP4 は胚全体で発現するのに対し，タンパク質Xは背側で限定的に発現する。

7 遺伝子を扱う技術とその応用

1 遺伝子を扱う技術

❶遺伝子の単離と増幅

(a) **クローニング** 遺伝子の働きを調べる際には，DNA のなかから目的の遺伝子部分を単離して増幅させる。この操作を(^{1})という。

ⅰ) **制限酵素** DNA の特定の塩基配列を認識して切断する酵素を(^{2})という。目的の DNA 断片を切り出す際などに用いられる。

ⅱ) **ベクター** 生物に遺伝子を導入する際に，DNA を運搬する運び手として用いられる DNA などを(^{3})という。(^{3})には，導入された細胞内で独立して増殖するものがある。これを利用し，目的の遺伝子を増幅させることができる。

ベクターの例：細菌のもつ(^{4})
　　　　　　　ウイルス　など

ⅲ) **ベクターを利用した遺伝子のクローニング** DNA を制限酵素で切断して切り出した DNA 断片を，(^{5})を用いてベクターに組み込む。このベクターを微生物に取り込ませると，微生物の増殖，および微生物体内でのベクターの増殖によって，DNA 断片が増幅する。

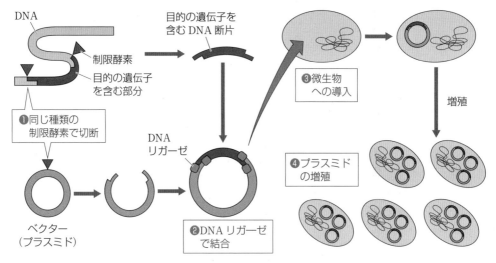

制限酵素は，回文配列となる特定の塩基配列を認識し，切断する。
さまざまな制限酵素を使い分けることで，目的の DNA 断片を切り出すことができる。

◀ベクターを利用した遺伝子のクローニング▶

参考　薬剤耐性遺伝子を利用した選別

　ベクターは，微生物に確実に取り込まれるとは限らない。ベクターを取り込んだ個体を選別するために，生育を阻害するアンピシリンなどの薬剤に対して耐性をもたらす薬剤耐性遺伝子などを組み込んだ，人工のプラスミドが用いられる。薬剤が存在する培地では，このプラスミドを取り込んだ微生物しか生育できないため，プラスミドを取り込んだ微生物のみを簡単に選別することができる。

(b) (⁶　　　　　　　)（ポリメラーゼ連鎖反応法）　微量の DNA から，目的の DNA 断片を多量に増幅する方法。この方法では，もととなる DNA と，好熱菌から単離された高温でも働きを失わない(⁷　　　　　　　)，人工的に合成した 2 種類の DNA(⁸　　　　　　　)，4 種類のヌクレオチドが必要となる。

ⅰ）**PCR 法の 1 サイクルの流れ**　次の(1)~(3)のサイクルをくり返すことで，目的の DNA 断片を多量に増幅できる。1 分子の 2 本鎖 DNA をもとに PCR 法を行った場合，理論上，n サイクル後には 2^n 分子の 2 本鎖 DNA が生成される。

(1)　2 本鎖 DNA を約95℃に加熱し，1 本ずつのヌクレオチド鎖に解離させる。

(2)　約60℃まで冷やして，増幅したい領域の端にプライマーを結合させる。

(3)　約72℃に加熱し，DNA ポリメラーゼの働きによって，プライマーに続くヌクレオチド鎖を合成させる。

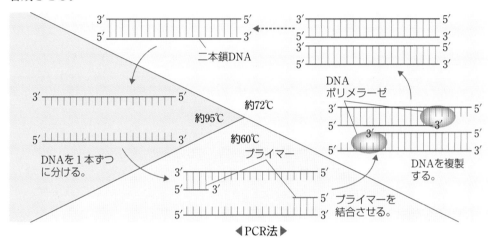

◀PCR法▶

❷遺伝子の構造や発現を解析する方法

(a)　**電気泳動法**　帯電した物質に電圧をかけると，電極に向かって移動する。この性質を利用して物質を分離する方法を(⁹　　　　　　　)という。DNA は(¹⁰　　　)に帯電しており，電気泳動で(¹¹　　　　　　　)に移動する。電気泳動を寒天ゲル中で行うと，大きな断片ほど移動しにくいため，長い DNA ほど遅く，短い DNA ほど速く移動する。したがって，長さに応じて移動距離に差が出るため，移動距離から DNA 断片の長さを推定できる。

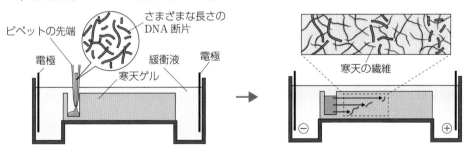

くぼみ（ウェル）にDNA断片を含む試料を入れる。

長い断片ほど寒天繊維の網目に移動を妨げられやすく，移動距離は短くなる。

◀電気泳動法▶

Answer

1…クローニング　2…制限酵素　3…ベクター　4…プラスミド　5…DNA リガーゼ　6…PCR 法
7…DNA ポリメラーゼ　8…プライマー　9…電気泳動法　10…負　11…陽極

(b) **DNA の塩基配列の解析法**　ジデオキシヌクレオチド(2′ 炭素と 3′ 炭素に OH ではなく，H が結合したヌクレオチド)を利用して解析する。

(1) プライマーや 4 種類のヌクレオチドのほかに，DNA の伸長を止めるための 4 種類のジデオキシヌクレオチドを蛍光標識して少量加え，DNA を合成させる。

(2) ジデオキシヌクレオチドを取り込んだ位置で伸長が停止した，さまざまな長さの DNA のヌクレオチド鎖ができる。

(3) 合成された DNA のヌクレオチド鎖を分離して長さの順に並べ，(^{1} 　　　　　　　)と呼ばれる装置で蛍光を識別することで塩基配列を読み取る。

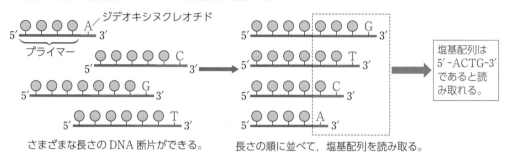

◀DNA の塩基配列の解析法▶

(c) **遺伝子の発現解析**

ⅰ) (^{2} 　　　　　　　)　細胞や組織から抽出した mRNA の塩基配列を決定し，発現している遺伝子の mRNA の種類と量を調べる方法。この結果から，発現している遺伝子の種類や量の，細胞や組織ごとの違いがわかる。

ⅱ) **GFP の利用**　(^{3} 　　　　　)(緑色蛍光タンパク質)は，下村脩によってオワンクラゲから単離された。(^{3} 　　　　　)の遺伝子を目的のタンパク質の遺伝子につなげて発現させ，蛍光を測定することで，目的のタンパク質の発現の有無や存在場所，動きなどを生きた細胞でも調べることができる。(^{3} 　　　　　)のように，目的の遺伝子につなげて，その発現の有無や程度を調べるために使われる遺伝子を，レポーター遺伝子という。

❸**遺伝子の機能を解析する方法**

(a) **細胞への遺伝子導入**　動物細胞に対する遺伝子導入では，ウイルスや，脂質の小胞であるリポソームなどが用いられる。植物細胞に対する遺伝子導入では，アグロバクテリウムという細菌が用いられる。

(b) **遺伝子の構造や発現の改変による解析**

ⅰ) (^{4} 　　　　　　　)　外部から遺伝子断片を挿入したり，元の塩基配列と置換したりすることによって，目的の遺伝子を改変する技術。

ⅱ) (^{5} 　　　　　　　)　DNA の特定の部位を外部からの遺伝子断片と置き換えることで遺伝子の発現を失わせる技術。

ⅲ) (^{6} 　　　　　　　)　遺伝子の DNA は操作せずに，mRNA を壊したり翻訳を阻害したりすることで発現量を減少させること。

ⅳ) (^{7} 　　　　　　　)　特定の塩基配列を特異的に認識して切断する酵素を用いて，目的の遺伝子を任意に改変する技術。この技術によって，遺伝子改変が多くの生物種で可能かつ容易となった。

2 遺伝子を扱う技術の応用

❶人間生活への応用

(a) (^{8}　　　　　　　　　　）外来遺伝子を人為的に導入した生物。食品として提供されるトランスジェニック生物は，一般に，(^{9}　　　　　　　　　　）と呼ばれる。

(b) 医療への応用

ⅰ）医薬品の生産　ヒトの遺伝子を大腸菌や酵母などに導入してこれらを培養することで，ヒトのタンパク質を大量に生産することが可能となった。ヒトのインスリンはこの方法によって産生され，糖尿病の治療薬として使用されている。

ⅱ）(^{10}　　　　　　　　）病気の治療を目的として，遺伝子または遺伝子を導入した細胞をヒトの体内に投与したり，特定の塩基配列を改変したりすること。遺伝子治療は，次世代へ影響を及ぼさないよう，体細胞に対してのみ行われている。

ⅲ）(^{11}　　　　　　　　）個人の遺伝子の違いを解析し，病気の原因やリスクを調べること。病気の原因を確定するために行われるほか，将来の発症の可能性や，病気の原因となる遺伝子の有無を調べるためにも行われる。

ⅳ）(^{12}　　　　　　　　）DNA の反復配列パターンなどの分析から個体を識別する方法。刑事捜査や農産物などの食品表示の偽装検査などに利用されている。

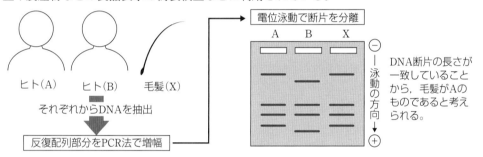

◀DNA型鑑定▶

ⅴ）(^{13}　　　　　　　）初期胚から将来胎児になる部分の細胞を取り出して，多能性を維持したまま培養したもの。胚を破壊して作製することから倫理的な問題点がある。

ⅵ）(^{14}　　　　　　　）山中伸弥らが作製した，多能性をもつ細胞。体細胞に4種類の遺伝子を導入することでつくられるため，ES 細胞のような倫理的な問題は生じない。

❷遺伝子を扱う際の課題

(a) **自然環境への影響**　トランスジェニック生物が自然界に拡散すると，本来の生態系を乱すような悪影響がもたらされる可能性がある。

(b) **カルタヘナ法**　遺伝子組換え生物による生態系への影響を防ぐことを目的とした，遺伝子組換え実験の方法などを規制する法律。

(c) **遺伝子組換え食品の安全性に関する課題**　遺伝子組換え食品を市場に出す際には，十分に審査を重ねて安全性を確保する必要がある。

(d) **ゲノム情報に関する倫理的な課題**　ゲノム情報は究極のプライバシーであり，本人のみならず親族も共有する可能性があり，慎重に取り扱う必要がある。

Answer

1…シーケンサー　2…RNA シーケンシング　3…GFP　4…ノックイン　5…ノックアウト　6…ノックダウン
7…ゲノム編集　8…トランスジェニック生物　9…遺伝子組換え食品　10…遺伝子治療　11…遺伝子診断
12…DNA 型鑑定　13…ES 細胞　14…iPS 細胞

1. DNA に，ある特定の遺伝子を含む DNA 断片を人工的に組み込む技術を何というか。

2. DNA の特定の塩基配列を切断する酵素を総称して何というか。

3. 生物に遺伝子を導入する際に，目的の遺伝子の運搬に利用される小型の DNA を総称して何というか。

4. 細菌などの細胞内で染色体とは別に存在し，ベクターとして用いられることがある小型の環状 DNA を何というか。

5. ゲノムから特定の塩基配列をもつ DNA 断片を単離して増幅する操作を何というか。

6. 耐熱性の DNA ポリメラーゼを用いて，目的の塩基配列をもつ DNA 断片を人工的に増幅する方法を何というか。

7. 帯電した核酸などの物質を，電流が流れる寒天ゲルなどの中で分離する方法を何というか。

8. 細胞などから抽出した mRNA を用いて次世代シーケンサーで配列を決定し，発現している mRNA の種類と量を調べる方法を何というか。

9. DNA の特定の遺伝子座において，外部から遺伝子断片を挿入するなどして目的の遺伝子を改変する技術を何というか。

10. 遺伝子の DNA は操作せず，mRNA の破壊や，翻訳の阻害などにより目的の遺伝子の発現量を低下させることを何というか。

11. 特定の塩基配列を認識して切断するよう設計された酵素を用いて，目的の遺伝子を任意に改変する技術を何というか。

12. 人為的に害虫抵抗性遺伝子や除草剤耐性遺伝子などの外来遺伝子を導入した生物を何というか。

13. 山中伸弥らが，分化した細胞に特定の遺伝子を導入して作製した，多能性をもつ細胞を何というか。

Answer ▶ ∙∙∙

1. 遺伝子組換え技術 　**2.** 制限酵素 　**3.** ベクター 　**4.** プラスミド 　**5.** クローニング 　**6.** PCR 法（ポリメラーゼ連鎖反応法）
7. 電気泳動法 　**8.** RNA シーケンシング 　**9.** ノックイン 　**10.** ノックダウン 　**11.** ゲノム編集
12. トランスジェニック生物 　**13.** iPS 細胞

基本例題13　PCR法
➡基本問題109

下表は，PCR法の流れを示したものである。これに関して以下の各問いに答えよ。

(1) ①～③で起こっている反応として最も適当なものを，次のア～カのなかからそれぞれ1つ選べ。

ア．プライマーを合成させる。
イ．2つのプライマーどうしを結合させる。
ウ．プライマーをヌクレオチド鎖に結合させる。
エ．ヌクレオチド鎖を切断させる。
オ．2本鎖のDNAを1本ずつに解離させる。
カ．DNAポリメラーゼによってヌクレオチド鎖を合成させる。

95℃　2分

① 95℃　30秒
② 60℃　30秒 　任意の回数だけくり返す
③ 72℃　60秒

終了後4℃で保管

(2) PCR法でDNAを増幅させる場合，30サイクル後には，理論上，DNA断片の数は何倍になっているか。次の①～④のなかから1つ選べ。

① 30倍　　② 2^{30}倍　　③ 4^{30}倍　　④ 10^{30}倍

■考え方 (1)95℃に加熱すると，2本鎖のDNAは1本鎖に解離する。これらにプライマーを結合させ，プライマーに続く領域のヌクレオチド鎖を合成させる。72℃という温度は，好熱菌由来のDNAポリメラーゼの最適温度である。

(2)解離したそれぞれの1本鎖から新たなヌクレオチド鎖が合成されるため，DNA分子は1サイクルで2倍に増加する。

■解答■
(1)①…オ
②…ウ
③…カ
(2)②

基本例題14　電気泳動法
➡基本問題107

右図は，電圧をかけてDNA断片を分離したようすを示している。レーンAでは1種類の直鎖状のDNAを，レーンBではレーンAの直鎖状のDNAを3か所で切断したものを分離した。

(1) 電圧をかけて，DNAなどの帯電した物質を分離する方法を何というか。

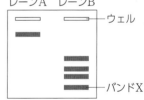

泳動方向

レーンA　レーンB

ウェル

バンドX

(2) 図のレーンBの4本のバンドに含まれるDNA断片の塩基対数はそれぞれ，600，400，300，200であった。バンドXに含まれるDNAの塩基対数を答えよ。

(3) レーンBの結果から，レーンAのバンドに含まれるDNAの塩基対数を求めよ。

■考え方 (2)塩基対数の少ない短いDNA断片ほど，寒天の繊維の網目に引っかかりにくく，移動速度が大きい。したがって，最も塩基対数が少ないものが，最も移動距離が長くなる。

(3)直鎖状のDNAを3か所で切断した結果，塩基対数の異なる4本のDNA断片が生じているので，これらの塩基対数を合計することで，切断前のDNAの塩基対数を求められる。

■解答■
(1)電気泳動法
(2)200
(3)1500

第7章　遺伝子を扱う技術とその応用

106. [知識] **遺伝子の単離と増幅** ●次の文を読み，以下の各問いに答えよ。

右図は，制限酵素X，Yが認識する塩基配列とその切断部位を示している。

$5' - CTGCA|G - 3'$　　$5' - AG|CT - 3'$
$3' - G|ACGTC - 5'$　　$3' - TC|GA - 5'$
制限酵素X　　　　　　　制限酵素Y

問1．制限酵素などを用いて，目的のDNA断片を単離して増幅させることを何というか。

_____

問2．生物に遺伝子を導入する際，目的とする生物にDNAを運搬する運び手として用いられるものを何というか。

_____

問3．問2の用途で用いられるものとして最も適当なものを，次のなかから1つ選べ。
① ウイルス　② mRNA　③ 大腸菌　④ ゲノムDNA

_____

問4．次の文中の空欄に当てはまる語を，下の語群からそれぞれ選べ。

遺伝子を単離，増幅する際には，まず制限酵素で目的の遺伝子を含むDNA断片を切り出す必要がある。制限酵素XとYは，認識する塩基配列はそれぞれ異なるものの，どちらも（　a　）と（　b　）の間の結合を切断する。こうして切り出したDNA断片を増幅したのち，あらかじめ用意しておいた別のDNAに組み込む。この際，（　c　）という酵素が用いられる。

【語群】　炭素　　塩基　　DNAリガーゼ　　リン酸　　DNAヘリカーゼ　　糖

a. _____　b. _____　c. _____

107. [思考] **制限酵素と電気泳動法** ●次の文章を読み，以下の各問いに答えよ。

制限酵素YおよびZを用いて，ある環状DNAを次の3通りのパターン（y，zおよびyz）で完全に切断した。

y：制限酵素Yのみで切断　　　z：制限酵素Zのみで切断
yz：制限酵素YおよびZの両方で切断

それぞれ切断パターンy，zおよびyzによる切断で得られたDNA断片を電気泳動したところ，図のような結果が得られた。

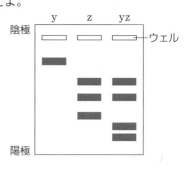

問1．細菌などの細胞内に，染色体とは別に存在する小型の環状DNAを何というか。

_____

問2．DNAが陽極に移動する理由を簡潔に説明せよ。

_____

問3．図の結果から考えられる制限酵素YおよびZによる環状DNAの切断箇所として適当なものを，次の①～⑥のなかから1つ選び，番号で答えよ。

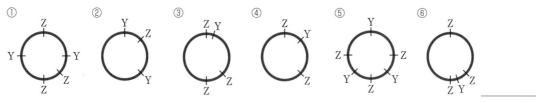

_____

108. **ブルーホワイトセレクション** ●次の文章を読み，以下の各問いに答えよ。

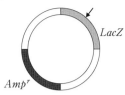

タンパク質Xの遺伝子を含むDNA断片を，図に示したプラスミドに組み込み，大腸菌に導入してタンパク質Xを合成させる実験を行った。DNA断片は，図の矢印で示す位置にのみ組み込まれる。DNA断片がプラスミドに組み込まれなかった場合には，大腸菌内で *LacZ* 遺伝子(β-ガラクトシダーゼの遺伝子)が発現する。β-ガラクトシダーゼは X-gal という物質を分解し，青色を呈する物質を生じさせる。これにより，β-ガラクトシダーゼを発現している大腸菌のコロニーは，本来の白色ではなく青色にみえるようになる。また，*Amp^r* は，アンピシリンという抗生物質に対する耐性をもたらす遺伝子であり，これを発現する大腸菌は，アンピシリンの作用を受けない。

問1．次の文中の①～④について，（　　）で示した語のうち，適する語をそれぞれ選べ。

　　培地にアンピシリンを添加して大腸菌を培養した場合，図のプラスミドを取り込まなかった大腸菌は生育 ①（できる・できない）。また，図中の矢印の位置に DNA 断片が組み込まれなかった場合は，β-ガラクトシダーゼが ②（働く・働かない）ため，X-gal が ③（分解され・分解されず），コロニーは ④（青く・白く）なる。

①.＿＿＿＿＿＿＿　②.＿＿＿＿＿＿＿　③.＿＿＿＿＿＿＿　④.＿＿＿＿＿＿＿

問2．タンパク質Xを合成する大腸菌を選別するための手法として最も適当なものを次の①～④のなかから1つ選び，番号で答えよ。

①　培地に抗生物質を添加し，青いコロニーを選ぶ。

②　培地に抗生物質を添加し，白いコロニーを選ぶ。

③　培地に抗生物質を添加せず，青いコロニーを選ぶ。

④　培地に抗生物質を添加せず，白いコロニーを選ぶ。

＿＿＿＿＿＿＿

109. **PCR 法による DNA の増幅** ●次の文章を読み，以下の各問いに答えよ。

　PCR 法には，増幅させたい DNA 領域の端と相補的な配列をもつ（　ア　），DNA のヌクレオチド鎖を伸長させる酵素である（　イ　），4 種類のヌクレオチド，鋳型となる DNA が必要である。これらを混合した水溶液の温度を約95℃に加熱することで，2 本鎖の DNA を（　ウ　）したのち，約60℃に冷却することで（　エ　）を結合させる。そして，約72℃に加熱することで（　オ　）を行っている。この 3 段階の温度変化(サイクル)をくり返すことで，DNA が多量に増幅される。

問1．文中の空欄に適する語を下の語群から選べ。同じ語をくり返し用いてもよい。

【語群】　解離　　複製　　転写　　プライマー　　DNA リガーゼ　　DNA ポリメラーゼ

ア.＿＿＿＿＿＿＿　イ.＿＿＿＿＿＿＿　ウ.＿＿＿＿＿＿＿

エ.＿＿＿＿＿＿＿　オ.＿＿＿＿＿＿＿

問2．（　イ　）の酵素は哺乳類の細胞にも存在するが，これらの酵素は PCR 法での使用に適していない。その理由を簡潔に説明せよ。

問3．2サイクル後で，DNA のヌクレオチド鎖は何倍に増幅されるか答えよ。

＿＿＿＿＿＿＿

問4．1分子の2本鎖の DNA を鋳型とした場合，2サイクル後，および，5サイクル後には，増幅したい領域のみからなる DNA のヌクレオチド鎖は何本存在するか答えよ。

2サイクル後.＿＿＿＿＿＿＿　　5サイクル後.＿＿＿＿＿＿＿

110. プライマーの設計 [知識] ●次の文章を読み，以下の各問いに答えよ。

右図は，2本鎖のDNAを模式的に示したものである。
図中の破線ではさまれた領域は，PCR法によって増幅した
い領域を示している。また，図中のA〜Dは，PCR法で
DNAを増幅する際に必要となる，2種類のプライマーを
結合させる候補の領域を示している。

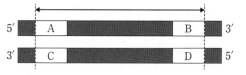

問1．PCR法で用いられるプライマーは，DNAとRNAのどちらか。

問2．PCR法で使用する2種類のプライマーを結合させる領域として適当なものを，A〜Dのなかから
2つ選べ。

問3．上図の破線ではさまれた領域における，1本のヌクレオチド鎖の塩基配列を以下に示す。この領
域をPCR法で増幅させるために必要な，2種類のプライマーの塩基配列を答えよ。ただし，5′末端
を左にし，5塩基のみを示すこと。
5′-ATGCTGAAGTCGATAGTGC……(中略)……ATGCCCCCGTGAGATTGGC-3′

111. 塩基配列の解析法 [思考] ●次の文章を読み，以下の各問いに答えよ。

DNAの塩基配列を解析する方法として，ジデオキシヌクレオチド
という特殊なヌクレオチドを用いる方法がある。ジデオキシヌクレオ
チドは，（　ア　）の炭素に（　イ　）が結合しているため，別のヌクレ
オチドの（　ウ　）と結合できず，伸長が停止する。そのため，解析し
たいDNAの相補鎖にプライマーを結合させ，通常のヌクレオチドの
ほかにジデオキシヌクレオチドを少量加えてDNAポリメラーゼによ
る複製を行うと，ジデオキシヌクレオチドをある一定の確率で取り込
んだ箇所で伸長が停止した，さまざまな長さのDNA断片が合成され
る。さらに，ジデオキシヌクレオチドを，塩基の種類ごとに4種類の
蛍光色素で標識しておくことで，DNA断片の長さと蛍光色素の種類
にもとづいて，塩基配列を解析することができる。

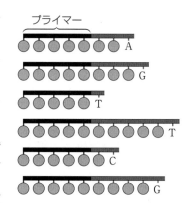

問1．文中の空欄に当てはまる語を，以下の語群からそれぞれ選べ。
【語群】　3′　　5′　　OH　　H　　糖　　リン酸　　塩基

　　　　　　　　　ア.＿＿＿＿＿＿＿＿　　イ.＿＿＿＿＿＿＿＿　　ウ.＿＿＿＿＿＿＿＿

問2．下線部のような原理で，塩基配列を解析する装置のことを何というか。

問3．図のDNA断片をもとに，プライマーに続くDNAの塩基配列を5′末端側から6塩基分答えよ。

問4．ジデオキシヌクレオチドの添加量を減らした場合，合成されるDNA断片の長さの平均値はどの
ように変化すると考えられるか。

112. 遺伝子の発現解析 ●次の文章を読み，以下の各問いに答えよ。

遺伝子の発現を解析する際には，DNA から転写された mRNA や翻訳されたタンパク質が調べられる。細胞内でのタンパク質の発現の有無などを解析する場合には，GFP というタンパク質が利用されることがある。目的の遺伝子を含む DNA 断片に GFP の遺伝子をつなげたものをベクターに組み込み，細胞に導入する。これにより，GFP と目的のタンパク質が一体化したタンパク質が産生され，緑色の蛍光を観察することで目的のタンパク質の存在場所がわかる。

問1．細胞や組織から抽出した mRNA の塩基配列を次世代シーケンサーで決定し，発現している遺伝子の mRNA の種類と量を調べる方法を何というか。

問2．下線部に関連して，植物細胞へ遺伝子を導入する際に利用される，植物体に感染して自身のプラスミドを送り込む細菌を何というか。

問3．GFP の説明として誤っているものを次の①～③のなかから1つ選べ。
① オワンクラゲという生物から単離されたタンパク質である。
② 青色光の照射で緑色の蛍光を示す。
③ 細胞を固定する必要があり，生きた細胞で観察することはできない。

113. 遺伝子の改変 ●次の文章を読み，以下の各問いに答えよ。

DNA の特定の遺伝子座において，外部から遺伝子断片を挿入したり塩基配列を置換したりすることで，目的の遺伝子を改変する技術を（　ア　）という。一方，外部からの遺伝子断片と置き換えることで遺伝子の発現を失わせる技術を（　イ　）という。この技術で作製されたマウスは（　ウ　）と呼ばれ，さまざまな研究に役立てられている。遺伝子の DNA は操作せず，（　エ　）を壊したり，翻訳を阻害したりすることで目的の遺伝子の発現量を減少させることを，（　オ　）という。

問1．文中の空欄に当てはまる語を答えよ。

ア．＿＿＿＿＿＿　イ．＿＿＿＿＿＿　ウ．＿＿＿＿＿＿

エ．＿＿＿＿＿＿　オ．＿＿＿＿＿＿

問2．染色体上の特定の塩基配列を認識して切断する酵素を用いて，目的の遺伝子を任意に改変する技術を何というか。

114. 遺伝子を扱う技術の応用 ●次の(1)～(3)の文の空欄に当てはまる語を答えよ。

(1) 病気の治療を目的として，遺伝子を改変したり導入したりすることを（　ア　）という。生殖細胞や胚への（　ア　）は次世代への影響が考えられるため，（　イ　）に対しての治療のみ認められている。

(2) 1塩基の違いである（　ウ　）などの個人の遺伝子の違いを解析し，病気の原因やリスクを調べることを（　エ　）という。

(3) 自己複製能をもち，さまざまな細胞に分化できる細胞を（　オ　）という。人工的に作製した（　オ　）のなかで，初期胚から内部細胞塊を取り出して作製したものを（　カ　）といい，体細胞に4種類の遺伝子を導入して作製したものを（　キ　）という。

ア．＿＿＿＿＿　イ．＿＿＿＿＿　ウ．＿＿＿＿＿　エ．＿＿＿＿＿

オ．＿＿＿＿＿　カ．＿＿＿＿＿　キ．＿＿＿＿＿

思考 **実験・観察**
115. 遺伝子導入 ◆プラスミドは，独立して大腸菌内で増殖するので，特定の遺伝子を大量にふやすために利用される。次に説明する実験に関する以下の各問いに答えよ。

"薬品A"への抵抗性を生じるタンパク質の遺伝子(Amp^r)と，ある特定の"糖質G"を分解する酵素の遺伝子($lacZ$)を組み込んだプラスミドを準備した。図中のXの位置を ア 酵素で切断し，ここに，増幅させたいDNA断片を イ 酵素でつなぎあわせた。Xは $lacZ$ の途中にあるので，この場所に他のDNAが組み込まれると，$lacZ$ は働きを失うことがわかっている。

プラスミドの構造

なお，この操作だけでは増幅させたいDNA断片が必ず挿入されるとは限らず，DNA断片が挿入されていないプラスミドが生じる可能性がある。次に，作製したプラスミドを大腸菌に取り込ませ，"薬品A"と"糖質G"を含む寒天培地でこの大腸菌を増殖させたところ，プラスミドの遺伝子が発現するとともに大腸菌内でプラスミドの複製がはじまった。なお，Amp^r 遺伝子をもたない大腸菌は"薬品A"で死ぬ。また，"糖質G"は分解されると青色になる物質である。

問1．下線部ア，イはそれぞれ何という酵素か。アは総称を答えよ。

ア．＿＿＿＿＿＿＿＿＿＿＿＿＿＿＿＿ イ．＿＿＿＿＿＿＿＿＿＿＿＿＿＿＿＿

問2．実験の翌日に観察すると，白色と青色のコロニーが観察された。目的のDNA断片を含むプラスミドをもつ大腸菌のコロニーはどちらか。

＿＿＿＿＿＿＿＿＿＿＿＿＿＿＿＿＿＿

ヒント
問2．プラスミドのXの位置への遺伝子の導入が成功している場合，$lacZ$ 遺伝子は働きを失うため，"糖質G"は分解されない。

思考 **論述**
116. PCR法 ◆PCR法には，DNAポリメラーゼ，プライマーと呼ばれる短い1本鎖DNA，鋳型となる2本鎖DNA，4種類の塩基をもつヌクレオチドが必要である。DNAポリメラーゼは，プライマーの3′末端に鋳型DNAの塩基配列と相補的な塩基をもつヌクレオチドを付加する。ただし，鋳型となる2本鎖DNAを1本鎖にする変性反応が必要である。

問1．PCR法で好熱菌のDNAポリメラーゼが使用される理由を30字以内で記せ。

＿＿

問2．PCR法により，次に示したDNAが増幅された。PCRに使用した2種類のプライマーの塩基配列を，5′末端を左にして記せ。ただし，プライマーは10塩基からなるものとする。

5′−CATAAACCCCGATGCACCCCGATGCACCCCAGTCCAACGGACGATCTCGAGGACTTCA−3′
3′−GTATTTGGGGCTACGTGGGGCTACGTGGGGTCAGGTTGCCTGCTAGAGCTCCTGAAGT−5′

＿＿

＿＿

問3．PCR法で2本鎖DNAを1本鎖にする理由を30字以内で記せ。

＿＿

問4．下線部について、右図は、あるDNA断片を増幅する際の反応温度の時間変化の一部を示したものである。変性反応に相当する部分を図中のア〜ウから選べ。

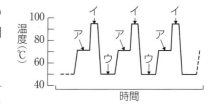

(筑波大改題)

💡ヒント

問1．DNAポリメラーゼは酵素であり、酵素の主成分はタンパク質である。また、好熱菌は温泉など高温の環境で生育する原核生物である。

問2．DNAポリメラーゼはプライマーを起点に、5′→3′方向に新生鎖を合成する。

問3、4．約95℃の高温では向かい合う塩基どうしの水素結合が解離する。一方、温度を低下させると再び水素結合を形成するため、相補的なプライマーを結合させることができる。

思考 実験・観察

117. 塩基配列の解析 ◆DNAの塩基配列を、次のような方法で調べた。まず、DNAを適切な処理により2本のヌクレオチド鎖に解離し、そのうちの1本を複製した。複製の際には、A、C、G、Tの通常のヌクレオチドの他に、DNAの伸長を止めるジデオキシヌクレオチド(図1)を表1のように各実験群につき1種類混ぜた。次に、各実験群で得られたDNA断片ア〜エを負に帯電させ、一塩基の長さの違いも区別できる特殊な寒天ゲル中で電気泳動を行った。実験の結果を図2に示す。以下の各問いに答えよ。

表1　用いたジデオキシヌクレオチド

実験群	ア	イ	ウ	エ
ジデオキシヌクレオチド（右に示す塩基をもつ） A	○			
C		○		
G			○	
T				○

図1

図2

問1．図2のオ、カはそれぞれ陽極か陰極か。そう考えた理由も答えよ。

オ.　　　　　　カ.

理由.

問2．泳動されたDNA断片は図2のオ、カのどちら側のものが短いか。

問3．鋳型となったヌクレオチド鎖の塩基配列を、この実験からわかる範囲で、プライマー側の塩基から順に答えよ。

💡ヒント

問2．寒天ゲルの繊維は、移動するときの障害物となる。

問3．図2のカの側ほど、プライマーに近い位置で複製が止まったDNA断片である。ア〜エのジデオキシヌクレオチドの塩基の種類に注目する。

8 動物の反応と行動

1 刺激の受容と反応

❶刺激の受容と反応

(a) (^{1}　　　　　) 外部からの刺激を受容する眼や耳などの器官。

(b) (^{2}　　　　　) 中枢神経系からの情報を運動神経や自律神経系を介して受け取り，反応を起こす筋肉などの器官。

❷神経系とニューロン

ニューロンと，それを取り囲むシュワン細胞やオリゴデンドロサイトなどの(^{3}　　　　　)などからなる器官系を，(^{4}　　　　)という。

(a) **ニューロンの種類** (^{5}　　　　　)(神経細胞)は，核がある細胞体と樹状突起，軸索からなり，機能的に次の3つに大別される。

ⅰ) (^{6}　　　　　) 受容器からの情報を中枢に伝える。

ⅱ) (^{7}　　　　　) 中枢からの指令を効果器に伝える。

ⅲ) (^{8}　　　　　) ニューロンどうしをつなぐ。主に中枢神経系を構成する。

(b) **ニューロンの構造**

ⅰ) (^{9}　　　　　) 髄鞘をもつ神経繊維。感覚ニューロンと運動ニューロンにはシュワン細胞が，介在ニューロンにはオリゴデンドロサイトが何重にも巻きついて髄鞘を形成している。有髄神経繊維の髄鞘と髄鞘の間には，(^{10}　　　　　)と呼ばれるくびれがある。

〔例〕 脊椎動物の神経繊維(交感神経を除く)

ⅱ) (^{11}　　　　　) 髄鞘をもたない神経繊維。

〔例〕 交感神経，無脊椎動物の神経繊維

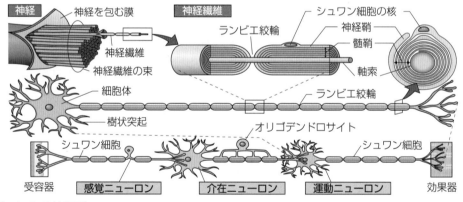

(c) **ヒトの神経系**

神経系 〈 中枢神経系…脳・脊髄
　　　　　末梢神経系 〈 体性神経系(感覚神経・運動神経)
　　　　　　　　　　　　自律神経系(交感神経・副交感神経)

❸ニューロンによる電気的な信号の生成と信号を伝えるしくみ

(a) **静止電位** 細胞膜を隔てた電位差を膜電位という。細胞が刺激されていない状態での膜電位を(^{12}　　　　　)といい，細胞外の電位を基準(0 mV)としたとき，細胞内の電位は約 −70 mV となっている。(^{12}　　　　　)は，常に開いている K$^+$ チャネルを通って K$^+$ が細胞外に拡散しようとする力と，引き戻そうとする力が釣り合って生じる。

ⅰ）脱分極　静止電位から正の方向へ電位が変化すること。

ⅱ）過分極　静止電位から負の方向へ電位が変化すること。

(b)　**活動電位と興奮**　刺激を受けて，脱分極の大きさが閾値に達すると，電位依存性 Na^+ チャネルが一斉に開く。すると，Na^+ が細胞内に流入して，瞬間的に大きな脱分極性の電位変化が起こる(図の A)。Na^+ チャネルは直ちに閉じ，これにやや遅れて電位依存性 K^+ チャネルが開き，K^+ が流出して電位がもとに戻る(図の B)。このような一過性の膜電位の変化を(^{13}　　　　　)といい，活動電位が生じることを(^{14}　　　　　)という。

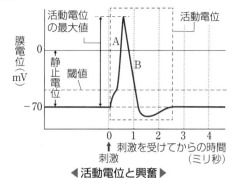
◀活動電位と興奮▶

ⅰ）(^{15}　　　　)　興奮に必要な最小限の刺激の強さ，または，脱分極の大きさ。

ⅱ）(^{16}　　　　　　　)　刺激の強さが閾値に達しなければ活動電位が発生せず，閾値以上であれば，その強さに関係なく一定の大きさの活動電位を生じる。活動電位は，発生するかしないかの 2 つの状態しかとらない。

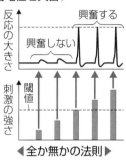
◀全か無かの法則▶

(c)　**ニューロン内を情報が伝わるしくみ**　興奮が 1 個のニューロン内を伝わる現象のことを，興奮の(^{17}　　　　)という。神経繊維に興奮が生じると，興奮部から隣接した静止部に向かって局所電流が流れ，興奮を引き起こす。髄鞘は電流を通しにくいため，有髄神経繊維では，興奮がランビエ絞輪を次々に跳躍して伝わる(^{18}　　　　　)が起こる。このため，有髄神経繊維の興奮の伝導速度は無髄神経繊維に比べて大きい。伝導速度は，神経繊維が太いほど大きく，温度にも影響される。

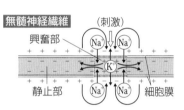

ⅰ）**不応期**　活動電位が発生した場所では，しばらく Na^+ チャネルが不活性化されるため興奮できない。さらに，Na^+ チャネルの不活性化が解除されたあとも，しばらくは過分極によって興奮しにくくなっている。これらの期間を合わせて(^{19}　　　　　)という。これによって，興奮直後の部位へ興奮が戻ることはない。

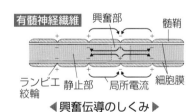
◀興奮伝導のしくみ▶

(d)　**シナプスと興奮の伝達**　軸索の末端(**神経終末**)は，他のニューロンや効果器などと 20～50 nm の隙間をおいて接続している。この部分を(^{20}　　　　　)といい，隙間を(^{21}　　　　　　)という。神経終末には，(^{22}　　　　　　)を含むシナプス小胞が存在し，シナプス後細胞へ神経伝達物質を放出することで興奮が伝わり，情報が伝達される。これを興奮の(^{23}　　　　)という。シナプス小胞は神経終末にしかないため，細胞間で興奮は一方向にしか伝わらない。神経伝達物質にはアセチルコリン，ノルアドレナリン，GABA(γ－アミノ酪酸)，グルタミン酸などがある。

Answer ▶ ┈┈

1…受容器　2…効果器　3…グリア細胞　4…神経系　5…ニューロン　6…感覚ニューロン　7…運動ニューロン
8…介在ニューロン　9…有髄神経繊維　10…ランビエ絞輪　11…無髄神経繊維　12…静止電位　13…活動電位
14…興奮　15…閾値　16…全か無かの法則　17…伝導　18…跳躍伝導　19…不応期　20…シナプス　21…シナプス間隙
22…神経伝達物質　23…伝達

・興奮の伝達のしくみ

(1) 興奮が神経終末に伝わると，電位依存性 Ca^{2+} チャネルが開き，神経終末内に Ca^{2+} が流入する。

(2) 神経終末内で Ca^{2+} 濃度が上昇すると，シナプス小胞の**エキソサイトーシス**が誘発され，神経伝達物質がシナプス間隙に放出される。

(3) 神経伝達物質はシナプス後細胞にある受容体に結合し，神経伝達物質依存性イオンチャネルが開く。これによって，Na^+ や Cl^- など特定のイオンが流入し，シナプス後細胞で膜電位が変化する。

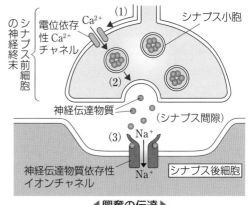

◀興奮の伝達▶

i) (¹　　　　　　　　　)（**EPSP**）　シナプス後細胞に Na^+ が流入することで生じる脱分極性の電位変化。EPSP が閾値を超えると活動電位が生じる。EPSP を発生させるシナプスは興奮性シナプスと呼ばれる。

ii) (²　　　　　　　　　)（**IPSP**）　シナプス後細胞に Cl^- が流入することで生じる過分極性の電位変化。IPSP が生じると膜電位が閾値から遠ざかるため，活動電位が生じにくくなる。IPSP を発生させるシナプスは抑制性シナプスと呼ばれる。

iii) **シナプス後電位の加重**　ふつう，ニューロンは複数のニューロンとシナプスを形成しており，それぞれのニューロンから送られた情報は，シナプス後細胞で膜電位に変えられて加算される。これを(³　　　　　　　　　)という。また，単一のニューロンから短時間のうちにくり返し刺激を受けた場合も膜電位は加算される。これを(⁴　　　　　　　　　)という。

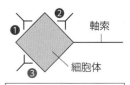

❶, ❷：興奮性シナプス
❸　：抑制性シナプス

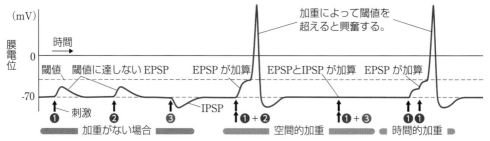

❹受容器と適刺激

(a) **適刺激**　感覚細胞を興奮させる刺激の種類は，受容器によってそれぞれ決まっている。ある受容器が受容することのできる特定の刺激の種類を(⁵　　　　　　　)という。

◀ヒトの受容器と適刺激▶

受 容 器		適 刺 激	感 覚	
眼	網膜	光（波長 400～720nm）	(⁶　　　　　)	
耳	うずまき管	音波（20～20000Hz）	(⁷　　　　　)	
	前庭	からだの傾き（重力の方向）	平衡覚	
	半規管	回転運動（リンパ液の流れ）		
鼻	嗅上皮	気体中の化学物質	嗅覚	
舌	味蕾	液体中の化学物質	味覚	
皮膚	圧点・痛点	接触による圧力・化学物質など	圧覚・痛覚	
	温点・冷点	高い温度・低い温度	温覚・冷覚	

❺ヒトの眼の構造と働き

(a) **視覚が生じるしくみと調節**　光刺激で生じる感覚を**視覚**といい，受容器として眼がある。眼球前部にある角膜と水晶体によって光は屈折し，(^{8}　　　　　)上に像を結ぶ。

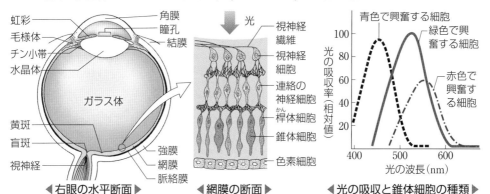

◀右眼の水平断面▶　◀網膜の断面▶　◀光の吸収と錐体細胞の種類▶

ⅰ）**視細胞**　網膜には，錐体細胞と桿体細胞の2種類の視細胞がある。

- (^{9}　　　　　)　青錐体細胞，緑錐体細胞，赤錐体細胞の3種類があり，それぞれ420nm，530nm，560nm付近の波長の光を最も吸収する，異なる種類のフォトプシンという視物質を含む。弱い光では反応しない。網膜の中央部の**黄斑**に特に多く分布する。

- (^{10}　　　　　)　黄斑をとりまく部分に多く分布し，弱い光でも反応する。色の識別に関与しない。(^{11}　　　　　)と呼ばれる視物質を含み，500nmの波長の光を最も吸収する。

ⅱ）**網膜の部位**

- (^{12}　　　　　)　網膜の中央部にあって，錐体細胞が密に分布している部分。

- (^{13}　　　　　)　視神経の束が網膜を貫いている部分。視細胞が分布していないため，光を感知できない。

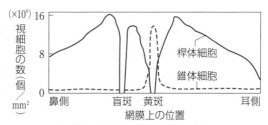

◀網膜上に存在する視細胞の分布▶

ⅲ）**桿体細胞が光を受容するしくみ**

ロドプシンは，タンパク質の**オプシン**と，ビタミンAの一種である**レチナール**からなる。ロドプシンに光が当たるとレチナールの構造が変化する。これに伴ってオプシンの立体構造が変化し，桿体細胞の膜電位が変化する。レチナールの構造が変化すると，ロドプシンはレチナールとオプシンに解離する。暗所で，オプシンから離れたレチナールの一部が元の構造に戻り，再びオプシンと結合してロドプシンが合成される。

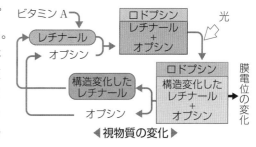

◀視物質の変化▶

ⅳ）**明順応と暗順応**

- (^{14}　　　　　)　暗所から急に明所に出ると，まぶしくてものが見えにくい。これは，暗所で蓄積された桿体細胞内のロドプシンが一度に構造変化を起こして，桿体細胞が過度に反応するために起こる。ロドプシンが減少すると桿体細胞の感度が低下し，錐体細胞の働きによって見えるようになる。

Answer
1…興奮性シナプス後電位　2…抑制性シナプス後電位　3…空間的加重　4…時間的加重　5…適刺激　6…視覚
7…聴覚　8…網膜　9…錐体細胞　10…桿体細胞　11…ロドプシン　12…黄斑　13…盲斑　14…明順応

- (^{1}　　　　　) 明所から急に暗所に入ると最初は見えにくいが，やがて見えるようになる。これは，錐体細胞の感度上昇とともに，桿体細胞のロドプシンが蓄積して桿体細胞の感度が上昇したことによって起こる。

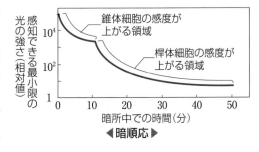

◀暗順応▶

ⅴ）**入光量の調節**　(^{2}　　　　　)にある筋肉が反射的に動き，瞳孔の大きさが変化することで眼に入る光の量が調節される。

ⅵ）**遠近調節**　物体までの距離に応じて(^{3}　　　　　)の厚みを変えることで，網膜に像を結ばせる。

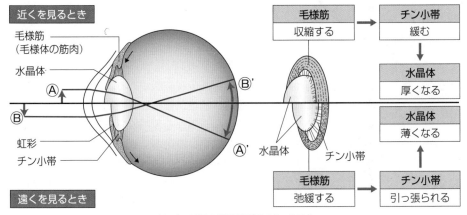

◀ヒトの眼の遠近調整のしくみ▶

❻ヒトの耳の構造と働き

⒜　**耳の構造**　耳は，聴覚と平衡覚に関わる構造から構成される。

ⅰ）**外耳**　外界の音波は耳殻で集められ，外耳道を通って鼓膜を振動させる。

ⅱ）**中耳**　鼓膜の振動は耳小骨によって増幅され，内耳に伝えられる。

ⅲ）**内耳**　聴覚器としての(^{4}　　　　　　)，平衡器としての(^{5}　　　　)と(^{6}　　　　)がある。

⒝　**聴覚が生じるしくみ**

ⅰ）**聴覚が生じるしくみ**　中耳から伝わった振動は内耳の(^{7}　　　　　)を介して，うずまき管内のリンパ液に伝えられる。リンパ液の振動がうずまき管内の基底膜を振動させることで，基底膜上にある(^{8}　　　　　)で(^{9}　　　　　)の感覚毛が変形して，聴細胞の膜電位が変化する。その後，音波の情報は，聴神経を介して大脳の聴覚中枢に伝えられ，聴覚を生じる。

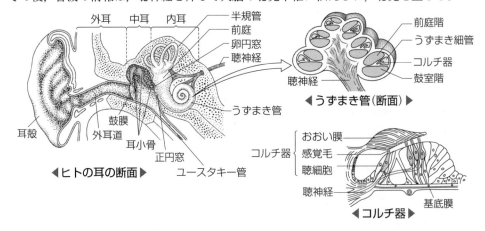

◀ヒトの耳の断面▶　　◀うずまき管（断面）▶　　◀コルチ器▶

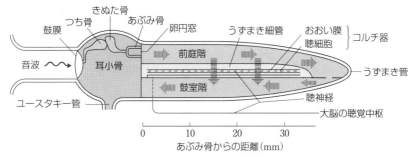

◀うずまき管をのばしたところ▶

ⅱ）音の高低の識別　音波の振動数によって，基底膜の振動する場所が決まっている。

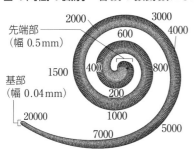

◀基底膜の全長と受容する音波（数値は振動数）▶

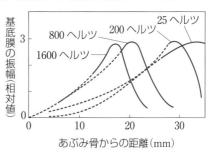

◀基底膜が最大の振幅を示す位置▶

(c)　平衡覚が生じるしくみ

ⅰ）(^{10}　　　　　)からだが傾くと，(^{10}　　　　　)の感覚細胞（有毛細胞）上の(^{11}　　　　　)（耳石）がずれ，感覚毛が押されて感覚細胞が興奮する。

ⅱ）(^{12}　　　　　)前庭につながる半円状の管で，3個の半規管が互いに直交する面に配置されている。その中でからだの回転に伴って管内の(^{13}　　　　　)に動きが生じ，感覚毛が刺激されて回転運動の方向や速さの感覚が生じる。

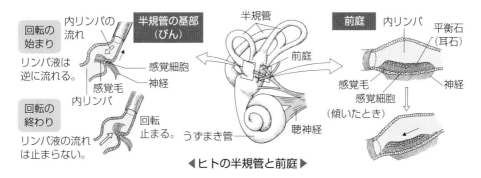

◀ヒトの半規管と前庭▶

❼嗅覚が生じるしくみ

空気中の化学物質を，嗅上皮の(^{14}　　　　　)で受容することで嗅覚が生じる。化学物質の受容体は約350種類あり，1つの嗅細胞はこのうちの1種類の受容体しかもたないが，1種類の化学物質は複数の種類の受容体と結合できる。化学物質と結合した受容体の組み合わせで，何千種類ものにおいを嗅ぎ分けることができる。

Answer
1…暗順応　2…虹彩　3…水晶体　4…うずまき管　5，6…前庭，半規管（順不同）　7…卵円窓　8…コルチ器
9…聴細胞　10…前庭　11…平衡石　12…半規管　13…リンパ液　14…嗅細胞

❽中枢神経系の構造と働き

(a) **脳の構造**　脳は，大脳，間脳，中脳，小脳，延髄，橋からなる。間脳・中脳・延髄・橋は，生命維持に関する重要な機能をもっており，まとめて(^{1}　　　　)という。

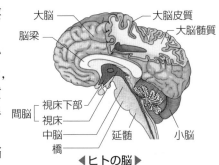

◀ヒトの脳▶

　ⅰ) (^{2}　　　　)　大脳皮質(灰白質)と大脳髄質(白質)からなる。大脳皮質は，大脳表面の大半を占める新皮質と，古皮質・原皮質などを含む辺縁皮質からなる。辺縁皮質には，記憶に関わる(^{3}　　　　)が存在する。左右の半球は，脳梁でつながっている。

　ⅱ) (^{4}　　　　)　視床と視床下部からなる。視床は大脳に伝わる興奮を中継する。視床下部は，自律神経系の総合中枢として働く。

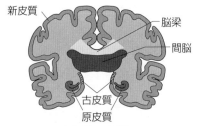

◀大脳の皮質▶

　ⅲ) (^{5}　　　　)　姿勢を保つ中枢，眼球運動や瞳孔調節を担う反射中枢。

　ⅳ) (^{6}　　　　)　からだの平衡を保つ中枢。

　ⅴ) (^{7}　　　　)　心臓の拍動・呼吸運動を支配する中枢，消化液・涙の分泌の反射中枢。

　ⅵ) **橋**　大脳からの情報を小脳に中継して運動を制御している。

(b) **脊髄**　外側が白質，内側が灰白質(H字形)で，(^{8}　　　　)から感覚ニューロンが入り，(^{9}　　　　)からは運動ニューロンが出る。

(c) **反射**　刺激に対し無意識に起こる反応。脊髄・中脳・延髄などが反射中枢として働く。反射が起こる際の，興奮の伝達経路を(^{10}　　　　)といい，大脳を経由しない。

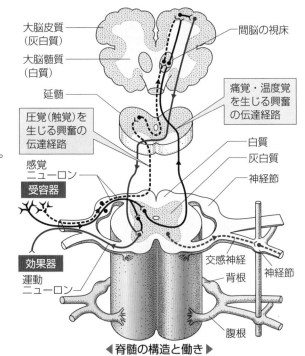

◀脊髄の構造と働き▶

　ⅰ) **脊髄反射**　膝蓋腱反射(膝のすぐ下を叩くと，足が前に跳ね上がる)，屈筋反射(熱いものに触れると手を引く)

　ⅱ) **中脳反射**　立ち直り反射(直立姿勢が崩れた際，頭部を水平にして元の状態に戻そうとする)，まぶしいときに瞳孔が小さくなる瞳孔反射

　ⅲ) **延髄反射**　だ液分泌反射(口にものが入ると，だ液が出る)

❾効果器と反応

(a) **骨格筋の構造**　骨格筋は，(^{11}　　　　)と呼ばれる多核の細長い細胞が集まったもので，その中に(^{12}　　　　)が束になっている。(^{12}　　　　)は明るくみえる(^{13}　　　　)と，暗くみえる(^{14}　　　　)が交互に配列しており，(^{13}　　　　)の中央にはZ膜と呼ばれる仕切りがある。Z膜とZ膜の間をサルコメア(筋節)という。筋原繊維は，細い(^{15}　　　　)と太い(^{16}　　　　)からなる。

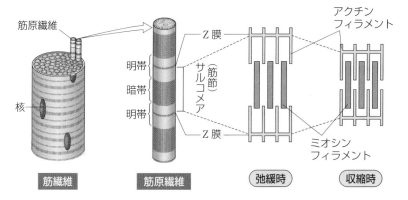

◀骨格筋の構造と筋収縮のしくみ▶

(b) **筋繊維に連絡する神経**

ⅰ) **終板**　運動ニューロンの神経終末と筋繊維がシナプスを形成している部分は，(^{17}　　　　)と呼ばれる。

ⅱ) **運動単位**　骨格筋に連絡する運動ニューロンの軸索は途中で分岐して複数の筋繊維とシナプスを形成するため，1本の運動ニューロンの興奮により複数の筋繊維が収縮する。1本の運動ニューロンと，これが支配するすべての筋繊維をあわせて**運動単位**という。

(c) **骨格筋の収縮**　筋収縮は，ミオシンフィラメントの間にアクチンフィラメントが滑り込むことで起こる。これを(^{18}　　　　)という。このとき，フィラメントの長さはどちらも変わらない。また，アクチンフィラメントは，**アクチン**のほか，**トロポニン**，**トロポミオシン**と呼ばれるタンパク質からできている。

ⅰ) **筋肉の収縮時**　筋小胞体から放出される Ca^{2+} はトロポニンと結合し，これがミオシン結合部位を遮っていたトロポミオシンを外す役割を果たす。その結果，ミオシン頭部とアクチン分子とが結合し，筋収縮がはじまる。

ⅱ) **筋肉の弛緩時**　筋小胞体への刺激がなくなると Ca^{2+} が筋小胞体に回収され，トロポミオシンがアクチンのミオシン結合部位を隠し，筋肉は弛緩する。

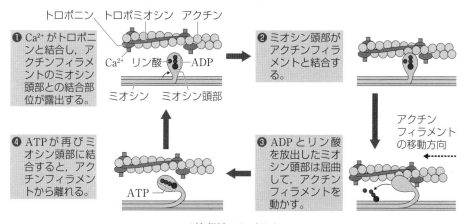

◀筋収縮のしくみ▶

Answer ▶ ┄┄┄

1…脳幹　2…大脳　3…海馬　4…間脳　5…中脳　6…小脳　7…延髄　8…背根　9…腹根　10…反射弓
11…筋繊維　12…筋原繊維　13…明帯　14…暗帯　15…アクチンフィラメント　16…ミオシンフィラメント　17…終板
18…滑り説

(d) **ATP の再生**　高エネルギーリン酸結合をもつ(^{1}　　　　　　　　)がADPにリン酸を渡す
ことで，筋収縮で消費されたATPは直ちに再生される。このため，筋肉中のATP量は，収縮が続
いても一定に保たれる。

(e) **筋肉の収縮曲線**

　i)(^{2}　　　　　　)　単一の刺激を与えたときに起こ
　　る収縮。ミオグラフで記録した単収縮曲線は，潜伏
　　期，収縮期，弛緩期などに分けられる。

　ii)**強縮**　連続刺激を与えたときに起こる収縮。これ
　　は，連続的な刺激によって，弛緩期が短くなるため
　　に起こる。

　iii)(^{3}　　　　　　)…刺激の間隔が比較的長いと
　　き(15回/秒)の収縮。

　iv)(^{4}　　　　　　)…刺激の間隔が短いとき(30
　　回/秒)の収縮。随意筋の収縮。

(f) **刺激の強さと筋収縮**　1本の筋繊維に閾値以上の刺
激を与えると，一定の強さで収縮する。骨格筋を構成
する各筋繊維の閾値はそれぞれ異なるため，刺激が強
くなると収縮する筋繊維の数がふえ，筋収縮は大きく
なる。

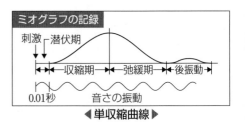

ミオグラフの記録
刺激　潜伏期
収縮期　弛緩期　後振動
0.01秒　　音さの振動
◀**単収縮曲線**▶

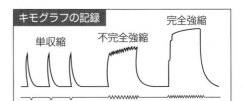

キモグラフの記録
完全強縮
単収縮　不完全強縮
疎 ← 刺激の間隔 → 密
◀**単収縮と強縮**▶

２ **動物の行動**

❶生得的行動

　動物が特定の刺激に対して起こす生まれつき備わっている行動を，(^{5}　　　　　　　)という。

(a)(^{6}　　　　　　)　カイコガの雌の発するフェロモンやイトヨの雌の膨らんだ腹部のような，行
動の引き金となる特定の刺激。

　i)(^{7}　　　　　　)　体外に放出され，それを感知した同種の他個体が特有の行動を引き起こす
　　化学物質。　〔例〕　性フェロモン，道しるべフェロモン，警戒フェロモン

(b)(^{8}　　　　　　　　)　かぎ刺激に対して起こる定型的な行動。

　〔例〕　カイコガの探索行動，イトヨの生殖行動，ハイイロガンの卵転がし運動

(c)**定位**　外界からの刺激をもとに，自分のからだを特定の方向に向ける行動を定位という。ツルな
どの渡り鳥には，遠距離の目的地の方向を定めるために，太陽の位置を基準にして方向を決めるし
くみをもつ種がある。

　i)**走性**　光や化学物質，電気などの刺激に対して一定の方向に移動する行動を(^{9}　　　　)とい
　　う。刺激源に近づく場合を**正の走性**，遠ざかる場合を**負の走性**という。

光走性……プラナリア・ミミズ(−)， 　　　　ミドリムシ(弱い光に＋，強い光に−)	重力走性…ミミズ(＋)， 　　　　　マイマイ・ゾウリムシ(−)
化学走性…ハエ(アンモニアに＋)	電気走性…ゾウリムシ(−)(陰極へ集まる)
音波走性…コオロギ(＋)	流れ走性…メダカ・アメンボ(＋)

　　　　＋…正の走性　　　−…負の走性

(d)**中枢パターン発生器**　歩行や呼吸，遊泳，飛翔などといった周期的な運動パターンは，
(^{10}　　　　　　　　)(CPG)と呼ばれる神経回路によって生み出される。

　〔例〕　バッタの飛翔に関わる神経回路

❷習得的行動と学習

　受容した刺激に応じて神経回路が可塑的に変化し，行動パターンが変わることがある。この行動の変化を（¹¹　　　　　）といい，変化した行動を（¹²　　　　　　　　）という。

(a)　慣れ　害のない刺激がくり返されると，それに反応しなくなる。これは（¹³　　　　　）と呼ばれる学習である。

　　ⅰ）慣れが起こるしくみ　くり返し刺激を与えると，刺激を伝える感覚ニューロンのシナプス小胞が減少したり，電位依存性カルシウムチャネルが不活性化したりする。その結果，神経伝達物質の放出量が減少し，伝達効率が低下することで慣れが生じる。

　　〔アメフラシの例〕　水管を継続的に触ると，えらを引っ込める反射が起こりにくくなる。

(b)　脱慣れと鋭敏化〔アメフラシの例〕

　　ⅰ）脱慣れと鋭敏化　慣れの生じた個体に対して，尾などの別の部分を刺激した後，水管を触ると，再びえら引っ込め反射が起こる。この現象を（¹⁴　　　　　）という。また，強い刺激を尾に与えると，弱いえら引っ込め反射しか生じない刺激に対しても，大きな反射が生じるようになる。これを（¹⁵　　　　　）という。

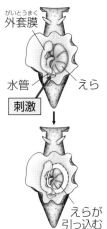

◀アメフラシの反射▶

　　ⅱ）脱慣れと鋭敏化が起こるしくみ　水管からの刺激を伝える感覚ニューロンと，尾からの刺激を伝える感覚ニューロンは，介在ニューロンでつながっている。介在ニューロンから放出されたセロトニンを感覚ニューロンが受容すると，感覚ニューロンの末端でcAMPがつくられる。cAMPはプロテインキナーゼ（PK）という酵素を活性化させ，K^+チャネルを閉じさせる。このため，活動電位の持続時間が長くなり，神経終末へのCa^{2+}の流入量がふえる。それに伴い，シナプス小胞からの神経伝達物質の放出量が増加して伝達効率が高まり，脱慣れや鋭敏化が起こる。

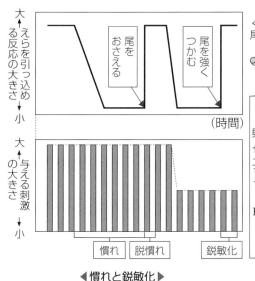

◀慣れと鋭敏化▶　　　　◀鋭敏化の伝達効率増強のしくみ▶

Answer〉‥‥‥

1…クレアチンリン酸　2…単収縮　3…不完全強縮　4…完全強縮　5…生得的行動　6…かぎ刺激　7…フェロモン
8…固定的動作パターン　9…走性　10…中枢パターン発生器　11…学習　12…習得的行動　13…慣れ　14…脱慣れ
15…鋭敏化

(c) **古典的条件付け**　ある反射を，それとは無関係の刺激（条件刺激）のもとでくり返して起こさせると，条件刺激だけで反射が起こるようになる。このように，ある反応を起こす刺激と，その反応とは本来無関係な刺激とを結びつける学習を，(^{1}　　　　　　　　)という。

〔例〕　パブロフの実験　イヌにベルの音（条件刺激）を聞かせた直後に肉片を与えることをくり返すと，ベルの音だけでだ液が出るようになる。

(d) (^{2}　　　　　　　　　　　)　動物の自発的な行動と，それにより生じる結果とを結びつける学習。

〔例〕　レバーを押すと食物が出るように設定した箱にネズミを入れると，最初はたまたまレバーに当たって食物を得るが，しだいに自発的にレバーを押す頻度が上がる。

(e) **臨界期**　動物の成長過程で，神経回路が形成されやすい時期があり，ある現象や反応が成立するかどうかがその時期に決まる場合がある。この時期を(^{3}　　　　　　　)という。

ⅰ）**刷込み**　鳥類のヒナは，ふ化後最初に見た動くものの後を追うようになる。発育初期の限られた時期に行動の対象を記憶する学習を(^{4}　　　　　)（インプリンティング）という。

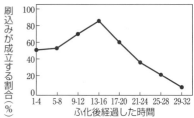

◀刷込みの成立（カモのひな）▶

ⅱ）**小鳥のさえずり学習**　ある種の鳥類のさえずり学習は，雄親のさえずりを聞き，その音声パターンを脳に記憶する感覚学習と，記憶した音声パターンをまねて練習する運動学習で成り立っている。感覚学習の臨界期は生後20〜65日，運動学習は生後30〜90日であり，臨界期を過ぎると，学習してもうまくさえずることができない。

(f) **試行錯誤**　同じ行動を何度もくり返し行うことで，行動が変化することがある。このような学習のしかたを(^{5}　　　　　　)という。

(g) **知能行動**　経験や学習を元に，未経験の状況に対しても，目的に対応した適切な行動がとれるようになる。これを(^{6}　　　　　　)という。

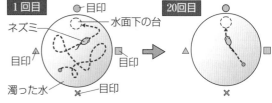

はじめは偶然台にたどりつくが，経験を重ねると，目印をもとに直線的に台の方へ泳ぐようになる。

◀ネズミの試行錯誤▶

参考　**ミツバチのダンス**

蜜をもち帰った働きバチは，巣板の垂直面でダンスをすることによって，えさ場までの距離と方向を伝える。えさ場が近くにあるときは円形ダンスを，遠くにあるときは8の字ダンスをくり返す。8の字ダンスの中央直線部分を進む方向と，重力に対し反対方向（鉛直上方）がなす角度は，えさ場の方向と太陽がなす角度を示す。また，えさ場までの距離はダンスの速さで知らせ，遅いほど遠いことを示す。

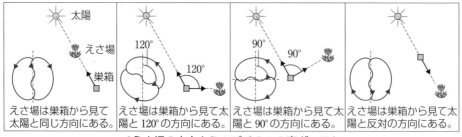

◀えさ場の方向とミツバチの8の字ダンス▶

Answer
1…古典的条件付け　2…オペラント条件付け　3…臨界期　4…刷込み　5…試行錯誤　6…知能行動

1. 光や音などの外界からの刺激を受容する器官を総称して何というか。　　　　　_____

2. ニューロンの細胞体から細長く伸びた突起を何というか。　　　　　_____

3. ニューロンが刺激されて一定の大きさの脱分極が起きた影響で瞬間的に生じる大きな膜電位の変化を何というか。　　　　　_____

4. 興奮することができる細胞は、刺激を受けると、興奮するかしないかのいずれかを示す。この法則を何というか。　　　　　_____

5. 興奮がランビエ絞輪からランビエ絞輪へ伝わる伝導を何というか。　　　　　_____

6. 神経終末は、わずかなすき間をおいて他のニューロンの樹状突起や細胞体、効果器に接している。この部分を何というか。　　　　　_____

7. 神経終末に興奮が到達するとシナプス間隙に放出され、興奮をシナプス後細胞に伝える物質を何というか。　　　　　_____

8. 強い光の下で働き、色の識別に関与する視細胞を何というか。　　　　　_____

9. 桿体細胞がもつ、光によって分解される視物質を何というか。　　　　　_____

10. シナプスの伝達効率が変化することを何というか。　　　　　_____

11. 骨格筋の筋繊維の中に束となって多数詰まっている細長い繊維を何というか。　　　　　_____

12. ミオシンフィラメントの間にアクチンフィラメントが滑り込み、筋収縮が起こるとする考え方を何というか。　　　　　_____

13. 動物に生まれつき備わった、特定の刺激に対する定型的な行動を何というか。　　　　　_____

14. 動物において、害のない刺激がくり返されたとき、その刺激に対して反応しなくなる学習を何というか。　　　　　_____

15. 動物において、有害な刺激を受けたときに、別の弱い刺激に対しても防御反応が過敏に現れることを何というか。　　　　　_____

Answer ▶ ···

1. 受容器　**2.** 軸索　**3.** 活動電位　**4.** 全か無かの法則　**5.** 跳躍伝導　**6.** シナプス　**7.** 神経伝達物質　**8.** 錐体細胞
9. ロドプシン　**10.** シナプス可塑性　**11.** 筋原繊維　**12.** 滑り説　**13.** 生得的行動　**14.** 慣れ　**15.** 鋭敏化

第8章　動物の反応と行動

基本例題15　興奮の伝導

➡基本問題118

　図は活動電位を測定した結果である。図の①～③の状態を表す記述として正しいものをそれぞれ以下のア～カから選び，記号で答えよ。

ア．細胞内外へのイオンの移動が釣り合っていて，膜電位がほぼ一定に保たれている。

イ．イオンの移動がないため，膜電位が一定である。

ウ．K^+ が細胞内に移動することで電位が上昇する。

エ．K^+ が細胞外に移動することで電位が下降する。

オ．Na^+ が細胞内に移動することで電位が上昇する。

カ．Na^+ が細胞外に移動することで電位が下降する。

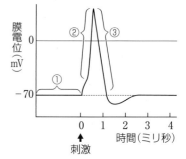

■ **考え方** 静止状態は，イオンの細胞内外への移動がないのではなく，それが釣り合っていて移動がないようにみえている状態である。また，このとき細胞の外側に Na^+ が，内側に K^+ が多く分布している。ニューロンなどは，閾値を超える刺激を受けると，電位依存性ナトリウムチャネルが一斉に開き，Na^+ が細胞内に流入して膜電位が急上昇する。また，電位依存性ナトリウムチャネルに遅れて，電位依存性カリウムチャネルが一斉に開き，K^+ が細胞外に排出される。これに並行して，電位依存性ナトリウムチャネルが不活性化の過程を経て閉じるため，膜電位が急降下する。

解 答
①…ア
②…オ
③…エ

解説動画

基本例題16　骨格筋の収縮

➡基本問題130

　骨格筋の収縮について以下の各問いに答えよ。なお，図中の数字は，文中の空欄のものと一致している。

　骨格筋は筋繊維からできており，筋繊維はさらに細い筋原繊維でできている。筋原繊維は明帯と暗帯とが交互に配列しており，このしま模様から骨格筋は（　1　）とも呼ばれる。筋原繊維は，細い（　2　）と太い（　3　）から構成されている。（　4　）と（　4　）で仕切られた間を（　5　）という。

(1) 文中の（　1　）～（　5　）に適する語を答えよ。

(2) 骨格筋の細胞は，筋繊維，筋原繊維のどちらか。

(3) 下線部の暗帯を示しているのは図中のa～gのどの範囲か。

(4) 弛緩時と比べて収縮時に長さが短くなる部分を，a～gのなかからすべて選べ。

■ **考え方** (2)筋繊維は多核の細胞で，その中に筋原繊維が多数束になって詰まっている。

(3)太いミオシンフィラメントが顕微鏡で観察したときに光を通さず暗く見えている。

(4)b，d，fはフィラメントそのものなので，それ自体は短くならない。

解 答
(1)1…横紋筋
2…アクチンフィラメント
3…ミオシンフィラメント
4…Z膜
5…サルコメア(筋節)
(2)筋繊維　(3)f　(4)a，c，e，g

118. 活動電位の発生のしくみ
[思考]

●活動電位は，細胞膜上の膜輸送タンパク質によるイオンの移動によって生じる。右図は膜電位の変化を示している。次の各問いに答えよ。

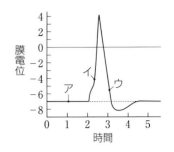

問1．ニューロンは，ある強さ以上の刺激を受けると興奮する。興奮を生じさせる最小の刺激の強さを何というか。

_____

問2．図の横軸と縦軸の1目盛り分が表す大きさとして適当なものを①～④からそれぞれ1つ選び，番号で答えよ。

横軸： ① 1秒　② 1/10秒　③ 1/100秒　④ 1/1000秒
縦軸： ① 1V　② 1/10V　③ 1/100V　④ 1/1000V

横軸． _____　　縦軸． _____

問3．次の①～③はそれぞれ，4種類の膜輸送タンパク質を介したイオンの移動のようすを示している。図のア～ウの膜電位のときのようすとして，最も適当なものをそれぞれ選べ。なお，実線の矢印はNa$^+$の移動を，破線の矢印はK$^+$の移動を表している。

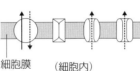

ア． _____　　イ． _____　　ウ． _____

119. 刺激の強さと活動電位
[知識]

●あるニューロンへの刺激を少しずつ強くしながら，膜電位の変化を調べる実験を行ったところ，図のような結果が得られた。次の各問いに答えよ。

問1．ニューロンの軸索では，刺激の強弱は何に変換されて伝えられているか。①～④から最も適当なものを1つ選べ。
① 活動電位の大きさ　　　　② 活動電位の発生頻度
③ 活動電位と静止電位の大きさの差　④ 静止電位の大きさ

_____

問2．この実験の結果からわかることを，次の①～⑤のなかからすべて選べ。
① 刺激の強さに関わらず，必ず興奮が起こる。
② 刺激の強さが閾値以上になると，はじめて興奮が起こる。
③ 刺激の強さに比例して，活動電位の大きさも大きくなる。
④ 閾値以上では刺激の強さによらず，活動電位の大きさは変わらない。
⑤ すべてのニューロンで閾値は同じ値である。

_____

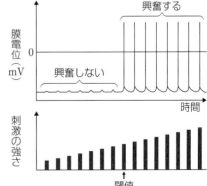

問3．この実験で示されるような性質を何というか答えよ。

_____

第8章　動物の反応と行動

120. 興奮の伝導と伝達 [知識] ●次の文章を読み，以下の各問いに答えよ。

脊椎動物の神経系は，中枢神経系と（ 1 ）神経系の2つに大別される。中枢神経系は，脳とそれに続く（ 2 ）から構成されており，ヒトでは複雑な反応ができるように発達している。脳や脊髄から出て，内臓や体内の各器官へ分布し，視床下部からの指令によって恒常性の維持に働く（ 3 ）神経系は，2つのきっ抗する作用をもつ交感神経と副交感神経からなる。ニューロンは，受けた刺激の情報を電気的な信号に変えて伝えることに特化した細胞である。電気的な信号が同一ニューロン内で伝わることを興奮の（ 4 ）といい，ニューロン間で興奮が伝わることを興奮の（ 5 ）という。

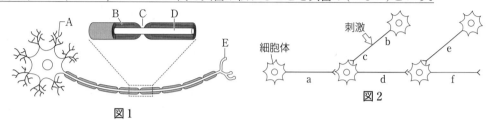

図1

図2

問1．文中の（ 1 ）～（ 5 ）に当てはまる適切な語を答えよ。

1. _____　2. _____　3. _____　4. _____　5. _____

問2．図1のA～Eの部位の名称を答えよ。

A. _____　B. _____　C. _____

D. _____　E. _____

問3．図1のBをもつ神経繊維を何というか。また，Bの有無は何に関与するか答えよ。

_____　_____

問4．感覚ニューロンや運動ニューロンと，中枢の介在ニューロンでは，図1のBを形成する細胞の種類が異なる。それぞれについて，細胞の名称を答えよ。

感覚ニューロンや運動ニューロン. _____　介在ニューロン. _____

問5．下線部に関して，5つのニューロンが図2に示すようにつながっていた場合，矢印の位置に人工的な刺激を与えたときに，興奮が伝わる部位をa～fのなかからすべて選び，記号で答えよ。

_____

121. 興奮の伝達 [知識] ●次の文章を読み，以下の各問いに答えよ。

ニューロンの接続部であるシナプスでは，シナプス前細胞の神経終末まで興奮が伝導すると，電位依存性（ 1 ）チャネルが開き，神経終末内に（ 1 ）イオンが流入する。この結果，神経終末にある（ 2 ）のエキソサイトーシスが誘発され，内部に含まれる神経伝達物質が（ 3 ）に放出される。シナプス後細胞には，神経伝達物質の（ 4 ）となる伝達物質依存性イオンチャネルがあり，伝達物質が結合するとイオンチャネルが開き，シナプス後細胞内にイオンが流入する。これによって，シナプス後細胞の膜電位が変化し，興奮などの反応が引き起こされる。このとき開いたイオンチャネルが（ 5 ）チャネルであると，シナプス後細胞内に（ 5 ）イオンが流入して，①膜電位を上昇させる。一方，開いたイオンチャネルが塩化物イオンチャネルであると，②シナプス後細胞内に塩化物イオンが流入し，膜電位を低下させる。

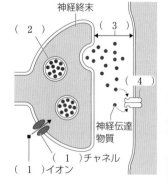

問1．文中の（　1　）～（　5　）に適語を入れよ。

1. _____ 2. _____ 3. _____

4. _____ 5. _____

問2．下線部①の電位変化は過分極性か脱分極性か。

_____

問3．下線部②のような電位変化を何というか。

_____

知識

122. 受容器と適刺激 ●次の表は，ヒトの適刺激，受容器，感覚の関係を示したものである。表中の空欄に適する語を答えよ。

適刺激	受容器	感覚
（　1　）	眼の（　4　）	視覚
（　2　）	耳の（　5　）	聴覚
からだの傾き	耳の（　6　）	（　10　）
からだの（　3　）	耳の半規管	（　10　）
空気中の化学物質	鼻の（　7　）	嗅覚
液体中の化学物質	舌の（　8　）	味覚
圧力，化学物質など	皮膚の（　9　）	痛覚

1. _____ 2. _____
3. _____ 4. _____
5. _____ 6. _____
7. _____ 8. _____
9. _____ 10. _____

知識

123. 眼の構造と働き ●眼の構造と働きに関する次の文章を読み，以下の各問いに答えよ。

　ヒトの眼はきわめて発達した視覚器で，カメラとよく似た構造をしている。眼の最外部にあるまぶたは眼を保護する役目をもっている。

　ア（　1　）はカメラの絞りに相当し，瞳孔の大きさを変化させ，イ（　2　）に達する光の量を調節する。（　2　）に写し出された像の情報は，ウ（　3　）を通して大脳に伝達される。レンズにあたるエ水晶体は，見ようとする物体との距離に応じて，オ毛様筋とカチン小帯によって厚さが変わり，ピントを調節する働きがある。フィルムに相当する（　2　）には2種類の視細胞がある。視細胞の1つは，明るいところで（　4　）の区別に関わる（　5　）である。（　5　）は，（　2　）の中央部であるキ（　6　）に多く分布し，青色，緑色，赤色の波長の光を最もよく吸収する3種類の細胞があり，フォトプシンと呼ばれる視物質を含む。もう1つの視細胞は，暗いところでも光の強弱を識別できる（　7　）である。

問1．文中の（　　）に適する語を記せ。

1. _____ 2. _____ 3. _____ 4. _____

5. _____ 6. _____ 7. _____

問2．上図は，ヒトの眼の構造を模式的に示している。文中の下線部ア～キに当てはまる部位を図のa～jのなかから選び，記号で答えよ。

ア．_____ イ．_____ ウ．_____ エ．_____

オ．_____ カ．_____ キ．_____

124. [知識] [計算] **盲斑の測定** ●次の文章は，盲斑を検出する実験に関するものである。水晶体の中心から網膜までの距離が 20 mm であるものとして，以下の各問いに答えよ。

実験に際し，120 mm の間隔を空けて 2 つの点を描いた検査用紙を準備した。左側の点を A，右側の点を B とする。眼の前方正面に検査用紙を置き，ア 点 A に視線を固定することとし，左右の眼のそれぞれで試すと一方の眼だけで実験ができた。実験では，イ 視線を動かさないようにして検査用紙を遠近方向に動かしたところ，検査用紙と眼（水晶体の中心）の距離が 500 mm のときに点 B が見えなくなった。

次に，検査用紙と眼の距離を 500 mm に保ち，視線を点 A に固定したまま，紙の上でペン先を A から B の方向に移動させた。すると，点 B の位置でペン先が見えなくなり，ある位置で再び見えた。この位置を点 C とする。

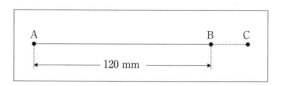

問 1．下線部アに関して，検査できたのはどちらの眼か。

問 2．下の文の（　　）に入る適切な語を①～④のなかから 1 つ選べ。

実験ができた眼から，盲斑は網膜の中央から（　　）にずれた位置にあることがわかる。

①　上側　　②　下側　　③　鼻側　　④　耳側

問 3．下線部イより，調べられた黄斑から盲斑までの距離は何 mm か。ただし，黄斑と盲斑を結ぶ線は直線で，点 A と B を結ぶ直線と平行であると考えてよい。

問 4．実験の結果，BC 間の距離は 25 mm であった。調べられた盲斑の直径は何 mm か。

125. [知識] **明暗調節** ●明暗調節について次の文章を読み，以下の各問いに答えよ。

明所から急に暗所へ入ると，最初はよく見えないが，しばらくすると見えるようになる現象を「暗順応」という。網膜は光を受容する 2 種類の細胞をもつ（細胞 A，細胞 B とする）。図は，暗順応における 2 種類の細胞の感度変化を示したものである。

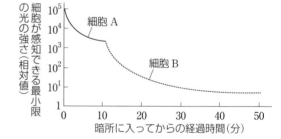

問 1．図からわかることとして，適切なものを次の①～④のなかからすべて選べ。

①　細胞 B の弱い光に対する感度は，細胞 A の弱い光に対する感度よりも高い。

②　細胞 A の弱い光に対する感度は，細胞 B の弱い光に対する感度よりも高い。

③　最初に細胞 A の感度が少し上昇し，続いて細胞 B の感度が上昇する。

④　最初に細胞 A の感度が少し低下し，続いて細胞 B の感度が低下する。

問 2．下線部に関して，文中の（　　）に適する語をそれぞれ答えよ。

桿体細胞の視物質は（　1　）といい，（　2　）というタンパク質に，ビタミン A からつくられる（　3　）が結合してできた物質である。この（　1　）に光が当たると（　3　）が構造変化を起こし，これがタンパク質である（　2　）の部分的な立体構造の変化をもたらし，桿体細胞に（　4　）電位が発生する。

1.＿＿＿＿＿＿＿　　2.＿＿＿＿＿＿＿

3.＿＿＿＿＿＿＿　　4.＿＿＿＿＿＿＿

126. [知識] **耳の構造と働き** ●下図は，ヒトの耳の構造の模式図である。以下の各問いに答えよ。

問１．図の(a)～(f)の名称を記せ。

(a). _____   (b). _____

(c). _____   (d). _____

(e). _____   (f). _____

耳の構造

問２．コルチ器と呼ばれる部位に該当する部分を，図の(a)～(f)の
なかからすべて選べ。

_____

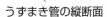
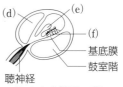

うずまき管の縦断面

うずまき管の一部

問３．次の(1)～(4)の各部分における音の情報の伝わり方を①～④
のなかから選び，それぞれ番号で答えよ。

(1) 外部～鼓膜まで　　(2) 鼓膜～内耳まで

(3) うずまき管内　　　(4) 聴神経内

① 膜電位の変化　　　② 骨の振動

③ リンパ液の振動　　④ 空気の振動

(1). _____　(2). _____　(3). _____　(4). _____

問４．次の文章の空欄に適語を答えよ。

　平衡器は，回転に関係する（　1　）と，からだの傾きに関係する（　2　）からなり，回転感覚は，
（　1　）の中にある（　3　）の動きが感覚細胞の感覚毛に伝わり，興奮を起こさせることによって生
じる。傾きの感覚は，（　2　）内にある感覚細胞の感覚毛の上に乗っている（　4　）がずれ，重力の
変化を感覚細胞に伝えることによって生じる。

1. _____　2. _____　3. _____　4. _____

127. [知識] **ヒトの聴覚器** ●次の文章を読み，以下の各問いに答えよ。

　ヒトでは，外界からの音は，外耳を通り，鼓膜を振動させる。中耳では鼓膜の振動を（　1　）を介し
て卵円窓に伝え，内耳に到達する。内耳で音を受容する器官は，（　2　）である。（　2　）を満たすリ
ンパ液が音の入力により振動すると，基底膜が揺れ，その上に分布する（　3　）が興奮する。この興奮
が信号として（　4　）に伝わり，最終的に音の情報が脳へと達する。

問１．文章中の（　1　）～（　4　）に適する語を答えよ。

1. _____   2. _____

3. _____   4. _____

問２．ヒトが音の高低を聞き分けるしくみについて，右図を参
考に，次の文中の{　}で示された語のうち，適当な方を選
び，それぞれ記号で答えよ。

　基底膜の幅は，うずまき管の奥にいくにつれて{ a．広く
b．狭く}なっており，奥にいくほど振動数の{ c．大きい
d．小さい}音波を受容し，{ e．高音　　f．低音}として知覚
される。

_____　_____　_____

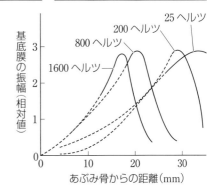

128. ヒトの中枢神経系 ●下図は脳の縦断面を示している。以下の各問いに答えよ。

問1．A〜Fで示した部位の名称を，次の①〜⑥のなかからそれぞれ選べ。

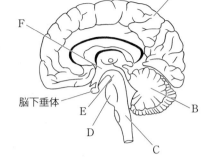

① 小脳　② 中脳　③ 間脳
④ 大脳　⑤ 延髄　⑥ 橋

A.＿＿＿＿＿　B.＿＿＿＿＿　C.＿＿＿＿＿

D.＿＿＿＿＿　E.＿＿＿＿＿　F.＿＿＿＿＿

問2．次の(a)〜(f)の機能は，図のどの部分の働きについて述べたものか。A〜Fの記号で答えよ。

(a) 呼吸運動や心臓の拍動を調節する中枢。
(b) 体温，水分，血糖濃度などを調節する中枢。
(c) 眼球の運動や瞳孔の調節をする中枢。
(d) からだの平衡を保つ中枢。
(e) 感覚や随意運動の中枢。
(f) AとBを中継し，運動を制御する。

(a).＿＿＿＿　(b).＿＿＿＿　(c).＿＿＿＿　(d).＿＿＿＿　(e).＿＿＿＿　(f).＿＿＿＿

問3．図中のAに関して述べた次の文章について，（　　）に適する語をそれぞれ答えよ。

　Aには，外側の（　1　）と呼ばれる細胞体の集まっている部分と，内側の（　2　）と呼ばれる神経繊維の集まった部分があり，（　1　）はAの表面の大半を占める（　3　）と，間脳の近くにある古皮質・原皮質などを含む（　4　）とからなる。（　4　）には記憶に関わる（　5　）と呼ばれる部位も含まれる。

1.＿＿＿＿＿　2.＿＿＿＿＿　3.＿＿＿＿＿

4.＿＿＿＿＿　5.＿＿＿＿＿

129. 脊髄反射と興奮の伝導経路 ●

　図は，ヒトの神経系の一部を模式的に示したものである。図中の①〜⑬は，神経終末やシナプスを示している。これについて次の各問いに答えよ。

問1．図中の〔ア〕〜〔コ〕に適する語を答えよ。

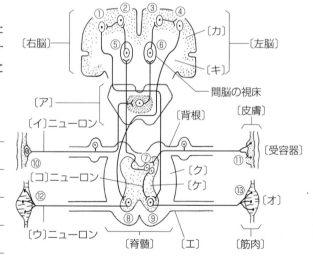

ア.＿＿＿＿＿　イ.＿＿＿＿＿

ウ.＿＿＿＿＿　エ.＿＿＿＿＿

オ.＿＿＿＿＿　カ.＿＿＿＿＿

キ.＿＿＿＿＿　ク.＿＿＿＿＿

ケ.＿＿＿＿＿　コ.＿＿＿＿＿

問2．次の(a)，(b)における興奮の流れを，図の①〜⑬を使って，例のように途中を省略せずに記せ。
　例：①→②→③→④
(a) 左手が熱いストーブに触れ，思わず手を引いた。
(b) 右手で握手したところ相手の手に力がこもったので，力強く握り返した。

(a).＿＿＿＿＿＿＿＿＿　(b).＿＿＿＿＿＿＿＿＿

130. 骨格筋の収縮のしくみ

思考 **論述** ●次の文章を読み，以下の各問いに答えよ。

脊椎動物の骨格筋は筋繊維の束でできており，ア筋繊維の中には筋原繊維が多数みられる。筋原繊維では，イ2種類のフィラメントが交互に規則正しく配列し，顕微鏡で観察すると図1のようにしま模様に見える。このような筋肉を（　1　）筋という。血管や消化管壁の筋肉など，しま模様のない筋肉は（　2　）筋である。活動電位は筋繊維表面の膜から細胞内部へ伸びるT管を伝わって細胞内へと広がる。T管は，筋原繊維を網目状に包む（　3　）に連絡している。（　3　）は，筋繊維の細胞膜が興奮したことによる情報をT管から受けると，（　4　）を放出して筋原繊維を活性化する。

問1．（　　　）に入る適切な語句をそれぞれ答えよ。

1. _____ 2. _____ 3. _____ 4. _____

問2．下線部イの2種類のフィラメントは図1のA，Bである。名称をそれぞれ答えよ。

A. _____

B. _____

図1

問3．図2のC，Dのタンパク質の名称をそれぞれ答えよ。図2のAとBは図1と同一のフィラメントを示している。

C. _____ D. _____

問4．Dに結合するイオンを答えよ。また，その結果，Cにどのような変化が生じるか40字以内で簡潔に答えよ。

イオン．_____

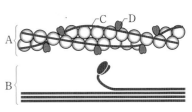

図2

変化．

131. 興奮の伝導速度

知識 **計算** ●カエルのふくらはぎの筋肉と，それにつながっている運動神経を切り取り，神経および筋肉の収縮に関する実験を行った。以下の各問いに答えよ。

〔実験〕 図1の神経と筋肉の接合部から2.0cm離れた運動神経上のA点と，接合部から8.0cm離れたB点に，それぞれ別々に閾値以上の単一の電気刺激を与え，筋肉の収縮を調べた。その結果，図2のような筋収縮のグラフが得られた。

問1．運動神経の神経終末と筋繊維がシナプスを形成している部分を特に何というか。

_____

問2．実験結果から考えて，この運動神経における興奮の伝導速度は何m/秒か。

_____

問3．興奮が筋肉の接合部に伝えられた後，筋肉の収縮がはじまるまでに要する時間は，何ミリ秒と考えられるか。四捨五入して小数第1位まで求めよ。

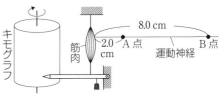

図1

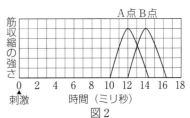

図2

思考

132. 筋収縮のしくみ ●次の文章を読み，以下の各問いに答えよ。

筋収縮では，（　1　）イオンの作用によってアクチンフィラメントの構造が変化し，ミオシン頭部との結合部位が露出して結合できる状態になる。次に，ミオシン頭部がアクチンフィラメントと結合する。その後，（　2　）と（　3　）を放出したミオシン頭部は屈曲し，アクチンフィラメントを動かす。（　4　）が再びミオシン頭部に結合すると，アクチンフィラメントから離れる。

問１．文中の（　1　）〜（　4　）に適する語を答えよ。

1. ＿＿＿＿＿＿　2. ＿＿＿＿＿＿　3. ＿＿＿＿＿＿　4. ＿＿＿＿＿＿

問２．右図は，骨格筋の筋原繊維の両端をつまんで引き伸ばし，さまざまな長さで固定して，筋収縮の際に発生する力(張力)を測定した結果である。ミオシンフィラメントには，中央のわずかな部分を除いて一様に突起があり，アクチンフィラメントと結合する突起の数が多いほど張力は大きくなり，結合がなくなると張力は0になる。また，サルコメアが短くなってアクチンフィラメントどうしが重なっても張力が下がることが知られている。図中のA，Bのときにみられるサルコメアの状態として最も適当なものを，次の①〜④の図のなかから，それぞれ１つ選べ。

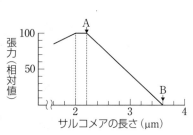

①　②　③　④

A. ＿＿＿＿＿＿

B. ＿＿＿＿＿＿

問３．このミオシンフィラメントの長さを答えよ。

＿＿＿＿＿＿＿＿＿

思考

133. 生得的行動 ●次の文章を読み，以下の各問いに答えよ。

動物は，特定の刺激に対して定型的な行動をとる場合があり，このような行動を（　1　）という。たとえば，カイコガの雄は雌が分泌する化学物質によって誘引されて，雌に対する探索行動を開始する。このような体外に放出されて，同種の個体に特定の反応を起こさせる化学物質を（　2　）という。カイコガの雄にとっての（　2　）のように，行動の引き金となる特定の刺激は（　3　）と呼ばれる。

問１．文章中の空欄に適切な語を答えよ。

1. ＿＿＿＿＿＿　2. ＿＿＿＿＿＿　3. ＿＿＿＿＿＿

問２．下線部を支持する実験とその結果として適当なものを，次の①〜⑤のなかから１つ選べ。

①　ふたで密封した透明ガラス容器に雄をいれて雌の近くに置いた結果，雄はさかんに羽ばたき(婚礼ダンス)をした。

②　ふたを開けた透明ガラス容器に雄をいれて雌の近くに置いた結果，雌は雄の方向へ移動した。

③　両方の触角を基部から切断した雄を雌のそばに置いた結果，雄は羽ばたき(婚礼ダンス)をしなかった。

④　雄の腹部末端を解剖により摘出し，抽出物を得た。それを付着させたろ紙片を雄の入ったガラス容器にいれた結果，雄はさかんに羽ばたき(婚礼ダンス)をした。

⑤　ふたを開けた透明ガラス容器に雌を入れて雄の近くに置いた結果，雄はさかんに羽ばたき(婚礼ダンス)をした。しかし，暗室で同じ実験を行ったところ，その行動は引き起こされなくなった。

＿＿＿＿＿＿＿＿＿

134. [知識] **アメフラシの慣れ** ●次の文章は，アメフラシのえら引っ込め反射における慣れや鋭敏化のしくみについて説明したものである。文中の（　ア　）〜（　ク　）に適する語を，下の①〜⑧のなかからそれぞれ選べ。

水管へ弱い刺激をくり返すと，水管の感覚ニューロンとえらの運動ニューロンの間のシナプスで，（　ア　）が減少したり，電位依存性（　イ　）チャネルが不活性化したりする。その結果，（　ウ　）の放出量が減少して伝達効率が低下して，慣れが起こる。

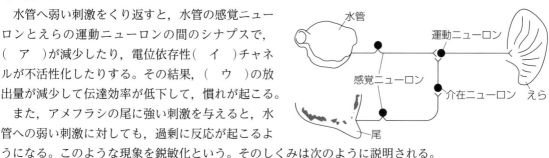

また，アメフラシの尾に強い刺激を与えると，水管への弱い刺激に対しても，過剰に反応が起こるようになる。このような現象を鋭敏化という。そのしくみは次のように説明される。

（　エ　）から入力を受けている（　オ　）が（　カ　）に作用し，（　カ　）に興奮が起こりやすくなる。この（　オ　）は神経伝達物質としてセロトニンを放出する。セロトニンを受容した（　カ　）では（　キ　）チャネルが閉じ，（　キ　）イオンの流出が減少して，活動電位の持続時間は長くなる。その結果（　イ　）チャネルの開く時間が長くなり（　イ　）イオンの流入量が増加し，（　ク　）へと分泌される神経伝達物質の量が増加する。このため伝達効率が高まり，弱い水管への刺激に対しても（　ク　）が強く興奮しやすくなり，敏感にえらを引き込めるようになる。

① えらの運動ニューロン　　② カリウム　　③ 水管の感覚ニューロン　　④ カルシウム
⑤ 尾の感覚ニューロン　　⑥ 介在ニューロン　　⑦ 神経伝達物質　　⑧ シナプス小胞

ア．＿＿＿＿　イ．＿＿＿＿　ウ．＿＿＿＿　エ．＿＿＿＿

オ．＿＿＿＿　カ．＿＿＿＿　キ．＿＿＿＿　ク．＿＿＿＿

135. [知識] **個体間の情報伝達** ●ミツバチに関する次の文章を読み，以下の各問いに答えよ。

花の蜜や花粉を持ち帰った働きバチは，巣箱の中に垂直に並べられた巣板の上で円形ダンスや8の字ダンスを行うことによって，えさ場の場所をなかまに伝える。また，一定時間当たりの8の字ダンスの回数は，図1のようにえさ場までの距離を表している。

問1．1分間で行った8の字ダンスが12回だった場合，えさ場と巣の距離は何 km か。

＿＿＿＿＿＿＿＿＿＿

問2．働きバチが，図2のように8の字ダンスをした。(1)，(2)のえさ場の方向はそれぞれどの方角になるか。図3の①〜⑧のなかから，それぞれ最も適するものを選べ。

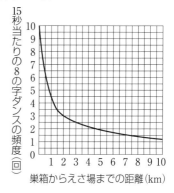

図1

図2

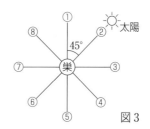

図3

(1).＿＿＿＿＿　(2).＿＿＿＿＿

思考 実験・観察

136. 興奮の伝導と電位変化 ◆ニューロンの電位変化を調べる次の実験1〜3を行った。それぞれの結果として最も適切な波形を，下の①〜⑤からそれぞれ選べ。なお，縦軸は電位，横軸は時間を示す。

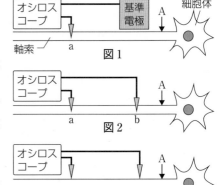

【実験1】 ニューロンのaの位置の細胞内部に電極を付け，Aを刺激したときの外部の基準電極を基準としたaの電極の電位変化を測定した(図1)。

【実験2】 aと，数cm離れたbの位置の細胞内部に電極を付け，Aを刺激したときのbの電極を基準としたaの電極の電位変化を測定した(図2)。

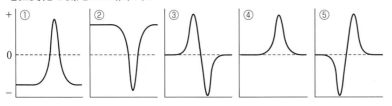

【実験3】 aと，数cm離れたbの位置の細胞膜表面に電極を付け，Aを刺激したときのbの電極を基準としたaの電極の電位変化を測定した(図3)。

実験1. ＿＿＿＿＿＿＿

実験2. ＿＿＿＿＿＿＿

実験3. ＿＿＿＿＿＿＿

ヒント

aに興奮が伝わっているとき，aでは，細胞内の電位は静止状態のときに比べ正となる。このことから，基準とした電極に対する各電極の電位変化が正負どちらになるか考える。

思考 論述

137. 網膜の働き ◆次の文章を読み，以下の各問いに答えよ。

ヒトの網膜には，形と性質の異なる2種類の視細胞(仮にX細胞，Y細胞とする)が存在し，その分布は一様ではない。下図は，網膜上の視細胞の分布を表したものである。

問1．右図の矢印Aの部分を何というか。名称を記せ。

＿＿＿＿＿＿＿

問2．Aの部分に視細胞が分布していない理由を述べよ。

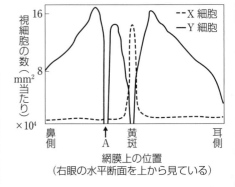

網膜上の位置
(右眼の水平断面を上から見ている)

問3．X細胞とY細胞の名称を答えよ。

X細胞. ＿＿＿＿＿＿＿　　　Y細胞. ＿＿＿＿＿＿＿

問4．X細胞とY細胞のうち，色の違いを感じる細胞はどちらか。

＿＿＿＿＿＿＿

ヒント

問3，4．X細胞は黄斑の付近に特に多く分布している。

138. ^{知識} **筋収縮** ◆図1は，座骨神経がついたままのカエルの神経筋標本にさまざまな間隔で電気刺激を与え，生じた筋収縮を記録したものである。以下の各問いに答えよ。

問1．図1のA～Cは，筋肉を次の①～③のいずれかの間隔で刺激したときの結果である。それぞれ①～③のどの間隔で刺激したときの結果か。最も適当なものをそれぞれ選べ。

① 1秒間に30回の割合で刺激したとき。
② 1秒間に15回の割合で刺激したとき。
③ 1秒間に1回の割合で刺激したとき。

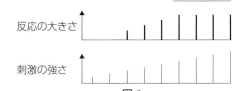

図1

A.＿＿＿＿＿　B.＿＿＿＿＿　C.＿＿＿＿＿

問2．図1のA～Cの収縮は，それぞれ何と呼ばれるか。

A.＿＿＿＿＿＿＿＿＿　B.＿＿＿＿＿＿＿＿＿　C.＿＿＿＿＿＿＿＿＿

問3．通常の筋肉による運動は，A～Cのどの収縮によって行われるか。

問4．電気刺激の強さをいろいろと変化させたときの筋繊維の反応を図2に示した。この図からわかることを，下の①～④からすべて選べ。

① 刺激を与えると，必ず反応が起こる。
② 刺激が弱いと反応は起こらない。
③ 刺激の強さと筋繊維の反応の大きさの間には正の比例関係がある。
④ ある強さ以上の刺激では，筋繊維の反応の大きさは変わらない。

反応の大きさ

刺激の強さ

図2

💡**ヒント**
問3．通常の運動では，持続的に筋肉が収縮している。

139. ^{知識} **慣れと鋭敏化のしくみ** ◆次の文章を読み，以下の各問いに答えよ。

アメフラシは，水管を触られるとえらを引っ込める反射を示す。水管に弱い刺激をくり返し与えると，_Aえらの引き込み方が小さくなり，やがてえらを動かさなくなる。この状態になったアメフラシの_B水管以外の部分を押さえたのちに水管を触ると，再びえらを引っ込める反射が起こる。また，アメフラシの尾に_C強い刺激を与えると，弱い刺激に対しても大きくえらを引っ込めるようになる。

問1．上の文章中の下線部A～Cの学習行動の名称を答えよ。

A.＿＿＿＿＿＿　B.＿＿＿＿＿＿　C.＿＿＿＿＿＿

問2．下線部A，Cにおいて，神経終末とシナプスで起きていることとして適当なものを下の①～③からそれぞれすべて選べ。

① シナプス小胞の減少
② 神経伝達物質の放出量の増加
③ カルシウムチャネルの不活性化

A.＿＿＿＿＿　C.＿＿＿＿＿

問3．下線部A，Cでは，問2の結果，次の①，②のどちらの現象が起きたか。それぞれ選べ。

① シナプスの伝達効率の低下　② シナプスの伝達効率の上昇

A.＿＿＿＿＿　C.＿＿＿＿＿

💡**ヒント**
問3．シナプスの伝達効率が上昇すると，運動ニューロンが興奮しやすくなる。

第8章 動物の反応と行動

9 | 植物の成長と環境応答

1 植物の環境応答

❶植物の環境応答

植物は，動物のように移動しないため，生育場所の環境に大きく影響を受けながら，成長や生殖を行う。植物の環境応答には，植物ホルモンや光受容体が関与する。

(a) (^{1}　　　　　　　　) 植物の形態形成や生理的状態を調節する物質。植物の種類が異なっても同じ作用を示す。

(b) (^{2}　　　　　　　　) 特定の波長の光を吸収し，生物に一定の作用を及ぼす物質。

(c) **光形態形成** 光刺激によって，植物の発生や分化の過程が調節される現象。

〔例〕 種子の発芽促進，茎の屈曲，花芽の形成など

2 植物の配偶子形成と発生

❶植物の発生と成長

植物では，発芽後，一生を通じて**分裂組織**の細胞(幹細胞)が分裂をし続ける。

(a) **栄養成長** 種子の発芽→新たな葉，芽，茎をつくって成長

(b) **生殖成長** 茎頂の花芽への分化→開花・受粉→種子の形成

❷被子植物の配偶子形成と胚発生

(a) **配偶子形成**

ⅰ) 雄性配偶子 花粉母細胞($2n$)→(^{3}　　　　　　　　)($n×4$)

→成熟した花粉(花粉管核(n)＋雄原細胞(n))

ⅱ) 雌性配偶子 胚のう母細胞($2n$)→胚のう細胞(n)

→(^{4}　　　　　　　　)(卵細胞(n)＋助細胞($n×2$)＋中央細胞(極核, $n+n$)＋反足細胞($n×3$))

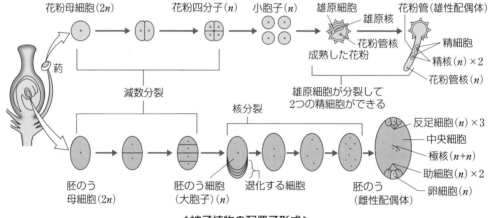

◀被子植物の配偶子形成▶

(b) **受精と胚発生** 被子植物では，(^{5}　　　　　　　　)(n)と精細胞(n)が合体すると同時に，(^{6}　　　　　　　　)($n+n$)と精細胞(n)が合体する。この現象を(^{7}　　　　　　　　)という。

(^{7}　　　　　　　　)の後はそれぞれ，胚($2n$)と胚乳($3n$)になる。

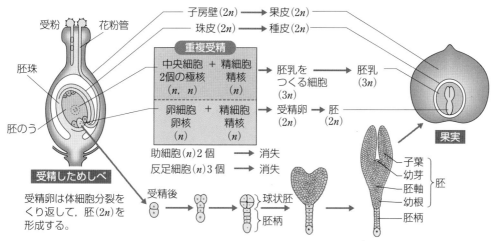

◀被子植物の重複受精と胚の発生▶

(c) **花粉管誘引物質** 胚のう内の(^{8}　　　　　　　)は，**ルアー**と呼ばれるタンパク質を放出して花粉管を誘引する。

(d) **種子の形成** 種子は胚珠が成長したもので，被子植物では子房が成長してできた果実の中に形成される。種子は一時休眠した後で発芽し，胚は成長して植物体になる。

ⅰ）(^{9}　　　　　　) 胚乳が発達し，発生に必要な栄養分を胚乳に貯える種子。

　〔例〕 カキ，イネ，ムギ，トウモロコシなど

ⅱ）(^{10}　　　　　) 胚乳が発達せず，発生に必要な栄養分を子葉に貯える種子。

　〔例〕 マメ科(ソラマメ，エンドウ，ダイズ)，アブラナ科(アブラナ，ダイコン)ブナ科(クリ，シイ，カシ)など

❸裸子植物の生殖

　花粉管内の精細胞(イチョウ，ソテツでは精子)と胚のう内の卵細胞が受精して胚($2n$)になる。胚乳の核は受精しないため，n のままである(重複受精はみられない)。

🔲3 種子の発芽

❶種子の休眠と発芽

(a) (^{11}　　　　　　　) 胚の成長を停止させ，貯蔵物質を蓄積させたり，乾燥耐性を獲得させたりして，種子の休眠を維持する。

(b) (^{12}　　　　　　　) アブシシン酸の働きを抑制して休眠を打破させ，発芽を促進する。

(c) **オオムギの種子発芽のしくみ**

(1) 水・温度などの条件が発芽に適するようになると，胚でジベレリンが合成される。

(2) ジベレリンは(^{13}　　　　　)の細胞に作用し，アミラーゼ遺伝子の発現を誘導する。

(3) 生成されたアミラーゼによって，(^{14}　　　　　)のデンプンが分解されて，糖が生じる。

(4) 糖は胚に吸収され，胚の細胞の浸透圧が高まり吸水が促進される。また，呼吸も促進される。

(5) 胚は成長を再開し，発芽がはじまる。

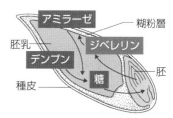

◀オオムギの発芽▶

Answer ▷

1…植物ホルモン　2…光受容体　3…花粉四分子　4…胚のう　5…卵細胞　6…中央細胞　7…重複受精
8…助細胞　9…有胚乳種子　10…無胚乳種子　11…アブシシン酸　12…ジベレリン　13…糊粉層　14…胚乳

❷光発芽種子と暗発芽種子

(a) (^{1}　　　　　　) 発芽に光を必要とする種子(例：レタス，タバコ，マツヨイグサ)

(b) (^{2}　　　　　　) 暗所で発芽する種子(例：カボチャ，ケイトウ，トマト)

❸光発芽種子の発芽における光の影響

(a) **光発芽種子と光** 光発芽種子の発芽に有効な光は，赤色光(660 nm)であり，赤色光を照射した直後に遠赤色光(730 nm)を照射すると発芽しなくなる。赤色光と遠赤色光を交互に照射すると，最後に照射した光の種類によって発芽するか，しないかが決定される。

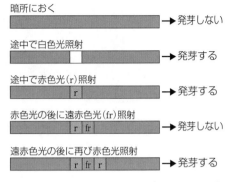

(b) (^{3}　　　　　　) 赤色光と遠赤色光を吸収する色素タンパク質。光発芽種子の発芽や花芽形成に関与。赤色光と遠赤色光の吸収によって，2つの型が可逆的に変化する。

(c) **光発芽種子の発芽のしくみ** 赤色光の照射によって種子内に生じたPfr型フィトクロムは，胚内の細胞でジベレリンの合成を促進する。このジベレリンがアブシシン酸による発芽抑制を解除し，発芽がはじまる。

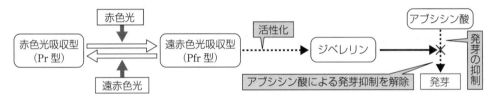

(d) **光発芽種子の発芽環境** 葉を通過した太陽光は，赤色光の多くが吸収され遠赤色光の割合が高い。そのため，林冠が閉鎖した森林の林床では光発芽種子は発芽しない。

▪4 植物ホルモンと環境応答

❶植物の成長とオーキシン

(a) (^{4}　　　　　　) 植物細胞の成長を促進し，屈性などに関与する植物ホルモン。植物が合成するのはインドール酢酸(IAA)という物質である。人工的に合成されたナフタレン酢酸(NAA)なども含めてオーキシンと呼ばれる。

i) **酸成長説** オーキシンは，細胞壁のセルロース繊維間の結合を緩めるタンパク質(酸性で働く)の合成を促進する。さらに，細胞壁への水素イオンの放出を促進して，細胞壁に含まれる液を酸性化する。その結果，セルロース間の結合が緩み，細胞は吸水によって成長する。このしくみは(^{5}　　　　　)と呼ばれる。また，(^{6}　　　　　)には，セルロース繊維を頂端—基部軸に直交する横方向に合成する働きがある。

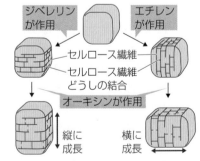

　(^{6}　　　　　)が作用すると，細胞の横方向への拡がりが抑えられ，その結果，細胞が縦方向に成長する。一方，(^{7}　　　　　)が作用すると，セルロース繊維は縦方向に合成され，細胞が横方向に成長する。

ii) (^{8}　　　　　) オーキシンの細胞内への取り込みは，**AUX**タンパク質の働きと拡散によって，細胞外への排出は**PIN**タンパク質の働きによって起こる。オーキシンは，幼葉鞘や茎の先端部から基部に向かって移動するが，逆方向の基部から先端へは移動しない。これは，オーキシンを排出させるPINタンパク質が，基部側の細胞膜に局在することで起こる。

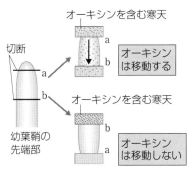

◀オーキシンの極性移動▶

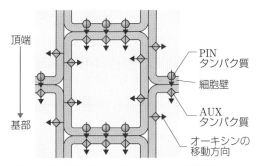

◀タンパク質を介したオーキシンの移動▶

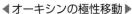

参考 **被子植物の分裂組織**

植物は，幹細胞が集まった，細胞分裂を盛んに行う分裂組織をもち，この分裂組織が一生を通じて細胞分裂を行い，新たな茎や根，葉などをつくり成長する。分裂組織には，伸長成長に関わる茎頂分裂組織や根端分裂組織，維管束にあって肥大成長に関わる形成層などがある。

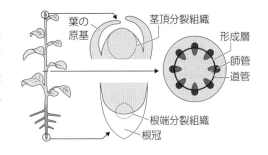

❷屈性と傾性

(a) (^{9}　　　　　) 植物が，刺激に対して一定の方向に屈曲する性質。細胞の不均等な成長によって起こる成長運動である。刺激源の方向に屈曲する正の屈性と，刺激源の反対方向に屈曲する負の屈性とがある。

(b) (^{10}　　　　　) 植物が，刺激の方向とは無関係に一定の方向に屈曲する性質。

◀さまざまな屈性▶

刺激	屈性	例
光	光屈性	茎(+)，根(−)
重力	重力屈性	茎(−)，根(+)
水分	水分屈性	根(+)
化学物質	化学屈性	花粉管(+)
接触	接触屈性	巻きひげ(+)

＋…正の屈性　　−…負の屈性

◀さまざまな傾性▶

刺激	傾性	例
温度	温度傾性	チューリップの花は，気温が高くなると開く。
光	光傾性	タンポポの花は，日が昇ると開く。
接触	接触傾性	オジギソウの葉は，触れると閉じて下垂する。

❸光屈性

(a) 光屈性のしくみ

(1) 茎の先端部で合成された(^{11}　　　　　)は，下降して下部の細胞の伸長成長を促進する。

(2) 茎の先端部に光が当たると，(^{11}　　　　　)は光の当たらない側を下降する。

(3) 光の当たる側と当たらない側とで，細胞に成長の差が生じ，茎が屈曲する。

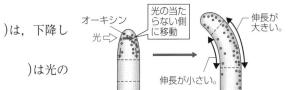

◀光屈性のしくみ▶

(b) **光受容体**

ⅰ）(^{1}　　　　　　　　　　）青色光（波長約450 nm）を吸収する色素タンパク質。光屈性に有効な光は青色光であることから，光屈性の光受容体はフォトトロピンであることがわかる。他にも，気孔の開口や葉緑体の定位運動に関与する。

ⅱ）(^{2}　　　　　　　　　）青色光を吸収する色素タンパク質。茎の伸長成長の抑制に関与する。

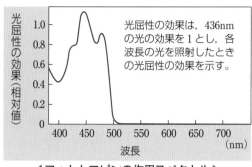

◀ フォトトロピンの作用スペクトル ▶

(c) **光屈性に関する研究**

ⅰ）**ダーウィン父子の研究**　幼葉鞘の先端部が光を受容すると，それより下の部分で屈曲が起こることが明らかになった。

ⅱ）**ボイセン イェンセンの研究**　幼葉鞘の先端部で生成された成長を促進する水溶性の物質が，光の当たらない側を下降することで，光の当たる側と当たらない側とで成長速度に差が生じることが示唆された。

ⅲ）**ウェントの実験**　寒天片に拡散した成長を促進する物質の濃度差によって，屈曲の角度に違いがみられることが明らかになった。

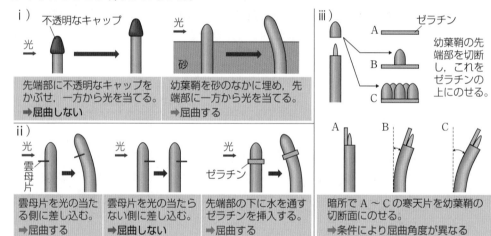

❹ **重力屈性**

(a) **重力屈性とオーキシン**（芽ばえを水平に置いた場合）

ⅰ）**根における正の重力屈性**

(1) 根冠の(^{3}　　　　　　　　）内のアミロプラストが細胞の重力方向（地表側）に沈降。

(2) PIN タンパク質が下側の細胞膜に再配置。

(3) オーキシンが根の下側に輸送され，下側の細胞の成長が抑制。

ⅱ）**茎における負の重力屈性**

(1) 内皮細胞内のアミロプラストが細胞の重力方向（地表側）に沈降。

(2) オーキシンが茎の下側に輸送され，下側の細胞の成長が促進。

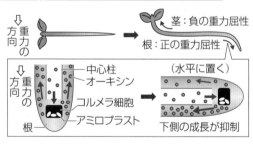

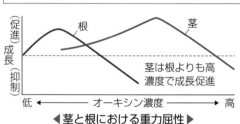

◀ 茎と根における重力屈性 ▶

頂芽優勢

頂芽が成長しているときは，側芽の成長が抑制される現象。

(^{4}　　　　　　　） 側芽の成長を促進。

オーキシン　頂芽で合成され，側芽付近まで下降しサイトカイニンの合成を抑制。

未処理

頂芽優勢が維持される。

頂芽を切断

側芽が成長する。

茎頂部の切断面に
オーキシンを与える。

側芽が成長しない。

側芽にサイトカイニン
を与える。

側芽が成長する。

❺気孔の開閉

(a)　気孔の開閉のしくみ

気孔の開閉は，孔辺細胞が光や二酸化炭素，周囲の水分量などに応答することで調節されている。

(1)　植物が乾燥状態におかれると葉で
(^{5}　　　　　　　）が合成される。

(2)　(^{5}　　　　　　　）の作用で，孔辺細胞において K^+ チャネルが開き，細胞外へ K^+ が大量に流出する。

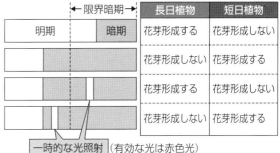

◀ **気孔の開閉のしくみ** ▶

(3)　孔辺細胞の浸透圧が低下し，水が流出することで膨圧が低下して気孔が閉じる。

(4)　(^{6}　　　　　　　）が青色光を受容すると，孔辺細胞への K^+ の流入が促進される。

(5)　孔辺細胞の浸透圧が上昇し，水が流入することで膨圧が上昇して気孔が開く。

5 花芽形成

❶花芽形成と光

(a)　(^{7}　　　　　　　）　昼の長さ（明期）と夜の長さ（暗期）の影響を受けて生物が反応する性質。

〔例〕　植物の花芽形成，昆虫の休眠

(b)　**限界暗期**　植物の花芽形成は，明期の長さではなく，一定の連続した暗期の長さの影響を受ける。花芽形成が起こりはじめる連続した暗期の長さを(^{8}　　　　　　　）という。

(c)　(^{9}　　　　　　　）　一時的な光照射のうち，照射しない場合と逆の光周性反応がみられる場合の光処理。

	← 限界暗期 →	長日植物	短日植物
明期	暗期	花芽形成する	花芽形成しない
		花芽形成しない	花芽形成する
		花芽形成する	花芽形成しない
		花芽形成しない	花芽形成する

一時的な光照射 （有効な光は赤色光）

◀ **光条件と花芽の形成** ▶

長日植物	連続した暗期の長さが限界暗期より短くなると，花芽を形成する。春から初夏に咲く植物が多い。	アブラナ，アヤメ，コムギ，ホウレンソウ
短日植物	連続した暗期の長さが限界暗期より長くなると，花芽を形成する。夏から秋に咲く植物が多い。	アサガオ，イネ，オナモミ，キク
中性植物	明期や暗期の長さの影響を受けることなく，花芽を形成する。	エンドウ，トマト，トウモロコシ

Answer

1…フォトトロピン　2…クリプトクロム　3…コルメラ細胞　4…サイトカイニン　5…アブシシン酸
6…フォトトロピン　7…光周性　8…限界暗期　9…光中断

❷花芽形成のしくみとフロリゲンの働き

(a) (¹　　　　　　　　) 花芽形成を促進する物質。シロイヌナズナではFTタンパク質が，イネでは Hd3aタンパク質が，それぞれフロリゲンとして働く。フロリゲンはすべての植物で共通の物質ではないが，植物ホルモンとして扱う立場もある。

(b) **花芽形成のしくみ** (²　　　　　)で適当な日長が感知されると，フロリゲンが合成され，茎の師管を通って茎頂分裂組織に移動することで花芽形成が促進される。

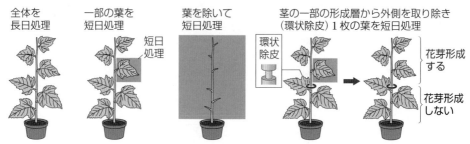

◀花芽形成の実験(オナモミ)▶

❸春化

(a) (³　　　　　　　) 一定期間の低温によって，花芽形成が誘導される現象。秋まきコムギでは，花芽形成に関与する遺伝子の発現を抑制している遺伝子が，冬の低温にさらされることで発現しなくなり，花芽の形成が誘導される。

(b) **春化処理** 人為的に低温にさらして花芽形成を促進する処理。

❹花の形成と遺伝子による制御

(a) **花の形成とABCモデル** 花の形成には，3つのクラス(A，B，C)に分けられる調節遺伝子が働く。これらの遺伝子はホメオティック遺伝子であり，花の形成に必要な他の遺伝子の働きを制御している。こうした花の形成のしくみを(⁴　　　　　　　)という。

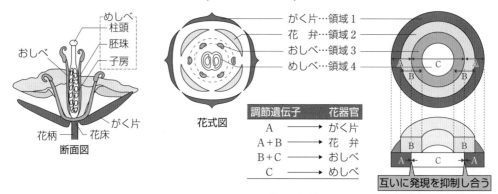

調節遺伝子	花器官
A ⟶	がく片
A＋B ⟶	花　弁
B＋C ⟶	おしべ
C ⟶	めしべ

※AとCは互いの働きを抑制しあっており，Aが発現しないときはCが発現し，Cが発現しないときはAが発現する。

◀花の構造とABCモデル(シロイヌナズナ)▶

(b) **ABCモデルとホメオティック突然変異体** A～C各クラス遺伝子の突然変異により，ホメオティック突然変異体を生じる。

- Aクラス遺伝子の異常 → (⁵　　　　　　)と(⁶　　　　　　)ができない。
- Bクラス遺伝子の異常 → (⁷　　　　　　)と(⁸　　　　　　)ができない。
- Cクラス遺伝子の異常 → (⁹　　　　　　)と(¹⁰　　　　　)ができない。
- 全クラス遺伝子の異常 → がく片，花弁，おしべ，めしべができず，葉になる。

6 果実の成長と成熟，落葉・落果

❶果実の成長と成熟

子房や花床が発達したものは一般的に果実と呼ばれ，植物ホルモンによって成熟する。

(a) (^{11}　　　　　) イチゴの花床（食用となる部分）の成長を促進する。

(b) (^{12}　　　　　) バナナやリンゴの果実の成熟を促進する。

(c) (^{13}　　　　　) ブドウの子房の発達を促進する。この作用は，種子なしブドウの生産に利用されている。

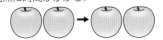

未成熟のリンゴのみ
成熟に時間がかかる。

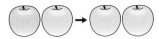

未成熟のリンゴと成熟したリンゴ
成熟したリンゴから放出されるエチレンによって未成熟のリンゴも短期間で成熟する。

◀エチレンによるリンゴの成熟▶

❷落葉・落果

落葉・落果は，葉柄や果柄の基部に形成される(^{14}　　　　　)という特殊な細胞層の細胞壁が酵素によって分解されることで起こる。落葉・落果期に，(^{15}　　　　　)濃度が低く，(^{16}　　　　　)濃度が高くなることで，細胞壁を分解する酵素の遺伝子が発現するようになる。

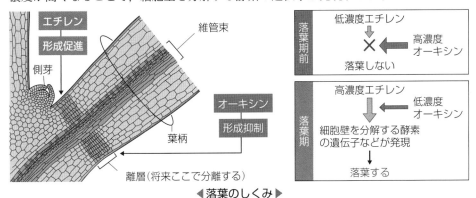

◀落葉のしくみ▶

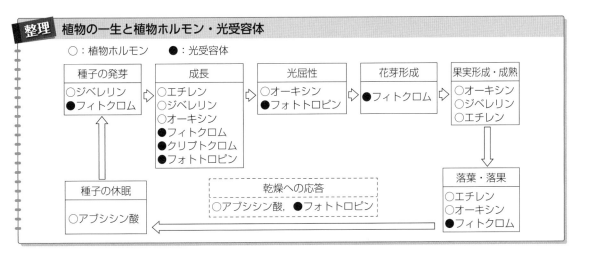

整理 **植物の一生と植物ホルモン・光受容体**

○：植物ホルモン　●：光受容体

右側余白（縦書き）：第9章　植物の成長と環境応答

1. 植物自身が合成し，植物の形態形成や生理的状態を調節する低分子量の物質を総称して何というか。

2. 被子植物の受精では，精細胞と卵細胞・中央細胞との合体が同時に行われる。このような被子植物に特有の受精様式を何というか。

3. 精細胞と卵細胞の合体でできた細胞は，種子では何になるか。

4. 種子の休眠維持や気孔の閉鎖において重要な役割を果たす植物ホルモンは何か。

5. 休眠種子の発芽の促進や，細胞の縦方向の成長，果実形成などに関与する植物ホルモンは何か。

6. 発芽に光を必要とする種子を何というか。

7. 主に赤色光と遠赤色光を吸収し，光発芽種子の発芽に関わる光受容体は何か。

8. 植物が刺激の方向に対して一定の方向に屈曲する性質を何というか。

9. 茎の光屈性において，細胞の成長速度を調節している植物ホルモンは何か。

10. 光屈性や気孔開口などに関与する，青色光を受容する光受容体は何か。

11. 日長が一定以上になると，花芽を形成する植物を何というか。

12. 花芽形成が起こりはじめる連続暗期の長さを何というか。

13. 花芽形成が一定期間の低温によって促進される現象を何というか。

14. シロイヌナズナの花の形成では3つのクラスの調節遺伝子が花の形成に必要な遺伝子の働きを調節している。このしくみを何というか。

15. イチゴの花床の成長促進や，落葉・落果の抑制に働く植物ホルモンは何か。

Answer

1.植物ホルモン　2.重複受精　3.胚　4.アブシシン酸　5.ジベレリン　6.光発芽種子　7.フィトクロム　8.屈性
9.オーキシン　10.フォトトロピン　11.長日植物　12.限界暗期　13.春化　14.ABCモデル　15.オーキシン

基本例題17 植物の配偶子形成と受精　　　　　　　　　➡基本問題140

次の被子植物の生殖細胞の形成と受精の図を見て，以下の各問いに答えよ。

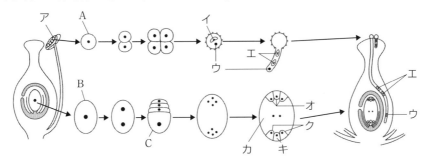

(1) 図中のA～Cの細胞およびア～クの名称を答えよ。
(2) 重複受精において，合体する細胞，または核の組み合わせを，図中のイ～クの記号を用いて答えよ。

▌**考え方**▐ (1)被子植物では，１個の花粉母細胞が花粉四分子となり，１個の胚のう母細胞から１個の胚のう細胞と，後に退化する３個の細胞ができる。この過程で減数分裂が起こる。花粉内には，雄原細胞と花粉管核が形成され，雄原細胞は分裂して２個の精細胞になる。

▌**解答**▐ (1)A…花粉母細胞　B…胚のう母細胞
C…胚のう細胞　ア…葯　イ…雄原細胞
ウ…花粉管核　エ…精細胞　オ…反足細胞
カ…中央細胞　キ…卵細胞　ク…助細胞
(2)エとカ，エとキ

基本例題18 光屈性　　　　　　　　　➡基本問題145

次の図は，マカラスムギの幼葉鞘を用いて植物の成長を調べた実験を表したものである。これについて，以下の各問いに答えよ。

① 幼葉鞘に光を当てる。
② 先端部を切り取って光を当てる。
③ 切り取った先端部との間に寒天を入れて光を当てる。
④ 先端部に雲母板を差し込んで光を当てる。
⑤ 暗所で先端部の片側に雲母板を差し込んでおく。
⑥ 光と反対側に雲母板を差し込んでおく。

(1) 植物が光に対して一定の方向に屈曲する性質を何というか。
(2) (1)の性質に関わる植物ホルモンの名称を答えよ。
(3) 図の実験①～⑥のうち，図の左方向に屈曲するものをすべて選べ。

▌**考え方**▐ (3)オーキシンは幼葉鞘の先端部で合成され，茎を下降する。また，水溶性で，寒天は透過できるが雲母板は透過できない。⑤では光の影響を受けないが，オーキシンは図の右側のみを下降するので左右で成長速度に差が生じ，左に屈曲する。⑥では，オーキシンは図の右側に移動するが下降できないため，左右で成長速度に差は生じない。

▌**解答**▐
(1)光屈性
(2)オーキシン
(3)①，③，⑤

140. 思考 **被子植物の配偶子形成** ●配偶子形成に関する次の文章を読み，次の各問いに答えよ。

【おしべの葯】 葯に存在する（　1　）が減数分裂をすることで（　2　）が形成される。（　2　）が成熟して花粉になる過程で細胞分裂が1回行われるため，最終的に，花粉は（　3　）と（　4　）の2個の細胞から構成されるようになる。（　3　）は受粉の後にさらに分裂して2つの精細胞になる。

【めしべの胚珠】 胚珠に存在する（　5　）が減数分裂により4つの細胞となり，そのうち1つが（　6　）になる。（　6　）は3回の核分裂を行い8個の核を生じる。これらのうち，1個は（　7　）の，2個は（　8　）の，3個は（　9　）の，残りの2個は胚のうの中央にある中央細胞の極核と呼ばれる核となる。このようにして胚のうが形成される。

問1．文中の（　　）に適する語を答えよ。

1.	2.	3.
4.	5.	6.
7.	8.	9.

問2．（　3　）および（　5　）の核相をそれぞれ答えよ。

3.　　　　　　　　　　5.

問3．右図は（　1　）から精細胞が形成される過程における，細胞1つ当たりのDNA量の変化を示している。図中のa〜hのうち，（　3　）の細胞に該当するものをすべて選び，記号で答えよ。

_____

問4．2つの精細胞の一方は卵細胞と，もう一方は中央細胞と合体する。このような受精様式を何というか。

_____

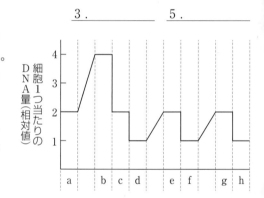

141. 知識 **被子植物の種子形成と胚発生** ●次の文章を読み，以下の各問いに答えよ。

被子植物の種子形成の過程では，受精卵が分裂をくり返して（　1　）となり，胚乳細胞が（　2　）となる。（　1　）の形成過程では，先端の細胞が分裂を続けて球状となった（　3　）と，基部の細胞からなる（　4　）が生じる。（　4　）はやがて退化し消失するが，（　3　）の部分はさらに分裂をくり返し，さまざまな組織に分化していく。

問1．文中の（　　）に適する語を答えよ。

1.	2.	3.	4.

問2．ナズナなどの種子では（　2　）が退化しており，栄養分を（　2　）以外の部分に貯えている。このような特徴をもつ種子を何というか。また，栄養分は図のA〜Dのどの部分に蓄えられるか答えよ。

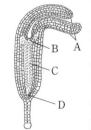

_____　　_____

問3．問2で答えた種子をつくる植物を，下のア～オのなかから2つ選び，記号で答えよ。

　　ア．カキ　　イ．アブラナ　　ウ．イネ　　エ．ムギ　　オ．エンドウ

142. 知識 植物の環境応答と光受容体 ●次の文章を読み，以下の各問いに答えよ。

　植物は生育場所の環境に応じて，成長や生殖を行う。そのため，植物は，環境からの情報を受容し，その刺激に応答するしくみを有している。たとえば，(a)特定の光刺激を受容すると，(b)種子を発芽させたり，植物体の形態を変化させたりすることがある。

問1．下線部(a)について，光受容体について述べた次の①～⑤のうち，正しいものをすべて選び，番号で答えよ。

　　① クリプトクロムは，茎の成長抑制に関与する光受容体である。

　　② フォトトロピンは，花芽形成や光発芽種子の発芽に関与する光受容体である。

　　③ フィトクロムは，気孔の開口や葉緑体の定位運動に関わる光受容体である。

　　④ クリプトクロムとフォトトロピンは緑色光を受容する。

　　⑤ フィトクロムは赤色光と遠赤色光を受容する。

問2．下線部(b)について，植物の特定の部位で合成され，植物の形態形成や生理的状態を調節する物質のことを何と呼ぶか。

143. 知識 発芽と光条件 ●ある植物の種子について，照射する光と発芽の関係を調べるため，次の実験を行い，結果を図にまとめた。以下の各問いに答えよ。

　まず，種子を暗所で1.5時間吸水させた。その後，次の処理(a)～(e)をそれぞれ行い，48時間後に発芽した種子の割合（発芽率）を調べた。なお，処理はすべて25℃で行った。

　処理(a)　暗所に置く。

　処理(b)　赤色光を2分間照射した後，暗所に置く。

　処理(c)　遠赤色光を5分間照射した後，暗所に置く。

　処理(d)　赤色光を2分間照射した後，さらに遠赤色光を5分間照射し，暗所に置く。

　処理(e)　遠赤色光を5分間照射した後，さらに赤色光を2分間照射し，暗所に置く。

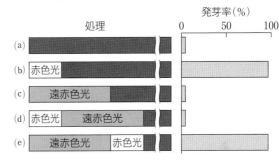

問1．この実験で用いた植物の種子のような性質をもつ種子を何というか答えよ。

問2．問1の種子を形成する植物を1種答えよ。

問3．この種子の発芽に影響を与える光受容体の名称を答えよ。また，発芽を促進する働きをもつ植物ホルモンの名称を答えよ。

　　　　　　　光受容体.＿＿＿＿＿＿＿　　　　植物ホルモン.＿＿＿＿＿＿＿

144. 植物細胞の成長 知識 ●植物細胞の成長のしくみについて述べた次の文章中の（　　）に適する語を答えよ。

　植物の成長は，細胞分裂による細胞の（　1　）の増加と，個々の細胞の（　2　）の増加，すなわち細胞の成長によって起こる。植物細胞の成長は，主に細胞外から吸収された水が細胞内の（　3　）に取り込まれ，（　3　）が大きくなることで起こる。この現象には，植物ホルモンの一種である（　4　）が関与している。

　（　4　）は，細胞内から細胞壁側への（　5　）イオンの放出を促進する。その結果，細胞壁に含まれる液が（　6　）性化する。これによって，細胞壁に存在する（　7　）繊維どうしのつながりを緩めるタンパク質が活性化され，細胞壁がやわらかくなる。その結果，細胞膜が細胞壁を押し広げようとする力，すなわち（　8　）に抵抗する力が弱まり，細胞が吸水することで，細胞が成長する。

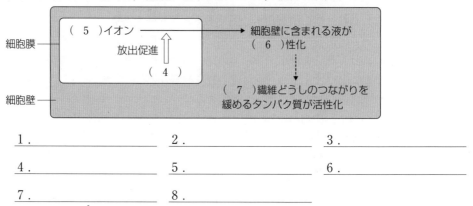

1.	2.	3.
4.	5.	6.
7.	8.	

145. 光に対する応答 知識 ●光屈性に関する次の文章を読み，以下の各問いに答えよ。

　植物は，光や接触などの刺激を受けると，刺激の方向に対して一定の方向に屈曲することがある。たとえば，マカラスムギの幼葉鞘に光を当てると，光が当たる側へ屈曲しながら伸長する。この性質は，正の（　1　）と呼ばれる。（　1　）には，（　2　）という光受容体と，（　3　）という植物ホルモンが関与する。

問1．文中の（　　）に適する語を答えよ。

1.	2.	3.

問2．次の①～④のなかから正しいものをすべて選び，番号で答えなさい。

① 植物の根が重力の方向に屈曲するのは，負の重力屈性を示しているといえる。
② アサガオの巻きひげが支柱に巻き付くのは，正の接触屈性を示しているといえる。
③ 花粉管は特定の化学物質に誘引されて伸長するため，正の化学屈性を示すといえる。
④ オジギソウの葉が接触刺激によって葉を閉じる現象は，負の接触屈性を示しているといえる。

問3．幼葉鞘に下図のような操作をして光を当てた。光の方向に屈曲するものをすべて選び，番号で答えよ。

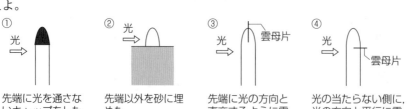

①　先端に光を通さないキャップをした。

②　先端以外を砂に埋めた。

③　先端に光の方向と直交するように雲母片を差し込んだ。

④　光の当たらない側に，光の方向と平行に雲母片を差し込んだ。

146. オーキシンの働きと移動 ●オーキシンの働きと移動について調べるため，マカラスムギの幼葉鞘を用い，暗条件下で次のような実験を行った。以下の各問いに答えよ。

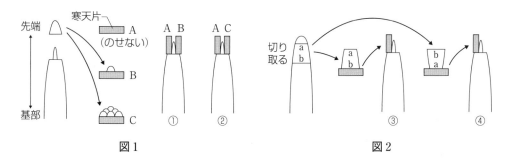

図1　　　　　　　　　　　　　図2

問1．図1の①および②は，それぞれ図の左右どちらに屈曲するか。また，より大きな角度で屈曲するのは①，②のうちのどちらか。

①．＿＿＿＿＿　②．＿＿＿＿＿　より大きな角度で屈曲するもの．＿＿＿＿＿

問2．図2の③，④のうち，屈曲するものはどちらか。また，それは左右どちらに屈曲するか。

＿＿＿＿＿　＿＿＿＿＿

問3．オーキシンの移動に関する次の文中の（　）に適する語を答えよ。

　　幼葉鞘の先端部においては，オーキシンは（　1　）側から（　2　）側にしか移動しない。このような現象を，オーキシンの（　3　）という。これは，オーキシンを細胞外に排出するタンパク質が，細胞の（　2　）側の細胞膜にのみ局在するために生じる。

1．＿＿＿＿＿　　2．＿＿＿＿＿　　3．＿＿＿＿＿

147. 重力屈性のしくみ ●次の文章は，植物の芽ばえを水平に置いたときに起こる重力屈性について述べたものである。以下の各問いに答えよ。

　植物の芽ばえを水平に置くと，茎と根は異なる方向に屈曲していく。この現象は，茎と根のオーキシンに対する感受性の違いによって引き起こされる。芽ばえを水平に置くと，オーキシンが重力方向に輸送されることで，下側となった細胞内のオーキシン濃度が（　1　）くなる。茎と根ではオーキシンに対する感受性が異なっており，茎では下側の細胞の成長が（　2　）され，根では下側の細胞の成長が（　3　）される。その結果，茎では（　4　）の，根では（　5　）の重力屈性が起こる。

問1．文中の（　）に適当な語を答えよ。

1．＿＿＿＿＿　2．＿＿＿＿＿　3．＿＿＿＿＿　4．＿＿＿＿＿　5．＿＿＿＿＿

問2．茎および根の細胞のオーキシンに対する感受性の違いは，右図のように表すことができる。オーキシンの濃度が，$1×10^{-2}$では，根と茎の成長はどのようになるか。次の①〜④のなかから1つ選び，番号で答えよ。

① 茎も根もよく成長する。
② 茎も根もほとんど成長しない。
③ 茎はよく成長するが，根はほとんど成長しない。
④ 茎はほとんど成長しないが，根はよく成長する。

＿＿＿＿＿

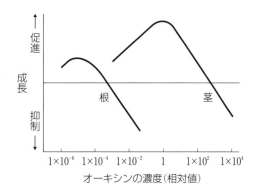

148. 根の重力屈性 ●根における重力屈性に関する次の文章を読み，以下の各問いに答えよ。

根の中心柱を通って根冠に達したオーキシンは，表皮と皮層を通って基部方向に運ばれる。根を水平に置くと，根冠内に存在する（ 1 ）細胞内にある（ 2 ）が，重力方向に沈降する。その結果，（ 1 ）細胞内で下側になった側の細胞膜に輸送タンパク質が再配置され，オーキシンが（ 3 ）へより多く輸送される。これにより，（ 3 ）の細胞の成長が（ 4 ）されて，（ 5 ）の重力屈性が起こる。

問1．文中の（　　）に適当な語を答えよ。

1.＿＿＿＿＿　　2.＿＿＿＿＿　　3.＿＿＿＿＿

4.＿＿＿＿＿　　5.＿＿＿＿＿

問2．下のように根冠と屈性の関係を調べるための実験①～③を行った。結果に示す内容について，正しければ○を，誤っていれば×を答えよ。

実験	① 根冠を完全に除去した。	② 根冠を完全に除去し，水平に置いた。	③ 根冠を半分残した。
結果	屈曲はみられなかった。	重力方向に屈曲した。	根冠の残っている方向に屈曲した。

①.＿＿＿＿＿　　②.＿＿＿＿＿　　③.＿＿＿＿＿

149. 気孔の開閉 ●気孔の開閉のしくみに関する次の文章を読み，以下の各問いに答えよ。

植物に（ 1 ）が当たったり，（ 2 ）が不足したりすると，気孔は（ 3 ）。一方，植物が乾燥状態におかれると，気孔が（ 4 ）ことで水分の減少を防ぐ。

問1．文中の（　　）内に最も適する語を次の①～⑥のなかから選び，番号で答えよ。

① 酸素　② 雨　③ 閉じる　④ 開く　⑤ 光　⑥ 二酸化炭素

1.＿＿＿＿＿　2.＿＿＿＿＿　3.＿＿＿＿＿　4.＿＿＿＿＿

問2．青色光を当てると気孔は開口する。この現象に関与する光受容体の名称を答えよ。

問3．下図は，気孔の開閉のしくみを表している。図中の（ ア ）～（ エ ）に最も適する語を答えよ。

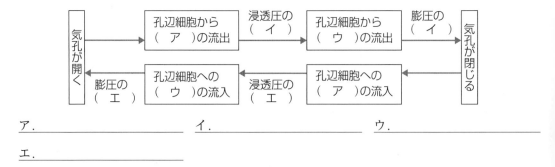

ア.＿＿＿＿＿　　イ.＿＿＿＿＿　　ウ.＿＿＿＿＿

エ.＿＿＿＿＿

問4．気孔の閉鎖に関与する植物ホルモンの名称を答えよ。

150. <u>知識</u> **日長条件と花芽形成**●2種類の植物A，Bを用いて，さまざまな明暗条件で育てたところ，図Ⅰのような結果が得られた。以下の各問いに答えよ。

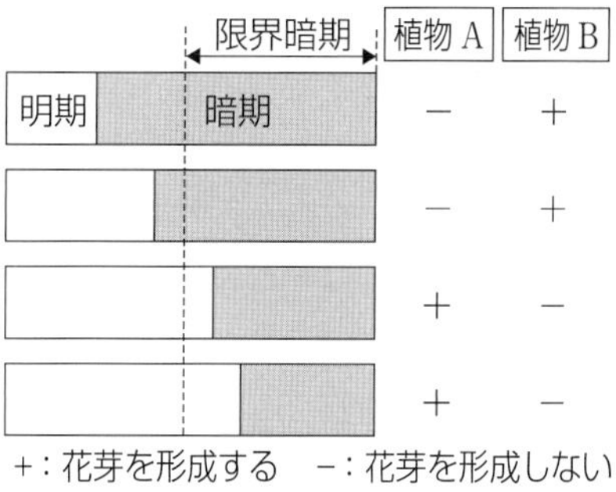

問１．この実験のように，生物が昼間と夜間の長さの影響を受けて反応する性質を何というか。

_____

問２．A，Bのような植物をそれぞれ何というか。

植物A．_____ 植物B．_____

問３．植物Aおよび植物Bの例を，ア～オからそれぞれ２つずつ選び，記号で答えよ。ただし，限界暗期の時間は問わないものとする。

ア．エンドウ　　イ．コムギ　　ウ．キク
エ．オナモミ　　オ．アブラナ

植物A．_____，_____ 植物B．_____，_____

問４．植物A，Bを，図Ⅱのような明暗条件で育てた。花芽形成の結果①～④のそれぞれについて，図Ⅰにならって＋または－の記号で答えよ。

①．_____ ②．_____ ③．_____ ④．_____

問５．花芽の形成に影響を与えるのは，連続した明期と連続した暗期のどちらといえるか。

_____

	植物A	植物B
明期 ┊ 暗期	－	＋
	－	＋
	＋	－
	＋	－

＋：花芽を形成する　－：花芽を形成しない
図Ⅰ

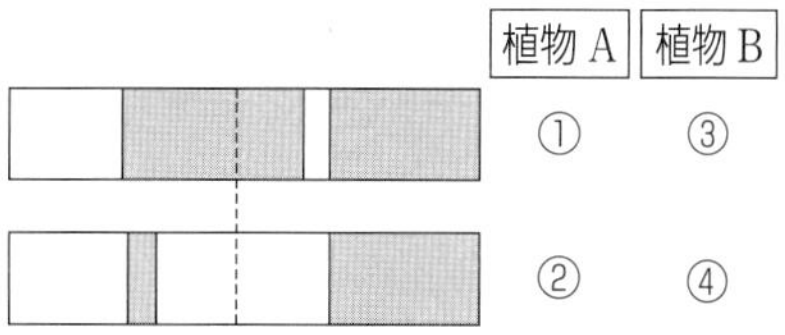

	植物A	植物B
	①	③
	②	④

図Ⅱ

151. <u>思考</u> <u>実験・観察</u> **オナモミの花芽形成**●オナモミの花芽形成を調べる実験を行った。以下の①～④は，その実験と結果について述べたものである。次の各問いに答えよ。

① 葉をすべて取り除いて短日処理を行ったところ，花芽が形成されなかった。

② 葉を１枚残して短日処理を行ったところ，花芽が形成された。

③ 植物体の下部の葉のみに短日処理を行ったところ，植物全体で花芽が形成された。

④ 環状除皮を行い，この部分より下の葉のみに短日処理を行ったところ，下の部分では花芽が形成されたが，上の部分では花芽が形成されなかった。

①花芽が形成されない　②花芽が形成される　③全体で花芽が形成される　④下部で花芽が形成される

問１．花芽形成を誘導する物質を何というか答えよ。

_____

問２．①～④の結果から，オナモミの花芽形成のしくみについて考察した次の文の（　　）内に適する語を答えよ。

　　実験（　１　）と実験（　２　）の結果から，オナモミにおいて花芽を形成するのに必要な刺激は，（　３　）で受容されることがわかる。また，環状除皮を行った実験の結果から，短日処理に関する情報は（　４　）を通って植物体全体に伝えられることがわかる。

1．_____ 2．_____ 3．_____ 4．_____

152. 花芽形成までに要する日数 ●右図は3種類の植物A〜C
について，異なる暗期の長さで生育させたときの，花芽形成まで
に要する日数をグラフで示したものである。次の各問いに答えよ。

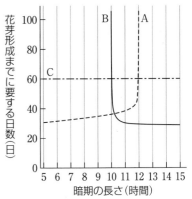

問1．植物A〜Cのうち，暗期の長さが一定以上になると花芽形
成をする植物はどれか。また，そのような植物を何と呼ぶか。

_____ _____

問2．植物A〜Cのうち，暗期の長さに関わらず，一定以上の日
数が経つと花芽形成をする植物はどれか。また，そのような植
物を何と呼ぶか。

_____ _____

問3．ある日本の都市で植物Bを栽培している。この都市の日長は，8月中旬には14時間より短くなり，
冬至では9時間程度になる。この植物Bを12月下旬に花芽形成させるための最も適当な方法を下のア
〜ウのなかから選べ。なお，植物Bは，播種後短期間で花芽形成できるまで成長し，日長以外の影響
を受けないものとする。
　ア．8月中旬から夜間に一定時間強い光を当て，11月頃からは自然の日長周期で育てる。
　イ．8月中旬から日中に一定時間暗所で育て，11月頃からは自然の日長周期で育てる。
　ウ．8月中旬から自然の日長周期で育て，11月頃からは日中に一定時間暗所で育てる。 _____

153. 花の形態形成 ●花の形成に関する次の文章を読み，以下の各問いに答えよ。

花を構成する各器官の形成は，主にA〜Cのクラスに分
けられた遺伝子群からつくられるタンパク質によって，器
官形成に必要な遺伝子群の発現が制御されることで進む。
シロイヌナズナについて，花の構造と領域，および発現す
るA〜C各クラス遺伝子の位置関係を模式的に表すと右図
のようになる。

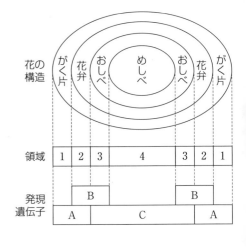

　なお，Aクラス遺伝子とCクラス遺伝子は互いの発現を
抑制しあっており，一方の働きが失われた場合は，他方が
発現するようになる。

問1．A〜C各クラス遺伝子は，発現領域に特有の構造を
形成する位置情報をもたらす調節遺伝子である。このよ
うな調節遺伝子のことを総称して何と呼ぶか。

_____

問2．Bクラス遺伝子の働きが失われた突然変異体では，領域1〜4に何が形成されると考えられるか。
　1._____　　2._____　　3._____　　4._____
問3．花弁とがく片のみが形成される変異体では，A〜Cのうちのどのクラスの遺伝子の働きが失われて
いると考えられるか。

_____

154. [知識] **果実の成熟** ● 3つの密閉容器を用意し，アとイには未成熟の青いリンゴを2個入れた。さらにイには，気体の植物ホルモンを吹き込んだ。ウには未成熟の青いリンゴ1個と，成熟した赤いリンゴを1個入れた。次の各問いに答えよ。

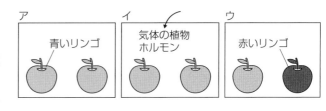

問1．下線部の気体の植物ホルモンとは何か。次の①～④のなかから選び，番号で答えよ。

  ① オーキシン   ② ジベレリン   ③ アブシシン酸   ④ エチレン   ＿＿＿＿＿＿

問2．実験結果について述べた次の①～⑤のうち，正しいものを1つ選び，番号で答えよ。

  ① アの容器の青いリンゴが，ア～ウの青いリンゴのなかで最も速く成熟した。

  ② アの容器の青いリンゴは，イの青いリンゴより遅く，ウの青いリンゴより速く成熟した。

  ③ イの容器の青いリンゴは，成熟するのが最も遅かった。

  ④ ウの容器の青いリンゴは，アの容器の青いリンゴより速く成熟した。

  ⑤ アとイの容器の青いリンゴは，ほぼ同時に成熟した。   ＿＿＿＿＿＿

問3．イチゴの花床の発達に関与している植物ホルモンとして適当なものを，問1の①～④のなかから選び，番号で答えよ。

＿＿＿＿＿＿

155. [知識] **離層形成** ● 次の文中の（ ）に適する語を答えよ。

  植物の落葉や落果は，葉柄や果柄の基部に形成される（ 1 ）と呼ばれる特殊な細胞層の細胞壁が酵素で分解されることで起こる。（ 1 ）の形成を抑制する植物ホルモンが（ 2 ）であり，促進する植物ホルモンが（ 3 ）である。落葉・落果期になると（ 2 ）濃度が（ 4 ）し，（ 3 ）濃度が（ 5 ）する。これにより，細胞壁を分解する酵素の遺伝子が発現するようになり，落葉・落果が起こる。

    1.＿＿＿＿＿＿＿＿＿   2.＿＿＿＿＿＿＿＿＿   3.＿＿＿＿＿＿＿＿＿

    4.＿＿＿＿＿＿＿＿＿   5.＿＿＿＿＿＿＿＿＿

156. [知識] **さまざまな植物ホルモン** ● 次の(1)～(6)は，さまざまな植物ホルモンの特徴や働きを説明したものである。これらに対応する植物ホルモンを下の①～⑥のなかから選び，番号で答えよ。ただし，同じ番号を複数回選択してもよい。

(1) DNAの分解産物から発見された植物ホルモンで，側芽の成長を促進する。

(2) 気体状のホルモンで，果実の成熟を促進したり，離層の形成を促進したりする。

(3) 孔辺細胞の膨圧を低下させ，気孔の閉鎖を促進する。

(4) 種子の発芽を抑制する。

(5) イネのばか苗病の研究で発見された植物ホルモンで，ブドウの子房の発達を促進する。

(6) 細胞成長の促進や花床の成長促進，離層の形成抑制など，さまざまな生理現象に関与する。

  ① アブシシン酸   ② エチレン   ③ オーキシン

  ④ サイトカイニン   ⑤ ジベレリン   ⑥ フロリゲン

(1).＿＿＿＿ (2).＿＿＿＿ (3).＿＿＿＿ (4).＿＿＿＿ (5).＿＿＿＿ (6).＿＿＿＿

157. 被子植物の受精 ◆下図は，被子植物の受精の過程を模式的に示したものである。以下の各問いに答えよ。

問1．図のa～oで，減数分裂が起こるところが2か所ある。例にならって記せ。
（例　p-q，r-s）

_____

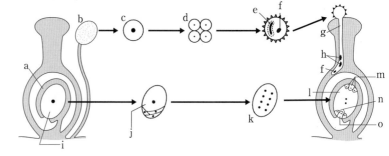

問2．d，e，h，jの名称を記せ。

d. _____　　e. _____　　h. _____　　j. _____

問3．この植物の花粉内のfの染色体数が12のとき，c，d，i，jの核の染色体数をそれぞれ答えよ。

c. _____　　d. _____　　i. _____　　j. _____

問4．下の①～④から正しいものをすべて選べ。

① 図のlは，雄性配偶子と合体し，核相が$2n$の胚乳細胞になる。

② 図のgは，nの細胞によって誘引され，珠孔に達する。

③ 図のkに含まれる8個の核それぞれの核相は，すべて$2n$である。

④ 図のmは将来退化し，aは種皮になる。　　_____

💡**ヒント**
問2．e，hは，核ではなく細胞を指している。

158. 発芽とジベレリン ◆右図のように胚のない側（A）とある側（B）ができるよう，オオムギの種子を半分に切断して，それぞれから胚乳を除去した。これらを下の4種類の培地に切り口を下にして置き，25℃で24時間放置した。

培地1：デンプン
培地2：デンプン＋アミラーゼ活性阻害剤
培地3：デンプン＋ジベレリン
培地4：デンプン＋ジベレリン＋アミラーゼ活性阻害剤

　24時間後，培地をヨウ素反応で調べたところ，下の表のような結果が得られた。なお，発芽種子内では，ジベレリンの作用によってアミラーゼが合成される。

問1．培地3の結果から，ジベレリンは，種子のどこに作用してアミラーゼの合成を誘導したと考えられるか。

試料	培地1	培地2	培地3	培地4
A	＋	＋	－	＋
B	－	＋	－	＋

ヨウ素反応が　＋：起こる　－：起こらない。

_____

問2．ジベレリンを分泌したのは種子のどの部分であると考えられるか。

_____

💡**ヒント**
ヨウ素反応が起こらないのは，アミラーゼが合成されてデンプンが分解されたためである。

159. **思考** **実験・観察**　**植物の環境応答** ◆次の文章を読み，以下の各問いに答えよ。

　動物も植物も光をエネルギーとして利用するだけでなく，情報としても活用している。植物のなかには，光を発芽の調節のための重要な情報としているものがある。レタスやシロイヌナズナなどの光発芽種子は，吸水後に光を浴びることで発芽が促進される。ある光発芽種子を暗所で水に浸し，湿ったペーパータオルにのせて，暗所20℃で保存した。吸水開始から16時間後に，短い時間だけ光を照射し，再び暗所に置いて，1日後に発芽が起きるか調べた。Rは波長 660 nm（赤色）の光を4分間，FR は730 nm（遠赤色）の光を4分間照射したことを表している（下図）。

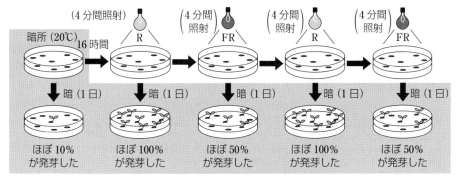

図　ある光発芽種子の発芽に関する光の効果

問1．光発芽種子の発芽において光受容体として働く色素タンパク質の名称を答えよ。

問2．次の文のうち，この光発芽種子の実験から導き出されることとして正しいものには○，正しくないものには×を記せ。
① 遠赤色光を照射された光発芽種子は，ほぼ100％発芽が停止する。
② 青色光受容体による光の感知が発端となって，オーキシン輸送タンパク質の分布が変わる。
③ 光発芽種子では，光受容体が赤色光を感知し，発芽が促進される。
④ 発芽促進作用があるのは遠赤色光で，赤色光にはこの効果を打ち消す作用がある。

①.＿＿＿＿＿　②.＿＿＿＿＿　③.＿＿＿＿＿　④.＿＿＿＿＿

問3．種子が受け取る光は，土に埋まっているかどうかで異なることはもちろんだが，周囲の植物の状況によっても異なる。光発芽種子は，非常に小さくてほとんど栄養を蓄えていないものが多い。これらの事実と実験結果を踏まえて，光発芽種子が生存上有利だと考えられる点として最も適当なものを，次の①〜④から1つ選べ。
① 上部に他の植物の葉が繁っている場所で発芽しやすいため，植物の生育に適した環境で発芽して成長できる可能性が高い。
② 地上にあるときに発芽しやすいため，地中にあるときに発芽するよりも多くの水と光を得ることができる。
③ 上部に他の植物の葉が繁っていない場所で発芽しやすいため，発芽後すぐに光合成を十分に行える可能性が高い。
④ 土壌中にあるときに発芽しやすいため，発芽後に土壌中の栄養塩類を吸収しやすい。

（浜松医科大）

💡ヒント
問3．植物の葉を透過した光は，赤色光を含む大部分が葉に吸収されるため，遠赤色光の割合が多くなる。

10 生態系のしくみと人間の関わり

1 個体群

❶個体群と生物群集

(a) 生態系と個体群　ある地域で生活する同種の個体の集まりを(^{1}　　　　　　)といい，ある地域で生息する個体群の集まりを(^{2}　　　　　　　)という。生態系は，さまざまな生物の個体群からなる生物群集や光，土壌などの非生物的環境からなる。生態系において，個体群内の同種個体どうしや生物群集を構成する異種個体群どうしは，繁殖行動や捕食−被食の関係のように，さまざまな関係をもって共存している。このような生物間にみられる働き合いは，(^{3}　　　　　　　)と呼ばれる。

(b) 個体群における個体の分布

- (^{4}　　　　　　)　個体は生息域の特定の場にかたまって分布する。（マイワシなど）
- (^{5}　　　　　　)　個体は生息域全体に均一に分布する。（フジツボなど）
- (^{6}　　　　　　)　個体は生息域全体に，見かけ上不規則に分布する。（タンポポなど）

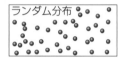

集中分布　　　　　　　　　　　一様分布　　　　　　　　　　　ランダム分布

個体

(c) 個体群の大きさの調査方法

- (^{7}　　　　　　)　ある生物が生息する地域に，一定の広さの区画をいくつか設ける。区画中の個体数の平均値と，区画がその地域全体に占める面積から，全個体数を推定する。
- (^{8}　　　　　　)　捕獲した個体に標識をつけて放し，一定期間の後に再び捕獲する。下に示す比例関係が成り立つと仮定し，全個体数を推定する。

$$\text{全個体数} : \left[\begin{array}{c}\text{最初の}\\\text{標識個体数}\end{array}\right] = \left[\begin{array}{c}\text{2度目に捕獲された}\\\text{総個体数}\end{array}\right] : \left[\begin{array}{c}\text{2度目に捕獲された}\\\text{標識のある個体数}\end{array}\right]$$

(d) 生存曲線　同時に生まれた生物の個体数の変動について，発育段階ごとの個体数の変化を調べ，生存個体数や死亡個体数を表に示したものを(^{9}　　　　　　)といい，(^{9}　　　　　　)をもとに，生存個体数の変化をグラフで示したものを(^{10}　　　　　　)という。

- 生存曲線の3つの型

  A：早死型…発育初期の死亡率が高い

  　〔例〕　魚類，多くの昆虫類，貝類

  B：平均型…生涯にわたってほぼ一定の死亡率

  　〔例〕　鳥類，ハ虫類，小型の哺乳類

  C：晩死型…発育初期の死亡率が低い

  　〔例〕　大型の哺乳類，ミツバチ

  AからCに移行するにつれて，産卵数や子の数が少なく，親が子を保護する度合が大きい傾向がある。

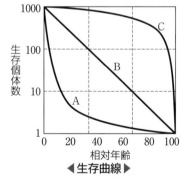

◀生存曲線▶

(e) 年齢ピラミッド　個体群は，さまざまな発育段階（齢層）の個体で成り立っており，これを個体群の齢構成という。各齢層の個体数を順に積み重ねて図示したものを(^{11}　　　　　　)といい，幼若型，安定型，老齢型に分けられる。

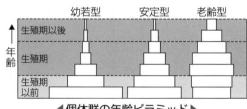

◀個体群の年齢ピラミッド▶

❷個体群の変動と維持

（a）**個体群の成長**　個体群内の個体数が時間とともに増加することを個体群の成長という。

　自然界の個体群は，ふつう，一定の個体数に達するまでは急速に成長する。しかし，個体群内の個体数が多くなるにつれて生活空間や食物などの（¹²　　　）が不足し，増殖が制限されるため，その成長曲線はＳ字形になる。個体群が維持できる最大の個体数を（¹³　　　　　）という。

- （¹⁴　　　　　）　資源をめぐる生物どうしの相互作用
- （¹⁵　　　　　）　同種個体間での競争

（b）**個体群密度**　一定の生活空間内で生活する生物の個体数を（¹⁶　　　　　）という。

$$個体群密度 = \frac{その個体群の全個体数}{生活空間の大きさ（面積または体積）}$$

（c）**密度効果**　個体群密度によって，個体群や個体に影響が現れることを（¹⁷　　　　　）という。

　ⅰ）**最終収量一定の法則**　一定の面積内で同種の植物について，個体群密度を変えて生育させると，高密度ほど各個体の成長が抑制される。結果として，個体群密度の大小に関わらず，最終的な植物の総重量（収量）はほぼ一定となる。これを（¹⁸　　　　　）という。

　ⅱ）**相変異**　個体群内の個体の形態や行動に著しい変化が生じる現象を（¹⁹　　　　　）という。

〔例〕トノサマバッタの相変異

群生相の形態は，長距離を飛翔する行動に適している。

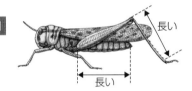

　ⅲ）**アリー効果**　個体群密度の上昇が個体群の成長に促進的に働くことがある。このような現象は（²⁰　　　　　）と呼ばれる。

❸個体群の変動と環境

　生物は，非生物的環境とも密接に関わりながら生活しており，非生物的環境の変化は個体群に大きな影響を与える。また，生物の特徴は生息地の環境によって一定の傾向がみられることもある。

	変化の激しい環境	変化の少ない環境
個体群密度の変動	環境収容力に達することなく，大きく変動する。	環境収容力に近い密度で安定する。
生息する生物の特徴と環境との関係	繁殖に適した期間が限られ，その期間に多くの子を生んで分散させる方が，適応度が高くなりやすい。 →小さな卵や子を多数つくる生物が多い。	競争が激しい傾向にあり，競争に強い子を少数生んで育てる方が，適応度は高くなりやすい。 →大きな卵や子を少数つくる生物が多い。

Answer

1…個体群　2…生物群集　3…相互作用　4…集中分布　5…一様分布　6…ランダム分布　7…区画法
8…標識再捕法　9…生命表　10…生存曲線　11…年齢ピラミッド　12…資源　13…環境収容力　14…競争
15…種内競争　16…個体群密度　17…密度効果　18…最終収量一定の法則　19…相変異　20…アリー効果

❹個体群内のさまざまな相互作用

(a) **群れ** 動物の個体群では，個体どうしが集まって(^{1})を形成する場合がある。(^{1})の形成には，食物を効率的に見つける，外敵から身を守る，繁殖行動を容易にするなどの効果がある。ウミネコでは，(^{1})の最適な大きさは，各個体が周囲を警戒する時間と個体どうしが争う時間の和が最小になる大きさだということが知られている。

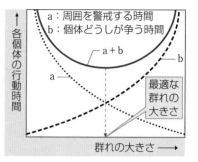

◀ 最適な群れの大きさ ▶

(b) **縄張り** 定住する個体が日常的に行動する範囲(行動圏)において，個体や群れが食物を確保したり子を育てたりするために占有する一定の生活空間を，(^{2})(テリトリー)という。他の個体が(^{2})内に侵入すると，これを攻撃し，排除する行動がみられる。

(^{2})の最適な大きさは，そこから得られる利益と，(^{2})を維持する労力との差が最大になる大きさである。

[縄張りをつくる生物の例] アユ，ホオジロ，シジュウカラ，トンボ など

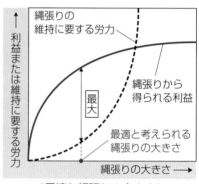

◀ 最適な縄張りの大きさ ▶

(c) **順位制** 個体群内では，個体間に優位と劣位ができることがあり，これを(^{3})という。(^{3})は，ふつう，からだの大きさ・雌雄・年齢などの違いが要因となって生じ，個体間の争いを減らして個体群の秩序を保つ効果がある。

[例] ニワトリ(つつきの順位) など

(d) **つがい関係** 雌雄がつがい関係を形成して子育てを行う場合，単独で子を育てるより子育てに成功しやすい。一夫一妻制(雄も子育てに参加する場合が多い)や一夫多妻制(雄は子育てに関わらない)がある。
- (^{4}) 一夫多妻制のなかでも，特に，優位な雄の1個体が複数の雌を独占し，その雌を守ることで形成された群れ

  [例] ゾウアザラシ など

(e) **共同繁殖** 動物の群れにおいて，親以外の個体も子の世話に加わる繁殖のしかた。
- (^{5}) 自らは繁殖を行わず，他個体の繁殖を手伝う個体
- **包括適応度** 自分の遺伝子を広めることに関して，自分の残す子の数(適応度)を増加させる直接的な効果と，血縁者を助けることによる間接的な効果の総和を，(^{6})という。ヘルパーは，子育ての手伝いをすることで，自らの包括適応度を高めることになる。

(f) **社会性昆虫** 昆虫類には，多数の個体が集団で生活し，その集団内で個体の明確な分業がみられるものがある。このような昆虫を(^{7})という。ワーカーという自ら生殖を行わない個体による幼虫の世話などの利他行動がみられる。

[例] ミツバチ，アリ，シロアリなど(ミツバチやアリは雄が半数体)
- **血縁度** 個体間で共通の祖先に由来する特定の遺伝子をともにもつ確率は，(^{8})と呼ばれる。血縁度の比較から利他行動をとるワーカーの存在が説明できる。

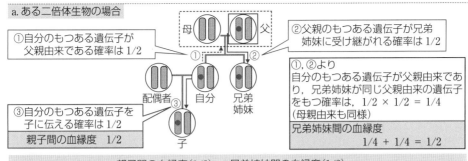

a. ある二倍体生物の場合

①自分のもつある遺伝子が父親由来である確率は 1/2

②父親のもつある遺伝子が兄弟姉妹に受け継がれる確率は 1/2

③自分のもつある遺伝子を子に伝える確率は 1/2

親子間の血縁度 1/2

①，②より
自分のもつある遺伝子が父親由来であり，兄弟姉妹が同じ父親由来の遺伝子をもつ確率は，1/2 × 1/2 = 1/4
（母親由来も同様）

兄弟姉妹間の血縁度
1/4 + 1/4 = 1/2

親子間の血縁度(1/2) = 兄弟姉妹間の血縁度(1/2)

自分の遺伝子を広めることに関して，自分にとって，子を産み育てることと弟や妹の世話をすることの価値は等しい。

b. ミツバチ（雄が半数体）の場合

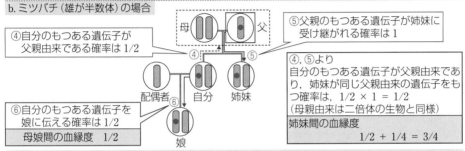

④自分のもつある遺伝子が父親由来である確率は 1/2

⑤父親のもつある遺伝子が姉妹に受け継がれる確率は 1

⑥自分のもつある遺伝子を娘に伝える確率は 1/2

母娘間の血縁度 1/2

④，⑤より
自分のもつある遺伝子が父親由来であり，姉妹が同じ父親由来の遺伝子をもつ確率は，1/2 × 1 = 1/2
（母親由来は二倍体の生物と同様）

姉妹間の血縁度
1/2 + 1/4 = 3/4

母娘間の血縁度(1/2) ＜ 姉妹間の血縁度(3/4)

自分の遺伝子を広めることに関して，自分（ワーカー）にとって，子よりも姉妹の方が同じ遺伝子をもっている確率が高いため，子を産み育てることとよりも妹の世話をすることの方が価値が高い。

2 生物群集

❶個体群間の相互作用

生物群集を構成する個体群は，他の個体群とさまざまに相互作用しながら共存している。

(a) **捕食と被食** 自然界の生物では，被食者と捕食者の関係でつながった(^{9}　　　　　)がみられる。生態系では，被食者が増加すると，捕食者にとっての食物がふえるため捕食者がふえる。すると，被食者は捕食される機会がふえて減少する。被食者が減少すると食物が減ることで捕食者は減少し，これに伴って再び被食者が増加する。このように，被食者と捕食者の個体数は，相互に関連しながら周期的な変動をくり返すことが知られている。また，一般に捕食者の個体数が変動する周期は，被食者のそれに遅れる。

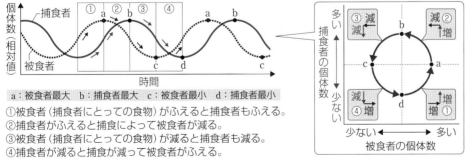

a：被食者最大　b：捕食者最大　c：被食者最小　d：捕食者最小

①被食者（捕食者にとっての食物）がふえると捕食者もふえる。
②捕食者がふえると捕食によって被食者が減る。
③被食者（捕食者にとっての食物）が減ると捕食者も減る。
④捕食者が減ると捕食が減って被食者がふえる。

◀捕食者と被食者の個体数変動の考え方▶

Answer

1…群れ　2…縄張り　3…順位制　4…ハレム　5…ヘルパー　6…包括適応度　7…社会性昆虫　8…血縁度
9…食物連鎖（食物網）

《ゾウリムシと酵母の培養実験》

　ゾウリムシと酵母を同じ容器で培養すると，捕食者であるゾウリムシは酵母を食べて増加し，酵母は減少する。酵母が減少すると，ゾウリムシもやがて減少する。このように，捕食者と被食者の周期的な変動は，実験的にも確かめられている。

(b)　**寄生と共生**

　寄生　異種の個体どうしが関わり合い，一方が他方から栄養分などを奪い，その生物に不利益を与えるような関係を(^{1}　　　　　　)という。利益を得る側を寄生者，不利益を被る側を宿主という。〔例〕　コマユバチ(寄生者)とガの幼虫(宿主)

　共生　異種の個体どうしが関わり合うことで，互いに利益がある場合を(^{2}　　　　　　)，片方のみに利益がある場合を(^{3}　　　　　　)という。
　　〔例〕　相利共生…アリとアブラムシ　片利共生…サメとコバンザメ

(c)　**種間競争**　食物や生活空間などの資源が類似する個体群間では，それらをめぐって種間競争が起こる。競争の結果，両種が共存できなくなる現象を(^{4}　　　　　　)という。

〔例〕　共通の資源を利用するヒメゾウリムシとゾウリムシを混合飼育すると，成長の速いヒメゾウリムシは増殖するが，遅いゾウリムシは競争的排除の結果，容器内から絶滅する。

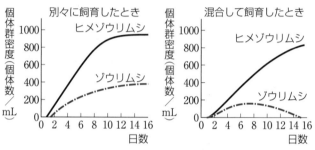
◀**ゾウリムシの個体群にみられる競争**▶

　ニッチ　食物や生活空間などの資源の利用に関して，生態系内で各生物が占める位置を(^{5}　　　　　　)(生態的地位)という。一般に，同じニッチを占める種どうしは共存できない。ただし，ニッチの重なりの程度により，種間競争の程度も変わる。

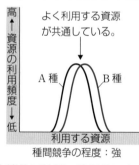
種間競争の程度：強

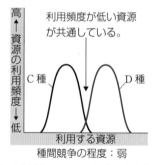
種間競争の程度：弱

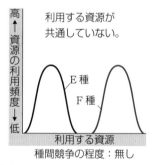
種間競争の程度：無し

　生態的同位種　地理的に大きく離れた地域にニッチが似通う生物が生息している場合，これらの生物は生態的同位種と呼ばれる。似通った環境に適応した結果，互いによく似た形質をもっている。
　・**収れん**　個別に進化した異なる生物がよく似た形質をもつことを(^{6}　　　　　　)という。

❷**多様な種が共存するしくみ**

(a)　**多様な環境とニッチの創出**　生物がつくり出す複雑で多様な空間は，多種の共存を可能にしている。たとえば，森林などの陸上生態系を構成する植物種が多様なほど，さまざまな枝や葉の高さに応じて形成される層状の空間の分布が多様となり，そこに生息する他の生物の種構成も多様になる。

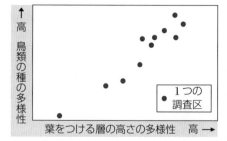
◀**環境形成作用と種の多様性**▶

(b) **ニッチの分割による多様な種の共存**　自然界では，1つの生物群集のなかに，似たような生活様式をもつ多種の生物がいても，利用する資源を違えることで，ニッチの重なりを解消し，共存している場合がある。たとえば，種ごとに食物の大きさが違っていたり，生活空間を分割(すみわけ)したりすることで実現する。

ⅰ) **基本ニッチと実現ニッチ**　特定の環境では，類似した個体群間の競争の結果，ニッチの変化が起こることがある。

- (^{7}　　　　　　　)　ある種が単独でくらす場合のニッチ。
- (^{8}　　　　　　　)　他種と共存した場合，実際にその種が占めるニッチ。実現ニッチは，基本ニッチよりも小さくなる。

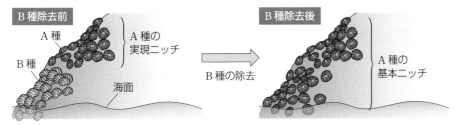

◀実現ニッチと基本ニッチ▶

ⅱ) **形質置換**　食物など共通の資源をめぐる種間競争の結果，種間で形質に違いが生じる現象を(^{9}　　　　　　　)といい，競争は形質置換によって緩和される。形質置換は，共進化の一種である。

　ガラパゴス諸島に生息する2種のダーウィンフィンチでは，それぞれが単独で生息する島のものと，両種が共存する島のものでは，形質置換が生じた結果，くちばしのサイズが異なる。これは，共存する島では，食糧とする種子のサイズが重複しないよう，種子の大きさに適したサイズにくちばしが変化したためと考えられている。くちばしのサイズが変化した2種間では，種子という食物資源を分割できる。

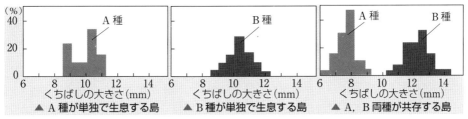

縦軸は，島にすむ全個体のうち，それぞれのくちばしの大きさをもつ個体が占める割合を示す。

◀ダーウィンフィンチ類の形質置換▶

(c) **ニッチの分割を伴わない共存**　火事，干ばつ，洪水，台風など，生態系やその一部を破壊し，変化させる外的要因を(^{10}　　　　　)という。

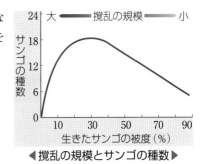

◀撹乱の規模とサンゴの種数▶

┌─ 大規模な撹乱→破壊される程度が大きい
├─ 小規模な撹乱→競争的排除によって種数減少
│
└→ 中規模の撹乱が多種の共存をもたらすとする考え方を(^{11}　　　　　　　)という。

Answer▶……………………………………………………………………………………………………
1…寄生　2…相利共生　3…片利共生　4…競争的排除　5…ニッチ　6…収れん　7…基本ニッチ　8…実現ニッチ
9…形質置換　10…撹乱　11…中規模撹乱説

3 生態系の物質生産と消費

❶物質生産とエネルギー

(a) **生産者と物質生産** 生産者が一定期間内に，一定の空間で光合成によって生産した有機物の総量を総生産量という。その一部は，生産者自身の呼吸に使われたり，食物連鎖を通して消費者へ移行したりし，そのうえで残った量が，生産者の成長量になる。

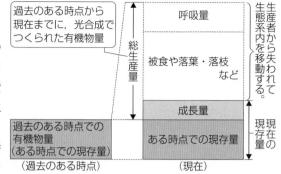

(b) **生産構造図** 植生を光合成器官と非光合成器官の垂直分布からとらえた構造を生産構造といい，植物による光の利用のしかたの特徴を知ることができる。生産構造は層別刈取法で調べられ，その結果を示したものを(^{1}　　　　　　)という。

- (^{2}　　　　　　) 一定区画内に生育する植物体を等間隔の高さで層別に刈り取り，各層の光合成器官と非光合成器官の重量を測定する。

- **木本植物群集の生産構造** 高木からなる木本植物群集では，非光合成器官が多く，光合成器官は上部に集中している。

- **草本植物群集の生産構造** 草本植物群集は，下部まで光が届きやすいため，木本植物群集に比べると光合成器官は多い。草本の種類で2つの型に大別される。

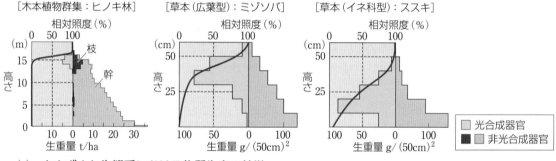

(c) **さまざまな生態系における物質生産の特徴**

[陸上生態系] 森林は，現存量が最も大きく純生産量が陸上生態系全体の約7割を占める。しかし，森林の主体である木本は，非光合成器官の割合が高く，総生産量の多くを呼吸によって消費するため，現存量に対する純生産量は大きくない。また，温暖で湿潤な気候ほど純生産量が大きくなる傾向がある。

[水界生態系] 水界生態系の生産者である植物プランクトンや海藻などのからだには，非光合成器官がほとんどない。そのため，陸上生態系に比べて，現存量に対する純生産量が大きい。また，沿岸域や湧昇域は，栄養塩類が豊富なため，外洋よりも単位面積当たりの純生産量が大きくなる。

❷物質とエネルギーの移動

生態系内では，生産者が生産した有機物に含まれる元素やエネルギーが移動している。

(a) **炭素の循環** 炭素(C)はタンパク質，炭水化物，脂質，核酸などを構成する主要な元素である。生産者によって大気中，水中の二酸化炭素からつくられた有機物中の炭素は，食物連鎖を通じてさまざまな生物に取り込まれたり，非生物的環境に放出されたりしている。

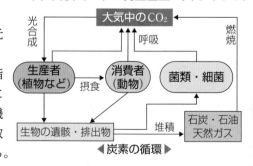

◀炭素の循環▶

(b) **物質収支** 生産者が生産した有機物は，生産者自身の呼吸に使われたり，食物連鎖を通じて消費者へ移行したりする。余剰分は成長量になる。

生産者の枯死量や消費者の不消化排出量・死滅量は，菌類・細菌に利用される。このような遺骸や落葉・落枝からはじまる食物連鎖は(^{3}　　　　　　)と呼ばれる。

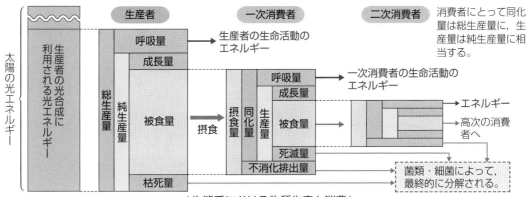

◀生態系における物質生産と消費▶

$\boxed{\text{生産者}}$ (^{4}　　　　　　　)＝一定期間中に合成される有機物の総量
　　　　　　(^{5}　　　　　　　)＝総生産量－呼吸量
　　　　　　(^{6}　　　　　　　)＝純生産量－(被食量＋枯死量)
$\boxed{\text{消費者}}$ (^{7}　　　　　　)(二次生産量)＝摂食量(1つ前の栄養段階の被食量)－不消化排出量
　　　　　　成長量＝同化量－(呼吸量＋被食量＋死滅量)
$\boxed{\text{菌類・細菌}}$ 分解量＝生産者の枯死量＋消費者の不消化排出量・死滅量

(c) **エネルギーの流れ** 生態系内における物質の循環に伴ってエネルギーは移動する。まず，生産者の光合成によって，(^{8}　　　　　)エネルギーが有機物中に(^{9}　　　　　)エネルギーとして蓄積される。そのエネルギーは食物連鎖を通じて消費者に移り，最終的に(^{10}　　　　　)エネルギーとして生態系外へ放出される。このように，エネルギーは循環せず，一方向に流れる。

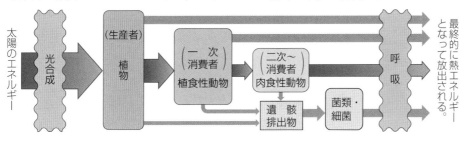

◀生態系におけるエネルギーの流れ▶

(d) **エネルギー効率** (^{11}　　　　　　　　)は，前の栄養段階のエネルギー量のうち，次の栄養段階のエネルギー量として移動する割合をいう。(^{11}　　　　　　　　)の値は，一般に，栄養段階が高次になるほど大きくなる。生産者，および消費者のエネルギー効率は次式で表される。

$$\text{生産者のエネルギー効率}(\%)＝\frac{\text{光合成に利用されるエネルギー量(総生産量)}}{\text{生産者が受けた光エネルギー量}}\times100$$

$$\text{消費者のエネルギー効率}(\%)＝\frac{\text{その栄養段階のエネルギー量(同化量)}}{\text{1つ前の栄養段階のエネルギー量(同化量}^※)}\times100$$

※1つ前の栄養段階が生産者の場合は総生産量

Answer
1…生産構造図　2…層別刈取法　3…腐食連鎖　4…総生産量　5…純生産量　6…成長量　7…同化量　8…光
9…化学　10…熱　11…エネルギー効率

生産者が光合成で取り込んだエネルギーは，各栄養段階で大幅に減少して，より高次の栄養段階に移行するため，栄養段階が高次の生物ほど利用できるエネルギー量は少ない。そのため，栄養段階が際限なく積み重なることはない。また，利用できるエネルギーが減少することから，ふつう栄養段階が高次の生物ほど個体数が少なくなる。

生態ピラミッド　各栄養段階の生物が獲得するエネルギー量は，栄養段階が高次になるほど少なくなる。一般に，生物の個体数，生物量でもこの関係は同様である。この関係を，生産者を底辺として積み重ねてピラミッド型に図示したものを，(^{1}　　　　　　　　　)という。ただし，個体数，生物量では，この関係が逆転する場合もある。

◀生態ピラミッド▶

(e)　**窒素の循環**　主要な元素である窒素(N)は，硝化菌，植物，動物，窒素固定細菌，脱窒素細菌などの働きによって，生態系内を循環する。

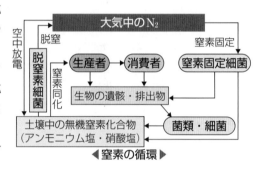

◀窒素の循環▶

ⅰ）**窒素同化**　植物は，土壌中のアンモニウムイオン(NH_4^+)や硝酸イオン(NO_3^-)などの無機窒素化合物を根から吸収し，これを用いて，光合成によって合成した炭水化物（グルコース）からアミノ酸・タンパク質・核酸・ATPなどの有機窒素化合物を合成する。これを(^{2}　　　　　　)という。

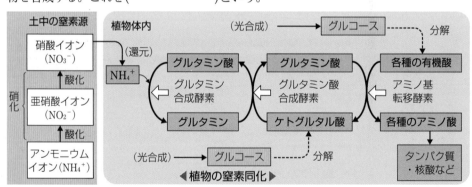

◀植物の窒素同化▶

※根の細胞では，吸収されたNH_4^+が直接グルタミンに同化される。

ⅱ）(^{3}　　　　　)　アンモニウムイオン(NH_4^+)が土壌中の(^{4}　　　　　　)の働きによって亜硝酸イオン(NO_2^-)に，さらに(^{5}　　　　　　)の働きによって硝酸イオン(NO_3^-)に変えられる反応。硝化に関係する(^{4}　　　　　)や(^{5}　　　　　)などの細菌は(^{6}　　　　　)と呼ばれる。(^{6}　　　　　)はこの反応で生じる化学エネルギーを利用して化学合成を行う。

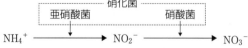

ⅲ）**脱窒**　土壌中のNO_3^-やNO_2^-などの窒素化合物の一部は，(^{7}　　　　　　　　)の働きにより，気体の窒素(N_2)として空気中に放出される。この働きを(^{8}　　　　　)という。

iv）空中窒素の固定　(^{9}　　　　　　　　　）は，大気中の窒素（N_2）を体内に取り込んで還元し，アンモニウムイオン（NH_4^+）に変える。このような働きを（^{10}　　　　　　）という。

窒素固定細菌の例

アゾトバクター…土壌中・水中に広く生息する好気性細菌

クロストリジウム…土壌中に生息する嫌気性細菌

根粒菌…マメ科植物の根に根粒を形成し共生する。単独では窒素固定を行わない。

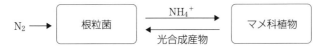

4 生態系と人間生活

❶生態系と生物多様性

(a) 生態系・種・遺伝子の多様性

生物多様性には，生態系内にさまざまな種の生物が存在するという種の多様性だけではなく，生態系の多様性と，遺伝子の多様性というとらえ方もある。

《生物多様性の３つのとらえ方》

（^{11}　　　　）の多様性

　地球上には，陸上，海洋，河川・湖沼などに，さまざまな生態系が存在する。

（^{12}　　　　）の多様性

　生態系は，多様な種から構成される。これらの生物は，生態系内でさまざまな相互作用を通じ，生態系におけるそれぞれの役割を果たしている。

（^{13}　　　　）の多様性

　個体群内の各個体がもつ遺伝子は多様である。遺伝子の多様性は，環境の変化やさまざまな病原体に対応できる個体が存在する可能性を高めている。

　生態系・種・遺伝子の多様性は相互に深く関連しあい，どれか１つだけで成り立つというものではない。

　また，現在，世界ではさまざまな人間生活の影響で生物多様性の損失が引き起こされている。

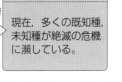

(b) 人間生活と生態系の変化

- **土地利用の変化**　道路や農耕地などの開発がある。生物の生息地の大規模な消失でなくとも，生息地が分断されて個体群の縮小や孤立を招くなどの問題もある。

- **生物の採取**　食品や薬，工芸品の材料などとして利用される野生生物の乱獲は，生態系における個体数のバランスを崩し，生物多様性の損失の大きな要因となる。

- **気候変動**　地球温暖化によって，生息域が縮小する可能性が指摘されている生物も多い。陸上哺乳類の約50％，鳥類の約25％が影響を受けているといわれている。

- **外来生物**　外来生物が移入すると，捕食や競争によって移入先の生態系のバランスが壊れたり，在来種との雑種を形成することによって在来種の遺伝的な特性が失われたりする。

　日本への移入の例：オオクチバス…捕食による在来種の駆逐

　　　　　　　　　　セイヨウタンポポ…在来種との交雑による遺伝的な特性の損失

　日本からの移出の例：クズ…地表を覆うことで在来種（植物）の生育を阻害

Answer

1…生態ピラミッド　2…窒素同化　3…硝化　4…亜硝酸菌　5…硝酸菌　6…硝化菌　7…脱窒素細菌　8…脱窒
9…窒素固定細菌　10…窒素固定　11…生態系　12…種　13…遺伝子

- **汚染** 生活排水，工業廃水や農耕地で利用する化学肥料の流失による水質汚染など。海洋におけるプラスチックによる汚染も問題視されている。

(c) **個体群の縮小と絶滅** ある種が次世代を残さずに滅ぶことや，ある個体群から完全に個体がいなくなることを(^{1}　　　　)という。

ⅰ) **絶滅の渦** 個体群の絶滅につながる次のような過程がくり返されると，個体数の減少は加速し，個体群の絶滅が起きやすくなる。この現象は，(^{2}　　　　　　)と呼ばれる。

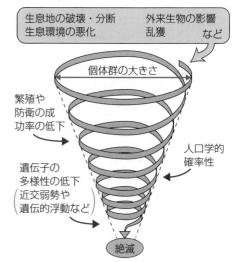

- **生息地の面積の縮小** 生息地の破壊や縮小が起こると，そこにくらす個体群の大きさも縮小する。

- **遺伝子の多様性の低下** 小さな個体群において，近親交配(遺伝的に近い関係の個体との交配)の機会がふえる。近親交配では，遺伝病などの生存に不利な形質が現れやすくなる。このような現象を，(^{3}　　　　　)という。

  また，小さな個体群は，遺伝的浮動の影響を受けやすい。近交弱勢や遺伝的浮動は，遺伝子の多様性を低下させる要因となる。遺伝子の多様性が低い集団では，環境の変化や伝染病などに適応できる個体が存在しにくく，個体群をさらに縮小させる可能性が高い。

- **人口学的確率性** 個体数の少ない個体群は，偶然に生まれる子の性が偏るなど，絶滅につながる偶然の現象の影響を受けやすい。これを人口学的確率性という。

必ずしもこの順に絶滅の過程をたどるわけではなく，近交弱勢などは継続して影響を与える。

◀**絶滅の渦**▶

- **繁殖や防衛の成功率の低下** 個体群密度が低下すると，交配相手を見つけにくくなったり，天敵の発見が遅れやすくなったりして，繁殖や生存で不利になる。したがって，個体群密度が著しく低下すると個体群の減少を加速させることもある。

❷生物多様性の保全とその意義

(a) **生物多様性の重要性** 多様な生態系にくらす，絶滅を危惧されている種には，作物，材料，医薬品などとして，人間にとって役立つ可能性があるものも多い。未知の生物のなかにも，人間にとって有用なものが多く存在することが考えられる。

(b) **生態系サービス** 生態系から，人間に対して直接的・間接的にもたらされている恩恵を(^{4}　　　　　　)という。人間が今後も持続的に生態系サービスを受け続けるためには，生物多様性の保全への配慮と行動が必要である。

(c) **生物多様性の保全** ワシントン条約や生物多様性条約などの国際的な取り決めがなされている。また，維管束植物の固有種が1500種以上生息しているが，原生の植生が７割以上失われた地域を(^{5}　　　　　　　　)と呼び，優先して保存すべき地域の目安にされている。現在，日本を含む世界36の地域が指定されている。

(d) (^{6}　　　　) 持続可能な世界を目指す国際目標。生物に関わる目標もある。

1. ある地域で生活する同種の生物個体の集団を何というか。   _____

2. ある環境において，維持できる最大の個体数を何というか。   _____

3. 個体群密度が個体や個体群の成長，個体の生理的・形態的な性質など
に変化を生じさせることを何というか。   _____

4. 同種個体間での，資源をめぐる競争を何というか。   _____

5. 個体間で共通祖先由来の特定の遺伝子をともにもつ確率を何というか。   _____

6. 異種個体間での，資源をめぐる競争を何というか。   _____

7. 各生物が生態系の中で占める位置を何というか。   _____

8. 種間競争の結果，同所的に生息している生物の形質が自然選択により
変化する現象を何というか。   _____

9. 中程度の撹乱が多種の共存をもたらすとする考えを何というか。   _____

10. 生産者が，一定期間内に光合成によって生産した有機物の総量を何と
いうか。   _____

11. 外界から窒素を含む化合物を吸収し，有機窒素化合物につくりかえる
ことを何というか。   _____

12. 菌類や細菌の働きにより，有機窒素化合物が，NH_4^+, NO_2^-, NO_3^- と
段階的に変えられる反応を何というか。   _____

13. 生態系・種・遺伝子という３つのとらえ方をもつ，生物間にみられる
多様性を何というか。   _____

14. 近親個体間での交配が起こる確率が上がり，産子数や各種の耐性など
が低下する現象を何というか。   _____

15. 個体群が小さくなることで，さまざまな要因により個体群が絶滅に向
かう速度が大きくなる現象を何というか。   _____

Answer ▷ ···
1.個体群　**2.**環境収容力　**3.**密度効果　**4.**種内競争　**5.**血縁度　**6.**種間競争　**7.**ニッチ（生態的地位）　**8.**形質置換
9.中規模撹乱説　**10.**総生産量　**11.**窒素同化　**12.**硝化　**13.**生物多様性　**14.**近交弱勢　**15.**絶滅の渦

基本例題19 個体群の相互作用　　　　　　　　　　　　　　　　　　　　➡基本問題173

　右図は，2種のゾウリムシについて，すべての条件をそろえて単独飼育した場合と，2種を混合して飼育した場合のそれぞれの個体群の大きさの変化を示している。

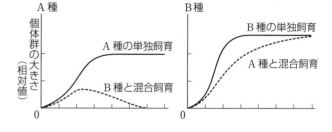

(1) グラフから読み取れることを次から1つ選べ。

① B種はA種を捕食する。　　② A種とB種は競争する。

③ A種とB種は互いに影響を与えない。　　④ A種とB種は共存できる。

(2) 次の文中の空欄に適語を入れよ。

　A種との混合飼育の場合，B種個体群が（　1　）に達するまでに長時間を要するのは，A種の絶滅までは食物や生息場所などの（　2　）を独占できないためである。

■ 考え方 (1)B種と混合飼育したA種は絶滅するが，その後，B種は個体数が変化していないので，B種がA種を捕食しているとは考えられない。

(2)競争で奪い合う食物・生息場所などをまとめて，資源という。

■ 解 答 ■
(1)②

(2)1…環境収容力
　 2…資源

基本例題20 エネルギーの流れ　　　　　　　　　　　　　　　　　　　　➡基本問題177

　右図は，ある生態系を構成する生物群集を栄養段階によって分類し，太陽からのエネルギーがこの間をどのように移っていくかを示したものである。図中の数字はエネルギーの量を表している。

(1) Cは被食量であるが，どのようなエネルギーとして上の栄養段階の生物に移動するか。

(2) 生産者のエネルギー効率を計算せよ。

(3) 一次消費者と二次消費者のエネルギー効率は，それぞれ10％と20％であった。二次消費者の同化量はいくらか。エネルギー量で表せ。

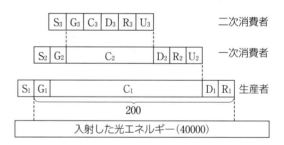

S：現存量　G：成長量　C：被食量　D：死滅量
R：呼吸量　U：不消化排出量

■ 考え方 (1)生物は，体物質中にエネルギーを蓄積している。エネルギーは物質中に蓄えられたまま，上の栄養段階に移動する。したがって，物質中に蓄積されているエネルギーの種類を答える。

(2)$(200／40000)×100＝0.5$　(3)$200×0.1×0.2＝4$

■ 解 答 ■
(1)化学エネルギー

(2)0.5％

(3)4

160. 〔知識〕**個体群の分布様式** ●図A～Cは，個体群にみられる分布様式を示しており，図中の黒い丸は個体を表している。以下の各問いに答えよ。

A 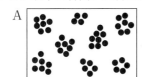　　B 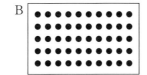　　C

問1．図A～Cに示された分布様式の名称を，それぞれ答えよ。

A._____　B._____　C._____

問2．次の①，②は，ふつう図A～Cのどの分布様式を示すといわれるか。それぞれ記号で答えよ。

①　群れをつくる動物　　②　風で種子が散布される植物の芽生え

①._____　②._____

161. 〔思考〕〔計算〕**個体数の推定** ●個体数の推定に関する次の各問いに答えよ。

問1．草原に生息するトノサマバッタの個体数を推定する。

(1)　トノサマバッタは，ある草原全体に偏りなく生息しているものとする。この草原全体の20％を占める場所を面積の等しい30区画に区切り，そのうちの6区画について個体数を調査したところ，個体数はそれぞれ3，4，2，0，2，4個体であった。この草原全体では，何個体が生息していると推定できるか。なお，調査区画はできるだけばらばらに選んだ。

_____

(2)　トノサマバッタが草原内で偏った分布で生息している場合，(1)のような調査法では個体数を正確に推定することはできない。それはなぜか，簡潔に述べよ。

_____

問2．ある池に生息するフナの個体数を推定する。まず50個体を捕獲し，背びれに切れ込みを入れてから，すべてを池に戻した。何日か後に再び40個体を捕獲したところ，そのなかには切れ込みの入ったものが5個体いた。

(1)　この池全体では，何個体のフナが生息していると推定されるか。ただし，フナは池全体を自由に移動できるものとし，背びれの切れ込みはフナの行動や生存に影響を与えないものとする。

_____

(2)　実際には，背びれの切れ込みがフナの生存に対して不利な影響を与えていたとすれば，(1)の計算結果には誤差が含まれる。この場合，池に生息している真の総個体数は，(1)の計算結果と比べて，多いと考えられるか，それとも少ないと考えられるか。

_____

問3．ある細菌は，20分に1回分裂し2個体になる。10個体の細菌から培養を開始したとして，培養開始から2時間後に，細菌は何個体になっているか。また，培養をはじめて2時間後から3時間後までの1時間の間に，細菌の個体数はどれだけ増加するか。

_____

162. [知識] **生存曲線** ●右図は，動物の生存曲線を，3つの型（Ⅰ型，Ⅱ型，Ⅲ型）に分類して示したものである。これについて，次の各問いに答えよ。

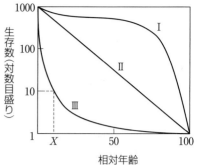

問1．これらの曲線のもととなる，発育段階ごとの生存数や死亡数を表した表を何というか。

_____

問2．Ⅰ型，Ⅱ型，Ⅲ型に当てはまる特徴や生物例を，下の2つの語群からそれぞれ選べ。

［特徴］
① 産卵（産子）数が多く，親による保護があり，発育期の死亡率が低い。
② 産卵（産子）数が少なく，親による保護があり，老齢期の死亡率が高い。
③ どの年齢においても死亡率は一定である。
④ 産卵（産子）数が少なく，親による保護がなく，老齢期の死亡率が低い。
⑤ 産卵（産子）数が多く，親による保護がなく，発育初期の死亡率が高い。
⑥ どの年齢においても死亡数は一定である。

［生物例］
A．シジュウカラ　　B．ミツバチ　　C．カキ　　D．ヒト　　E．ヒラメ　　F．ハツカネズミ

Ⅰ型. _____　　Ⅱ型. _____　　Ⅲ型. _____

問3．Ⅲ型のある生物が，図のXで示す年齢で産卵を1回のみ行うとすると，次の世代も個体群の大きさを維持するためには，1個体の産卵数が何個以上でなければならないか。ただし，雌雄の個体数は同数とする。

_____

163. [知識] [作図] [計算] **生命表** ●表は，ある種の鳥のひな717羽に標識をつけ，毎年その個体数を追跡調査した結果である。ただし，調査中に調査区域における個体の出入りはなかったものとする。

問1．このような表を何と呼ぶか。

_____

問2．表中の(ア)〜(ウ)の数値を求めよ。(ウ)は小数第2位を四捨五入して小数第1位まで求めよ。

(ア). _____　　(イ). _____

(ウ). _____

年齢	個体数	死亡数	死亡率(%)
0	717	366	
1	351	126	
2	(ア)	81	
3	144	52	
4	92	33	(ウ)
5	59	21	
6	38	(イ)	
7	24	9	
8	15	6	
9	9	3	
10	6		

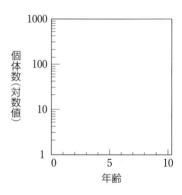

問3．表をもとに，この鳥の個体数変化のグラフを描け。ただし，グラフの個体数は対数値で表せ。

問4．この鳥の平均寿命は，次の(a)〜(d)のうちどれに最も近いか。ただし，平均寿命（出生時点から生存できる年数の平均）は，各年齢の生存数の和を出生数で割った値で求められるものとする。

(a) 1年　　(b) 2.5年　　(c) 4.5年　　(d) 6年

164. 齢構成 ●下図は、個体群を発育段階や齢ごとに、その個体数を積み重ねて図示したもので年齢ピラ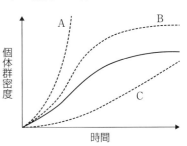
ミッドという。次の文(1)〜(3)は、それぞれどの年齢ピラミッド
の特徴を示したものか。(A)〜(C)の記号で答えよ。また、(A)〜(C)は
それぞれ何型と呼ばれているか。

(1) 出生率と死亡率がほぼ等しく、個体数に大きな変化はない。

(2) 将来的に個体数は増加すると考えられる。

(3) 将来的に個体数は減少すると考えられる。

(1)._____ (2)._____ (3)._____

(A)._____ (B)._____ (C)._____

165. 成長曲線 ●次の文は、生物の増殖について述べたものである。下の各問いに答えよ。

ある空間で生活する同種の生物の集団を(1)という。ある
地域に新たに入り込んだ少数の(1)がそこで繁殖したとして
も、一定数に達すると、右図実線部のようにあまり増加しなくな
る。この曲線を(2)という。あまり増加しなくなる要因とし
ては、(3)の不足による(4)の低下や(5)の増加、
また、(6)による生活空間の汚染、外敵による(7)など
がある。

問1．空欄に入る最も適切な語を次の語群から選び、記号で答えよ。

〔語群〕 ア．食物や生活空間　イ．生存曲線　ウ．捕食　エ．産卵数（産子数）
　　　　オ．個体群　　カ．死亡率　　キ．成長曲線　　ク．個体群密度　　ケ．排出物

1._____ 2._____ 3._____ 4._____

5._____ 6._____ 7._____

問2．増加しなくなる要因がすべて取り除かれたとすると、グラフはどのようになると考えられるか。
　　図中のA〜Cから選べ。

_____

166. 個体群密度 ●次の文章は、生物の個体群密度に関するものである。以下の各問いに答えよ。

ある個体群について、単位空間に生活している(ア)を個体群密度という。個体群密度は、
(ア)を(イ)の大きさで割った値で示される。個体群密度は、個体群の成長や、個体の発育など
に影響をもたらす。このように影響が現れることを(ウ)という。特に、個体群内で、個体に形態や
行動の著しい変化が現れる場合を(エ)という。たとえば、トノサマバッタでは、幼虫期の個体群密
度が高まると、成虫の翅の長さが相対的に(オ)、後肢は(カ)なるなどの形態の変化が生じる。
このような型を(キ)といい、低密度での型を(ク)という。

問1．空欄に入る最も適切な語を次の語群から選べ。

〔語群〕 群生相　　相変異　　長く　　短く　　生活空間　　孤独相　　密度効果　　個体数

ア._____ イ._____ ウ._____ エ._____

オ._____ カ._____ キ._____ ク._____

問2．下線部の型のバッタがもつ行動の特徴を簡潔に述べよ。

_____

167. ^{思考} **最終収量一定の法則** ●次の文を読み，以下の各問いに答えよ。

単位空間当たりの個体数を（　1　）といい，（　1　）の変化に伴って，その個体群の性質が変化することを（　2　）という。たとえば，（　1　）を変えていくつかの区画でダイズを栽培すると，芽生えてからの時間経過が短いうちは，高い（　1　）の区画で単位面積あたりの収量は大きい。しかし，<u>十分に時間が経過すると初期の（　1　）とは関係なしに，収量はほぼ一定の値に近づく。</u>これは，光や栄養塩類などの（　3　）をめぐる競争の結果と考えられる。

問１．文中の空欄に入る最も適切な語を答えよ。

　　　1.　　　　　　　　　　　　　2.

　　　3.

問２．図は，さまざまな（　1　）でダイズの種子をまいてから12日後，31日後，84日後におけるダイズ個体群全体の重さを示したものである。84日後を示したものはAか，それともBか。

問３．下線部を何の法則というか。

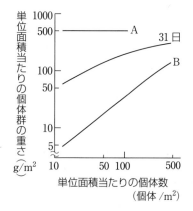

---

168. ^{思考} ^{計算} **成長曲線** ●次に示すのは，ある生徒が，ウキクサの個体群の成長を調べ，先生からとても良い評価を受けて返却されたレポートの一部である。以下の各問いに答えよ。

> 〔準備〕　ウキクサ，培養液（ウキクサの成長にとって十分な栄養分を含む），
> 　　　　　直径4.5cmのペトリ皿，恒温器，蛍光灯
> 〔方法〕　1．ペトリ皿の底から1cmの位置まで培養液を入れ，ウキクサの葉状体を50枚入れてふたをした。
> 　　　　　2．ペトリ皿を25℃に設定した恒温器に入れ，蛍光灯でペトリ皿の上から全体にまんべんなく十分な光を当てた。
> 　　　　　3．12日間，24時間ごとに，葉状体の数を記録し，培養液を新しいものに入れ替えた。
> 〔結果〕
>
> | 培養日数 | 0 | 1 | 2 | 3 | 4 | 5 | 6 | 7 | 8 | 9 | 10 | 11 | 12 |
> |---|---|---|---|---|---|---|---|---|---|---|---|---|---|
> | 葉状体数 | 50 | 55 | 65 | 87 | 102 | 130 | 160 | 189 | 237 | 261 | 280 | 280 | 280 |
>
> 〔考察〕　個体群の成長が一定数で止まった。個体群が成長し続けなかったのは，生活空間が不足したためと考えられる。なぜなら，　　　　　　　　　　　　　　　　　　　　　　　からである。

問１．考察中の　　　　　に適する，個体群が成長し続けなかったのが生活空間の不足によるものだと考えられる根拠を答えよ。

問２．「生活空間の不足が個体群の成長を止めた原因である」を仮説とし，それを確かめるために，直径9.0cmのペトリ皿で追加の実験を行った。葉状体の最大数がどの程度になれば仮説を実証できるか。次のア〜エから最も近いものを選び記号で答えよ。

　　　ア．280　　イ．560　　ウ．840　　エ．1120

169. 群れ 知識 作図 ●下図は，ある動物の群れ内の個体数と，各個体が①周囲を警戒する時間および②個体どうしが争う時間を示したものである。

問1．下線部①，②を示す曲線は，それぞれ図中のａ，ｂのいずれか。

①.＿＿＿＿＿　②.＿＿＿＿＿

問2．右図において最適な群れの大きさを示す個体数を，図中に矢印で示せ。

問3．一般的に，動物が群れをつくる利点として考えられることを2つあげよ。

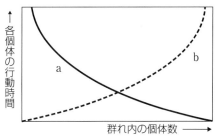

170. 個体群内の相互作用 思考 論述 作図 ●食物確保を目的とした縄張りについて，以下の問いに答えよ。

問1．アユは，食物確保のための縄張りをもつ動物として知られている。しかし，高密度では縄張りをもつアユの割合は極端に低くなる。その理由を，30字以内で述べよ。

問2．図1は，ある動物の縄張りの大きさと，縄張りから得られる利益や縄張りを維持する労力との関係を示している。縄張りの最適な大きさを，図1中に矢印で示せ。

問3．図1で示された時点より個体群密度が増加した場合，縄張りを維持する労力を示す曲線はどうなるか。図2のア～ウから選び，記号で答えよ。ただし，イは図1の労力を示す曲線と変わらないものとする。

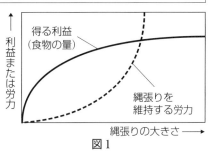

問4．図1で示された時点より，生息地の単位面積当たりの食物の量が増加したとする。その後，この動物の縄張りの広さはどのようになると予想されるか。ただし，このように生息地の質が向上しても，この動物が必要とする食物の量は変わらないものとする。

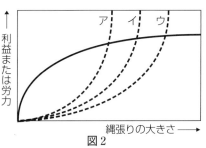

171. 個体群内の相互作用 知識 ●次のａ～ｅの語に最も関連の深い説明文を語群1から，また，その動物例を語群2から，重複せずそれぞれ1つずつ選べ。

ａ．順位制　　ｂ．縄張り　　ｃ．ヘルパー　　ｄ．群れ　　ｅ．一夫多妻制

〔語群1〕　①　個体が一定の空間を占有し，食物の確保をする。
　　　　　　②　集団をつくることによって，食物の確保に有利に働く。
　　　　　　③　自らは生殖しない特定の個体が，別の個体の繁殖を手伝う。
　　　　　　④　ハレムと呼ばれる集団を形成する。
　　　　　　⑤　個体間にあらかじめ優位と劣位の関係があることで，無用な争いを避ける。

〔語群2〕　ア．オオカミ　　イ．エナガ　　ウ．ニワトリ　　エ．アユ　　オ．ゾウアザラシ

ａ.＿＿＿＿　ｂ.＿＿＿＿　ｃ.＿＿＿＿　ｄ.＿＿＿＿　ｅ.＿＿＿＿

思考 **論述** **計算**

172. 社会性昆虫と血縁度 ●次の文章を読み，以下の各問いに答えよ。

　ハミルトンは，個体間で共通の祖先に由来する遺伝子を共有する確率で表わす血縁度という概念を用いて昆虫の利他行動の進化を説明した。

　ミツバチは半数性という特徴をもち，オスは半数体（n），メスは倍数体（$2n$）である。図は，ミツバチの親子間の遺伝子の伝わり方を示している。図における「自分（メス）」と「姉妹」の間の血縁度は次のようになる。

　自分がもつある遺伝子が「母親」に由来する確率は1/2，姉妹が母親から自分と同じ遺伝子を受け取る確率は（　A　）である。自分と姉妹が母親由来の遺伝子を共有する確率はこれらの積であり，（　B　）となる。また，自分のもつある遺伝子が「父親」に由来する確率は1/2，姉妹が父親から同じ遺伝子を受け取る確率は（　C　）である。自分と姉妹が父親由来の遺伝子を共有する確率はこれらの積であり，（　D　）と計算される。自分と姉妹の間の血縁度は，（　B　）と（　D　）の和で求められるため，（　E　）となる。仮に，ワーカーである自分がオスと交尾して子をつくると，自分と子の間の血縁度は（　F　）となる。

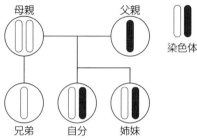

問１．文中の空欄に適する数値を答えよ。

A.＿＿＿＿＿　B.＿＿＿＿＿　C.＿＿＿＿＿　D.＿＿＿＿＿　E.＿＿＿＿＿　F.＿＿＿＿＿

問２．ミツバチのように，繁殖や労働の分業が行われている昆虫を何と呼ぶか。

＿＿＿＿＿＿＿＿＿＿＿＿

問３．ミツバチのワーカーが，自分の子を残さず妹の世話をする利点を，「自分」「子」「妹」「血縁度」の４つの語を用いて，60字以内で説明せよ。

173. 個体群間の相互作用 ●右図は，水中で生活する２種の生物の個体群を，ある一定の大きさの容器で飼育したときの，個体群密度の変化を示したものである。これについて以下の各問いに答えよ。図中の１本の曲線は，１種の生物の個体群を表している。

問１．図１，２の２種の生物の関係を表す最も適切な語を，①～③からそれぞれ選べ。

① 種間競争　　② 捕食－被食関係　　③ すみわけ

図１.＿＿＿＿＿　図２.＿＿＿＿＿

問２．図１，２のうち，同じ生活空間で共通の食物を利用している２種の生物の変動を表していると考えられるのはどちらか。

＿＿＿＿＿＿＿＿＿＿＿＿

問３．図１，２では，一方の生物が絶滅しているが，自然界においてはそのようなことはあまり起こらない。その理由として適切でないものを①～④から１つ選べ。

① 生活空間が広いから。　　② 食物の種類が複数あるから。
③ 水温の変化が激しくないから。　　④ 生物の種が多様だから。

＿＿＿＿＿＿＿＿＿＿＿＿

思考 **論述**

174. 捕食と被食 ●右図は，捕食者である肉食性ダニと被食者である植食性ダニを，同じ容器の中で8か月間飼育したときの2種の個体数変動を示している。次の各問いに答えよ。

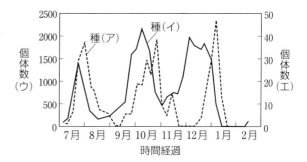

問1．図中の種(ア)，(イ)のうち，植食性ダニはどちらか。記号で答えよ。

問2．図のグラフ縦軸の個体数(ウ)，(エ)のうち，種(ア)に対応するものを記号で答えよ。また，いずれかを選んだ理由を簡潔に説明せよ。

グラフ縦軸.＿＿＿＿＿＿＿＿

理由：

問3．次のA～Dのなかから，捕食者と被食者の個体数が連動して増減するようすを示す図を1つ選べ。ただし，両者の個体数は，矢印の方向に変動するものとする。

 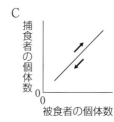 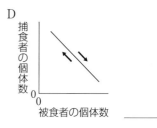

知識

175. 多種の共存 ●右図は，2種の生物が食物資源をどのような頻度で利用するかを示したものである。次の各問いに答えよ。なお，破線と実線の各曲線は同種のものを示している。

問1．資源の利用について，各生物が生態系で占める位置を何というか。

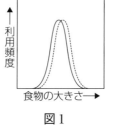 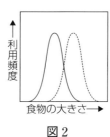 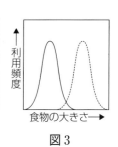

図1　　　　図2　　　　図3

問2．競争的排除が最も起きやすいのは，図1～3のどれと考えられるか。

問3．資源の分割に伴い，それらの種の形質に変化が生じることを何というか。

問4．多様な種が共存するしくみに関して，「中規模撹乱説」というものがある。サンゴ礁における波浪の強さと生きたサンゴの被度，および生きたサンゴの種数の関係を調べるとき，予想される結果として適切なものはどれか。右図のア～エから選び，記号で答えよ。

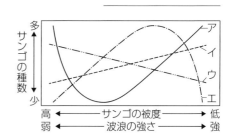

思考 **論述** **計算**

176. 生態系の物質生産 ●右表は，地球上の
さまざまな生態系における物質生産について調
査し，その結果をまとめて記録したものである。
次の各問いに答えよ。

生態系	面積 ($\times 10^6 km^2$)	現存量 ($\times 10^9 t$)	純生産量 ($\times 10^9 t$/年)	純生産量/現存量 (/年)
森林	56.5	1698	74.6	0.04
草原	24.0	74.4	15.0	0.2
荒原	50.0	17.9	2.5	0.14
湿原	2.0	30.0	5.0	0.17
外洋域	332.4	1.0	43.4	43.2
浅海域	28.6	2.9	13.3	4.64

問1．森林の現存量は，同面積の草原の現存量の何倍か。次のア～オから最も近いものを選べ。

　ア．2倍　　イ．5倍　　ウ．10倍　　エ．20倍　　オ．100倍

問2．森林の現存量は草原よりはるかに大きいのに対して，単位面積当たりの純生産量は草原の2倍程
　　度しかない。その理由を簡潔に説明せよ。

問3．表中の陸上生態系のうち，単位面積当たりの純生産量が最も大きいのはどの生態系か。表中の生
　　態系の名称で答えよ。

問4．次に挙げる森林のなかで，単位面積当たりの純生産量が最も大きいのはどれか。

　【森林】　夏緑樹林　　針葉樹林　　照葉樹林　　熱帯多雨林

問5．海洋では，単位面積当たりの純生産量は浅海域が大きい。外洋域よりも，浅海域で物質生産が大
　　きくなる理由を述べよ。

問6．外洋域において，純生産量／現存量の値が大きくなるのはなぜか。外洋域の生産者の特徴から考
　　えられる理由を述べよ。

知識 **計算**

177. 物質の生産と消費 ●下の図は，ある生態系における物質の生産と消費について，模式的に示した
ものである。下の各問いに答えよ。

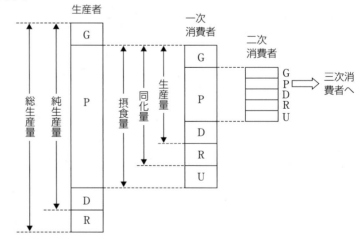

G：成長量
P：被食量
D：枯死量または死滅量
R：呼吸量
U：不消化排出量

栄養段階	総生産量 同化量	純生産量 生産量	（　1　）	被食量	枯死量 死滅量	（　2　）	成長量
生産者	100	(a)	15	65	10		(b)
一次消費者	(c)	(d)	10	(e)	4	8	7
二次消費者	(f)	19	(g)	8	(h)	4	6

数値は，生産者の総生産量を100としたときの相対値である。

問1．（　1　），（　2　）に適切な語を入れよ。

1.＿＿＿＿＿＿＿＿＿＿　　2.＿＿＿＿＿＿＿＿＿＿

問2．(a)～(h)に当てはまる数値をそれぞれ答えよ。

(a).＿＿＿＿＿　　(b).＿＿＿＿＿　　(c).＿＿＿＿＿　　(d).＿＿＿＿＿

(e).＿＿＿＿＿　　(f).＿＿＿＿＿　　(g).＿＿＿＿＿　　(h).＿＿＿＿＿

問3．二次消費者のエネルギー効率は何％か。四捨五入して小数第一位まで求めよ。

＿＿＿＿＿＿＿＿＿＿

問4．生産者のエネルギー効率が2.0％だとすると，この生態系に入射した光のエネルギー量はいくらか。生産者の総生産量を100としたときの相対値で答えよ。

＿＿＿＿＿＿＿＿＿＿

問5．次のエネルギーはどのような形態のエネルギーか答えよ。
①　生産者が，光合成によって有機物中に蓄えるエネルギー
②　生態系を移動した後，最終的に生態系外に失われるときのエネルギー

①.＿＿＿＿＿＿＿＿＿＿　　②.＿＿＿＿＿＿＿＿＿＿

問6．栄養段階が際限なく積み重ならない理由を，エネルギー効率の観点から説明せよ。

知識
178. 生態ピラミッド ●次の文章を読み，下の各問いに答えよ。
　各栄養段階の単位面積当たりの個体数，（　1　），（　2　）を積み重ねると，ピラミッド型となる。それぞれ個体数ピラミッド，（　1　）ピラミッド，（　2　）ピラミッドと呼び，これらをまとめて（　3　）ピラミッドという。（　3　）ピラミッドのうち，個体数ピラミッドや（　1　）ピラミッドは上下の大きさが逆転することがある。しかし，（　2　）ピラミッドは逆転することがない。

問1．文中の空欄に適当な語を入れよ。

1.＿＿＿＿＿＿＿＿＿＿　　2.＿＿＿＿＿＿＿＿＿＿　　3.＿＿＿＿＿＿＿＿＿＿

問2．下線部のように，個体数ピラミッドの上下の大きさが逆転する例を１つあげよ。

＿＿＿＿＿＿＿＿＿＿＿＿＿＿＿＿＿＿＿＿＿＿＿＿＿＿＿＿＿＿＿＿＿＿

179. ^{知識} **窒素の循環** ●下の図は，窒素循環の主な経路を示している。以下の各問いに答えよ。

問1．窒素固定細菌によって固定された窒素は，図中の①のように特定の植物に直接移る場合と，②のように地中または水中にとどまる場合とがある。①および②に関わる窒素固定細菌の名称を，それぞれ1つずつあげよ。ただし，②については①が行えるもの以外を答えよ。

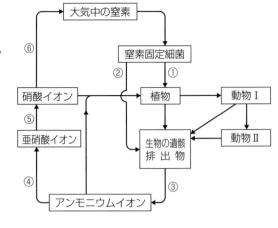

①．＿＿＿＿＿＿＿＿＿＿＿

②．＿＿＿＿＿＿＿＿＿＿＿

問2．④～⑥の経路は，すべて微生物の働きによって行われている。これらの微生物の名称を，それぞれあげよ。

④．＿＿＿＿＿＿＿＿＿　⑤．＿＿＿＿＿＿＿＿＿　⑥．＿＿＿＿＿＿＿＿＿

問3．硝化と呼ばれる経路を①～⑥からすべて選び，記号で答えよ。

＿＿＿＿＿＿＿＿＿＿＿＿

問4．植物は，根から吸収して取り入れた無機窒素化合物を利用して，有機窒素化合物を合成する。この代謝を何というか。

＿＿＿＿＿＿＿＿＿＿＿＿

180. ^{知識} **生物の絶滅** ●生物の絶滅について述べた①～④について，次の各問いに答えよ。

① 多くのクジラ類は絶滅寸前である。

② 有害な遺伝子がホモ接合になる子が生じやすくなる。

③ 新たに生まれた個体がすべて雌だった。

④ 群れの個体数が少なくなり天敵の発見が遅れるため，襲われやすくなった。

問1．①～④に述べられた事柄について最も関連が深い語を，次のア～エのなかからそれぞれ1つずつ選び，記号で答えよ。

ア．乱獲　　イ．アリー効果　　ウ．近交弱勢　　エ．人口学的な確率性

①．＿＿＿＿＿　②．＿＿＿＿＿　③．＿＿＿＿＿　④．＿＿＿＿＿

問2．問1のア～エのような事柄などが連鎖的に起こることで，生物が加速度的に絶滅に向かう現象を何というか。

＿＿＿＿＿＿＿＿＿＿＿＿

181. ^{思考} ^{論述} **生態系の保全** ●人間は，多くの生物を食料，医薬品，材料などとして利用している。つまり，種の多様性により多くの実用的な利益を受けている。他にも，空気や水の浄化，気候の変化の緩和，レジャーの場の提供など，生態系は人間に多大な恩恵を与えている。

問1．文中に述べられたような，人間が生態系から受ける恩恵を総称して何というか。

＿＿＿＿＿＿＿＿＿＿＿＿

問2．次の活動の問題点を述べよ。

【活動】　ある川のメダカの個体数の減少を防ぐため，他の川で採集したメダカを放流する。

＿＿＿＿＿＿＿＿＿＿＿＿＿＿＿＿＿＿＿＿＿＿＿＿＿＿＿＿＿＿＿＿＿＿＿＿＿＿

思考 **論述** **実験・観察**

182. 生態系と食物連鎖 ◆図1は，生態系における生物の個体数を

a 段階の順に下から積み上げて示したものである。このような図を，生態 b （個体数 b ）と呼ぶ。この図は，生態系のようすを非常に単純化したもので，生態系のなかのすべての種間関係を表現できていない。

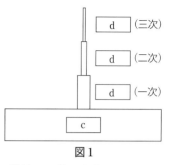

図1

問1．上の文章中の空欄 a ， b ，および図1中の空欄 c ， d に当てはまる語句として最も適切なものを，次の①〜⑨からそれぞれ選べ。

① 成長　② 被食者　③ ダイヤグラム　④ 生産者　⑤ 栄養　⑥ 進化

⑦ 捕食　⑧ 消費者　⑨ ピラミッド

a.＿＿＿＿＿　b.＿＿＿＿＿　c.＿＿＿＿＿　d.＿＿＿＿＿

問2．海洋における図1のような関係のひとつの例として，ケルプとウニ，ラッコ，シャチのつながりが知られている。直接的な関係として，シャチはラッコ，ラッコはウニ，ウニはケルプを食べる。ラッコがいなくなることがケルプの生物量に与える間接効果について，30字程度で簡潔に説明せよ。

問3．図1で表現できていない種間関係のひとつとして，種間競争があげられる。図2は，ヒメゾウリムシとゾウリムシを，それぞれ単独飼育した場合（図2-A）と混合飼育した場合（図2-B）の個体群の成長を示している。なお，それぞれの飼育においては，同じ大きさの容器を用い，温度，光，栄養分の条件も同じにしている。これについて，次のア，イの問いに答えよ。

ア．単独飼育した場合，どちらの種においても，12日目以降は，個体数がほとんどふえない。その理由を40字以内で説明せよ。

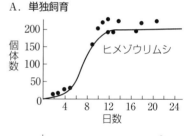

A．単独飼育

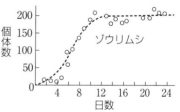

B．混合飼育

イ．混合飼育した場合，ゾウリムシの密度は，8日目を過ぎるころから減少し続けた。これは，種間競争によって，一方の種（ヒメゾウリムシ）がもう一方の種（ゾウリムシ）を共存できないようにしているためである。このような現象を何と呼ぶか。

＿＿＿＿＿＿＿＿＿＿＿

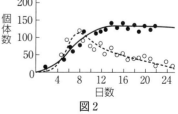

図2

（富山大改題）

💡**ヒント**

問3．ア　個体数がふえても，容器の大きさなどは同じである。

183. 撹乱と生物多様性 ◆利用する資源や生活環境の共通性が高い，（　a　）が類似した生物種は，同じ場所では共存しにくい。しかし，適度な強さや頻度で生じる A撹乱は，生物群集における多種の共存を促進する効果をもつと考えられ，この考え方を B中規模撹乱説という。たとえば，年に数回の草刈りが行われている草原の方が，数年以上にわたって草刈りを行わなかった草原よりも種数が多くなる場合がある。逆に，草刈りの頻度が高すぎると，種数が少なくなる場合がある。このように多種の共存を可能にするしくみは，C生物多様性の保全の観点からも注目されている。

問1．（　a　）に該当する最も適当な語句を答えよ。

問2．下線部Aについて，生態系に影響を与える人為的ではない撹乱の例を1つあげよ。

問3．下線部Bについて，撹乱が弱い場合または強い場合に生じる現象として，最も適当なものを，下の①～④からそれぞれ1つずつ選べ。
① 撹乱への耐性をもつ特殊な種しか生活できなくなる。
② 種分化が生じにくくなり，種数が減少する。
③ 競争に弱い種が排除されやすくなる。
④ 人間による利用圧が高まり，乱獲が生じる。

弱い場合.　　　　　　　強い場合.

問4．下線部Cについて，次のⅠ～Ⅲの各問いに答えよ。
Ⅰ．生物多様性の3つの階層を答えよ。

Ⅱ．一度小さくなった個体群では，個体数の減少が次第に加速し，絶滅に向かうことが知られている。この現象を何というか，最も適当な語を答えよ。また，この現象が生じるしくみとして適当でないものを下の①～⑤からすべて選び，記号で答えよ。
① 近親間での交配が生じやすくなり，生存に不利な遺伝子が形質として現れやすくなる。
② 資源をめぐる種内競争が激化する。
③ 偶然生じた性比の偏りによって，生殖が困難になることがある。
④ 交配可能な他個体と遭遇する機会が低下する。
⑤ 生息地の分断化が生じる。

現象.　　　　　　　　　しくみ.

Ⅲ．現在，世界各地で生じている生物多様性の変化についての説明として適当なものを，下の①～⑤からすべて選び，記号で答えよ。
① 現在進行している生物の絶滅の速度は，恐竜が絶滅して以降，最も速いと推定されている。
② 絶滅危惧種の過半数は，人間活動とは無関係の要因により，危機がもたらされている。
③ 人為的な森林の管理の減少が生物多様性の減少要因となる場合がある。
④ 高山に生息する生物は，地球温暖化の影響を受けにくいと考えられている。
⑤ 外来生物の移入は，在来の生物の増加をもたらすことが多い。

(東邦大改題)

💡ヒント
問4．Ⅲ　里山などで生息・生育していた生物が減少している理由を考える。

新課程版 セミナーノート生物

2023年1月10日　初版　第1刷発行	編　者	第一学習社編集部
2025年1月10日　初版　第3刷発行	発行者	松本　洋介
	発行所	株式会社 第一学習社

広島：広島市西区横川新町7番14号　　　　〒733-8521　☎ 082-234-6800
東京：東京都文京区本駒込5丁目16番7号　〒113-0021　☎ 03-5834-2530
大阪：吹田市広芝町8番24号　　　　　　　〒564-0052　☎ 06-6380-1391

札　幌 ☎ 011-811-1848	仙台 ☎ 022-271-5313	新　潟 ☎ 025-290-6077
つくば ☎ 029-853-1080	横浜 ☎ 045-953-6191	名古屋 ☎ 052-769-1339
神　戸 ☎ 078-937-0255	広島 ☎ 082-222-8565	福　岡 ☎ 092-771-1651

訂正情報配信サイト 47336-03
利用に際しては，一般に，通信料が発生します。

https://dg-w.jp/f/d5d0f

47336-03　　　　　　　　　　■落丁，乱丁本はおとりかえいたします。

ホームページ
https://www.daiichi-g.co.jp/

ISBN978-4-8040-4733-1

年代	人名(国名)	主な事項
1859	ダーウィン(英)	自然選択説を提唱
1901	ド フリース(蘭)	突然変異説を提唱
1905	ベーツソン, パネット(英)	遺伝子の連鎖を発見
1908	ハーディー(英), ワインベルグ(独)	ハーディー・ワインベルグの法則を提唱 (別々に提唱)
1926	モーガン(米)	遺伝子説を確立
1953	ミラー(米)	原始大気の成分から生物を構成する物質が生成できることを実験的に証明
1968	木村資生(日)	中立説を提唱

第1章

年代	人名(国名)	主な事項
1758	リンネ(典)	二名法を採用
1878	ヘッケル(独)	三界説を提唱
1969	ホイッタカー(米)	五界説を提唱
1978	マーグリス(米)	ホイッタカーの五界説を修正
1990	ウーズ(米)	ドメイン説を提唱
2005	アデル(加)	真核生物をスーパーグループに大別

第2章

年代	人名(国名)	主な事項
1957	スコウ(丁)	ナトリウムポンプが $Na^+ - K^+ - ATP$ アーゼであることを解明
1977	利根川進(日)	多様な抗体がつくられるしくみを解明
1988	アグレ(米)	アクアポリンを発見

第3章

年代	人名(国名)	主な事項
1918	マイヤーホフ(独)	筋肉中での解糖作用を発見
1939〜	ヒル(英)	ヒル反応を発見
1941	ルーベン(米)	光合成で発生する酸素は水由来であると解明
1950	カルビン(米)	カルビン回路の解明

第4章

年代	人名(国名)	主な事項
1956	コーンバーグ(米)	DNA ポリメラーゼを発見
1958	メセルソン, スタール(米)	DNA の半保存的複製を証明
1961	ニーレンバーグ(米)	遺伝暗号の解読(UUU)
1963	コラーナ(米)	遺伝暗号の解読(ACA, CAC)
1966	岡崎令治, 岡崎恒子(日)	岡崎フラグメントの発見

第5章

＊(国名)日…日本, 米…アメリカ, 英…イギリス, 墺…オーストリア, 蘭…オランダ, 加…カナダ, 典…スウェーデン, 丁…デンマーク, 独…ドイツ, 仏…フランス